MATLAB을 이용한

OFDM 통신방식

Orthogonal Frequency Division Multiplexing

김진영 · 서철헌 지음

공감북스

본 연구는 산업통상자원부의 재원으로 한국에너지기술평가원(KETEP)의 지원을 받아 수행한 연구과제(No.20144030200600)입니다.

머리말

최근 무선랜과 같이 고속의 데이터 전송률이 요구되는 통신에서 OFDM (Orthogonal Frequency Division Multiplexing)을 적용하는 경우가 증가하고 있기 때문에 OFDM 무선랜과 이와 관련된 지식을 공유하고 이를 공동으로 연구할 필요가 있다. 일반적으로 이러한 노력들은 대학을 비롯한 많은 연구단체에서 이루어져 왔으나, 오늘날의 많은 엔지니어와 과학자들에게는 대학에서 이러한 과정을 이수할 만한 시간이 허용되지 않는다. 따라서 이 책에서는 독자들이 MATLAB을 이용하여 OFDM의 다양한 지식을 학습할 수 있도록 하였다. 이 책의 1장부터 8장까지 설명되는 내용들은 이러한 모의실험의 결과를 통해 쉽게 이해할 수 있도록 하였다. 이 책의 구성은 다음과 같다.

1장 : OFDM 기본 원리를 설명한 후, MATLAB 프로그램을 통하여 주요 내용을 확인한다. 이를 위하여 다중 반송파 전송 방식에 대하여 설명한 후, 여러 전송방식과의 장·단점을 비교한다.

2장 : OFDM의 기본원리, Coded OFDM 방식, OFDM 다중 접속 기술, OFDM에서의 부채널 할당 방식과 부채널 할당 방식과 부채널 맵핑 방식, OFDM 시스템에서의 Duplexing 기법에 대하여 설명한 후, 주요 부분에 대하여 MATLAB 프로그램을 통하여 확인한다.

3장 : OFDM 시스템에서의 동기화 기법에 대하여 설명한다. OFDM 시스템에서의 심볼 타이밍 옵셋과 반송파 주파수 옵셋의 영향 및 추정 기법에 대하여 설명한 후, MATLAB 프로그램을 통하여 확인하다. 또한 OFDM 시스템에서의 샘플링 클럭 주파수 옵셋의 영향과 보상기법에 대하여 설명하고, OFDM 셀룰러 시스템에서의 하향링크 및 상향링크에서의 동기화 기법에 대하여 설명한다. 그리고 OFDM 채널 추정기법에 대해서도 설명한다. OFDM 시스템에서의 채널 추정을 위한 기본적인 기법으로 훈련 신호 기법(LS 채널 추정 기법, MMSE 채널 추정 기법)과 그리고 채널 보간 기법에 대하여 설명하고, MATLAB 프로그램을 통하여 확인한다.

4장 : PAPR 감쇄 기법의 주요 개념과 널리 연구되고 있는 PAPR 감쇄 기법에 대하여 설명한다. PAPR 감쇄 기법으로 클리핑과 필터링 기법, PAPR 감쇄 부호, Selective Mapping 기법, Partial Transmit Sequence 기법, Tone Reservation 기법, Tone Injection 기법, DFT 확산(SC-FDMA) 기법에 대하여 설명한다.

5장 : TDMA, FDMA, CDMA, OFDMA 등 다중접속방식을 비교 분석하였다.

6장 : OFDM 시스템이 실제로 적용된 WiMAX, PLC, … 통신 시스템을 분석하였다.

7장 : 여러 가지 MIMO-OFDM 전송 기법에 대하여 분석하고, MATLAB 프로그램을 통하여 내용을 확인한다.

8장 : 앞으로의 OFDM 시스템의 발전방향을 살펴본다.

이 책을 통해 차세대 이동통신 시스템에 대해 연구를 하는 초보자들이 OFDM 학습에 많은 도움을 받을 수 있을 것이다. 여기서 말하는 초보자들이란 공학, 수학, 그리고 통신 이론의 기본 지식을 알고 있는 독자를 뜻하며, 이 독자들은 관련된 모의실험을 통해서 OFDM 이론의 기본 지식을 배울 수 있을 것이다. 그러한 독자들을 위해 최대한 많은 설명을 첨가하였으므로 관련된 개념들에 대한 직관적 지식 습득에 도움이 될 것이다. 마지막으로, 독자들은 이 책을 통해서 MATLAB 사용에 더 익숙해지고 이를 다양한 모의실험 환경에 적용하는 능력을 키울 수 있을 것이다.

모든 독자층을 만족시킬 수 있는 책을 쓰는 것은 불가능하지만 가능한 광범위한 독자층이 이 책을 이용할 수 있도록 고려하였다. 끝으로 본 저서가 OFDM 분야를 연구 및 개발하시는 많은 분들께 조금이나마 도움이 되기를 기원하는 바이다.

김진영, 서철헌

차례

CHAPTER 01

OFDM의 개요

CHAPTER 02

다중 반송파 전송 방식

CHAPTER 03

OFDM의 동기방식

CHAPTER 04

PAPR 감쇄 기법

CHAPTER 01

OFDM의 개요

정보를 신속히 전달하고 공유하기 위한 노력은 다양한 유무선 전송매체를 통하여 발달하여 왔으며 최근의 급속한 무선통신기술의 발달과 서비스의 개발은 급속한 시장 팽창을 이끌고 있다. 최근의 무선 전송 기술은 2세대 디지털 이동전화 시장의 증가와 더불어 3세대 이동통신인 IMT-2000 서비스의 상용화를 목전에 두면서 급속도로 발전하고 있다. 또한 인터넷이 각 가정에서 일반화되면서 무선 이동 통신을 통해 인터넷에 접속하고자 하는 사용자들의 요구가 크게 증가하고 있는 실정이다. 특히 최근의 네트워크는 주로 다양한 멀티미디어 데이터를 제공하는 형태로 변해가고 있어 앞으로의 무선 이동 통신 시스템은 음성 위주의 서비스에서 멀티미디어 데이터 위주의 서비스로 변화할 것으로 보인다. 또한 3세대이후의 무선 전송 시스템은 유선망과 무선망이 통합되는 개념으로 이동성의 증가, 초고속/대용량 데이터 전송의 형태로 네트워크가 진화해 나갈 것으로 예상된다. 이와 같이 4세대 통신은 기존 유선의 B-ISDN 정도의 서비스를 무선으로 가능하게 하는 광대역 무선 통신 서비스(WBS : Wireless Broadband Service)로 예측되고 있다. 즉, 이동성과 초고속 데이터 전송을 목표로 4세대 통신 시스템은 3~60GHz의 밀리미터파를 이용하여 궁극적으로 초고속 기간망에 접속하여 수백 Mbps로 데이터를 송수신할 수 있는 시스템이 될 것으로 보이며, 이에 대한 연구가 다방면에서 진행되고 있다. 이러한 목표를 달성하기 위해서는 기본적으로 통신이 이루어지는 장소,

이동 속도, 용도 등 다양한 통신 환경에 따라 서로 다른 시스템 간의 연동이 이루어져야 한다. 결국 4세대 통신 시스템은 기존의 분리된 개별 시스템으로서 무선 통신망이 아닌 4세대 기간망에 다양한 Inter-working Function을 추가하여 무선 이동망(Wireless Mobile), 무선 광대역 접속망(BWA: Broadband Wireless Access) 및 무선 사설망(WPN: Wireless Private Network) 등이 연동하는 형태로 발전할 것으로 보인다.

그림 1.1은 앞서 언급한 4세대 무선 통신 시스템의 동향을 개념적으로 보여주고 있다. 이러한 시스템의 구축과 함께 4세대 통신 시스템의 기본 목표는 고속 전송(High Transmission Rate), 높은 주파수 효율(High spectral Efficiency), 고속 이동 지원(High Mobility) 및 글로벌 로밍(Global Roaming) 서비스로 규정지을 수 있다. 이러한 기본적인 목표 외에 다양한 세부 목표가 정의되고 있는데, 현재 ITU-WP8F를 중심으로 논의되고 있는 4세대 통신 시스템인 System Beyond IMT-2000의 요구 사항은 다음과 같이 요약될 수 있다.

- 유선망 수준의 고속 전송(이동중 : 2Mbps 이상, 정지상태 : 20Mbps 이상)
- 차세대 인터넷 구조 지원(Ipv6, QoS, Mo-IP)
- 3세대보다 5~10배의 높은 용량(Capacity) 지원
- 높은 주파수 효율
- 4GHz 이상 대역에서 전 세계적으로 동일한 주파수 대역 사용
- 패킷 스위치 방식의 사용
- 기존의 고정 접속망 및 사설망과의 효율적인 연동
- 새로운 서비스 적용의 용이성
- 3세대의 1/10 수준의 서비스 요금

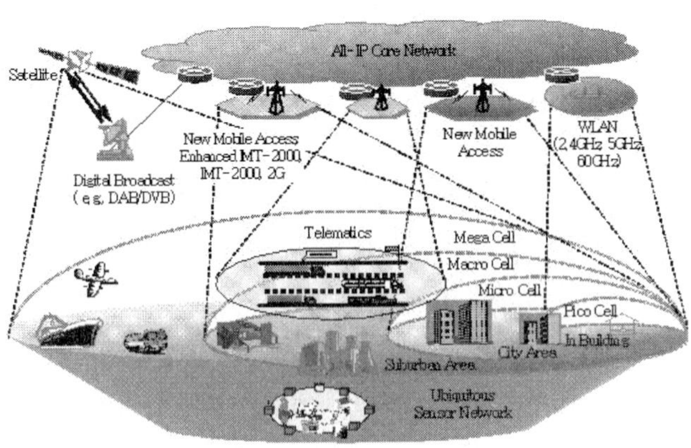

그림 1.1 4세대 무선 통신 시스템의 개념(출처:http://www.jeffnam.com/63)

4세대 시스템의 무선 접속 분야에서 가장 중요한 요소는 유선망 수준의 전송 속도를 지원하는 것이다. 최근 여러 기관의 목표를 참고하면 이는 대략 5~20MHz의 대역폭을 통해 이동 중에는 2Mbps이상, 고정 접속 시 20bps 이상의 전송률을 지원하는 시스템이 될 것이다. 이러한 문제의 해결은 현재 다각도로 진행되고 있으나, 변복조 방식과 다중 사용자 접속 방식의 관점에서 기존의 CDMA나 TDMA 방식의 낮은 주파수 효율 문제를 해결하기 위해 OFDM 변복조 방식을 근간으로 하는 물리계층 구조의 사용에 대한 관심이 높아지고 있다. OFDM 방식은 기존의 단일 반송파를 사용하는 시스템과 달리 다중 반송파를 사용하여 전송하는 기법으로, 주파수 효율이 높으며 채널 추정 방식이 간단한 점 등 다양한 장점을 가지고 있어서 4세대 시스템에 사용되기에 적합한 것으로 알려져 있다. 특히 4세대 시스템이 상용화될 무렵에는 음성 서비스의 비중이 점차 낮아지고 패킷 방식의 데이터 전송 서비스의 비중이 95% 이상을 차지할 것으로 보이므로, 블록 전송 방식을 사용하는 OFDM 방식의 비중은 점차 높아질 것으로 보인다.

어느새 우리는 통신이 존재하지 않는 세상을 상상조차 할 수 없게 되었다. 현재 세계 각국의 연구기관 및 대학 그리고 국제적인 표준화 기관에서는 보다 효율적이고 창조적인 통신환경을 위한 기술 개발에 박차를 가하고 있다. 이에 발맞추어 차세대 통신(Next Generation Communication)이라 불리는 3세대 이후의 4세대 통신(4G)의 개념을 정립하고, 4세대 통신 시스템에서 제공해야 할 여러 서비스를 만족시켜 줄 무선 전송 기술로서 각광을 받고 있는 OFDM(Orthogonal Frequency Division Multiplexing) 전송 방식에 대해 알아본다.

1.1 OFDM 정의

4세대 무선 통신 시스템에서 여러 서비스를 제공하기 위해서 가장 기본적으로 연구되어야 할 것을 대용량 전송 방법에 대한 연구이다. 현재 3세대 무선 통신 시스템에서 사용하고 있는 CDMA 전송방식으로는 대용량의 무선 데이터를 처리하기가 힘들기 때문에, 4세대 무선 통신에서의 전송 방식으로는 OFDM 전송 방식이 많은 각광을 받고 있다.

OFDM 전송방식의 기본 개념은 직렬로 입력되는 데이터열을 N개의 병렬 데이터열로 변환하여 각각 분리된 부반송파에 실어 전송함으로써 데이터율을 높이는 것이다. 이때 부반송파는 직교성을 유지할 수 있도록 적절히 선택되어야 한다. 이러한 직교성으로 인하여 각 부반송파는 스펙트럼상에서 중첩이 허용된다. 또한 수신기에서는 간단한 신호처리 기법으로 부반송파를 분리해 낼 수 있다. 이로 인하여 하나의 반송파를 사용하여 데이터를 순차적으로 전송하는 경우보다 전송되는 심볼의 간격이 길어져 채널의 지연시간 영향과 임펄스 잡음의 영향을 덜 받게 된다. 또한 연속된 심볼간의 간섭을 줄일 수 있어 다중 경로 채널에 대해 강하며 채널 등화의 복잡도를 줄일 수 있고 일반적인 주파수 분할방식에 비하여 스펙트럼의 효율을 높일 수 있다. 이런 이유로 OFDM 방식은 다른 전송 방식에 비해 광대역 전송에서 유리한 면을 가지며, 방송분야에서는 유럽의 디지털 오디오 방송(DAB) 및 텔레비젼 방송(DVB)의 변조방식으로 이미 채택되었으며, 5GHz 대역 무선랜 분야에서도 규격안(IEEE 802.11a, Hiper-LAN II)으로 채택되었다. 또한 광대역 무선 접속 시스템(IEEE 802.16 BWA)에서도 OFDM 방식이 채택되어 사용된다.

위에서 살펴본 바와 같이 OFDM 전송 방식은 광대역 전송에 유리하기 때문에, 차세대 광대역 시스템에 많이 사용되고 있다. 하지만, 4세대 무선 통신에서 제공하는 모든 서비스들을 OFDM 전송 방식을 이용하여 제공하기에는 아직 무리가 있다. 이런 이유로 OFDM 전송 방식의 장점은 그래도 살리면서 4세대 무선 통신에서 요구하는 시스템 성능을 얻기 위한 여러 연구가 이루어지고 있다.

1.1.1 High-speed Transmission

현재 CDMA를 기반으로 한 3G 시스템은 실내 채널 환경에서 최대 2Mbps, 이동 환경에서 최대 144kbps의 전송 속도를 지원한다. 그리고, 일본(MMAC), 유럽(Hiperlan2), 그리고 미국(IEEE 802.11a)에서 개발되고 있는 5GHz 밴드의 무선 LAN과 무선 광대역 접속 시스템은 대략 50Mbps의 전송 속도를 갖는다. 그러나 이런 전송 속도는 고품질의 멀티미디어의 전송에는 부족함이 있을 수 있다. 따라서, 4세대 시스템에서 목표로 하는 전송 속도는 준정적인 채널 환경에서 최대 1Gbps 이며, 이동 환경에서는 적어도 평균 20Mbps를 만족시켜야 할 것이다.

이런 전송 속도를 얻기 위해서는 우선 전송 대역폭을 증가시켜야 한다. 이런 이유로 4세대 무선 통신 시스템은 광대역 전송 시스템이 될 것이다. 광대역전송이 이루어질 경우, 전송 신호는 주파수 선택적 페이딩을 겪게 되며, 이는 고속 전송을 방해하는 요인 중 하나이다. 이런 주파수 선택적 페이딩을 극복하기 위해 여러 가지 기법이 제안되고 있는 데, 그 중에서 가장 대표적인 방법은 등화기를 사용하는 것이다. 하지만 광대역 전송의 경우 등화기가 너무 복잡하여 사용하기 어려운 단점이 있다. 그러나 OFDM 전송의 경우는 각 부반송파가 주파수 비선택적 페이딩을 겪게 되어, 간단한 등화기로 채널의 효과를 없앨 수 있다. 이런 이유로 4세대 무선 통신 시스템에서는 OFDM 전송 방식이 다른 전송 방법에 비해 더 유리하다.

4세대 무선 시스템에서 목표로 하는 전송 속도를 만족시키는 것은 단순히 전송 대역폭을 증가시키는 것만으로는 부족하다. 주어진 대역폭에서 전송 속도를 증가시키기 위한 방법으로는 여러 가지 방법이 있겠지만, 현재까지는 다중 안테나를 사용하는 기법이 가장 효과적인 것으로 알려져 있다. 그런데 다중 안테나를 사용하여 전송률을 증가시키는 MIMO Multiplexing 기법은 광대역 전송에는 적용하기 어려운 점을 가지고 있다. 그러나 OFDM의 특징을 이용하면 MIMO Multiplexing 기법을 광대역 전송에도 적용 시킬 수가 있다. 이런 이유로 MIMO Multiplexing과 OFDM을 결합시키는 방법에 대한 연구가 현재 활발하게 이루어지고 있으며, 새로운 방법이 제안되고 있다. 이와 함께, OFDM을 MIMO Multiplexing 기법에 적용시키기 위해 반드시 선행되어야 하는, OFDM 동기 방법과 채널 추정에 대한 연구도 함께 이루어지고 있다.

무선 통신 시스템에서는 순간적인 전송률도 중요하지만, 전체 시스템의 수율을 증가시키는 것도 중요한 사항 중의 하나이다. 전체 시스템의 수율을 증가시키는 가장 적합한 방법으로 제시되고 있는 것이 AMC(Adaptive Modulation and Coding)이며, 이는 전송 환경에 맞추어 변조 기법과 코딩 기법을 바꾸어주는 것이다. 4세대 무선 통신 시스템에서 전체 시스템의 수율을 증가시키기 위해 AMC를 사용하는 것은 당연한 일이며, OFDM은 AMC를 적용하기에 적합한 시스템이다. OFDM의 경우는 각 부 반송파별로 다른 신호를 전송함으로, 각 부반송파의 채널 상태에 맞추어 변조 및 코딩 기법을 변화시켜주면 최적의 전송이 가능하게 된다. 실제로 유선에서 OFDM기법을 사용하는 xDSL 시스템의 경우, 전송 채널 환경에 맞추어서 AMC를 수행하고 있다. 그러나, 무선 통신의 경우 채널이 변화하고 채널의 정보를 전송단으로 전송하는 것에 문제가 있음으로, 이에 대한 연구가 이루어지고 있다.

1.1.2 High capacity and QoS resource control

3G 시스템에서 사용하고 있는 CDMA 방식은 음성을 처리하기 위한 다중 사용자 접속 방식으로는 최적의 방식이라고 할 수 있다. 하지만 IP를 이용한 데이터를 처리하기에는 약간 부족한 방식이라고 할 수 있다. 무선 시스템에서는 한정된 전파 자원(주파수 대역, 전송 신호 세기)을 사용하기 때문에, 데이터의 congestion에 민감하다. 따라서, 서비스 품질을 유지하며 다양한 서비스 종류와 응용을 지원하기 위해서 무선 QoS(Quality of Service) 자원 조절이 필요하다. 하지만 기존의 CDMA 방식의 다중 사용자 접속 방식으로는 이런 다양한 QoS를 만족하기가 어렵다.

다양한 QoS를 만족시키기 위한 다중 사용자 접속 방식 중의 하나로 요즘 많은 각광을 받고 있는 것이 OFDM을 기반으로 한 OFDMA이다. OFDMA는 사용자에게 주파수 및 시간을 분할하여 할당하는 다중 사용자 접속 방식이다. OFDMA의 장점은 주파수 및 시간을 사용자의 요구에 맞추어 다양하게 제공할 수 있다는 것이다. 이런 이유로 OFDMA 방식은 다양한 QoS를 제공할 수 있다.

1.1.3 Mobility

4세대 무선 통신 시스템에서 제공하는 중요한 서비스 중 하나는 3G, 4세대, 무선 LAN 등의 네트워크 사이의 끊김없는 연결을 가능하게 해 주는 것이다.

결과적으로 사용자들은 현재 상황(장소, 시간, 요금 등)에 가장 적합한 네트워크를 선택하여 사용할 수 있게 제공하여 주는 것이다. 이런 서비스가 가능하기 위해서는 단말기의 이동성을 제공할 수 있도록 하여 주어야 할 것이다. 이런 이동성을 제공하기 위해서는 우선 네트워크와 네트워크 사이의 상호 hand-off가 가능해야 할 것이다. 이와 함께 이동함에 따라서 더 빠르게 변화하는 채널 환경의 변화를 극복할 수 있는 방법이 필요하게 된다. 특히 이동성을 추구하는 부분은 현재 상용화되어 있는 OFDM 시스템에서는 아직 실현되지 못한 부분으로써, 많은 연구가 필요할 것으로 예상된다.

1.2 OFDM의 등장배경

OFDM(Orthogonal Frequency Division Multiplexing) 방식은 다수의 직교하는 반송파 신호를 다중화 하는 디지털 변조방식으로 1950년대에 제안된 역사가 오래된 기술방식이다. 1960년대 중반에 고전적인 parallel data transmission 시스템의 비효율성을 극복하기 위한 방안으로 parallel transmission and frequency division multiplexing의 개념이 정립되었다. 이 방식은 고속의 이퀄라이저의 사용을 피하고 multi-path fading과 펄스형 노이즈를 줄일 수 있을 뿐만 아니라 가용대역을 충분히 사용할 수 있도록 고안되었다. 이것은 그림 1.2에서 보는 바와 같이 서브채널 간에 오버랩핑(overlapping)됨으로써 50%의 대역폭을 절약할 수 있는 획기적인 방법이다.

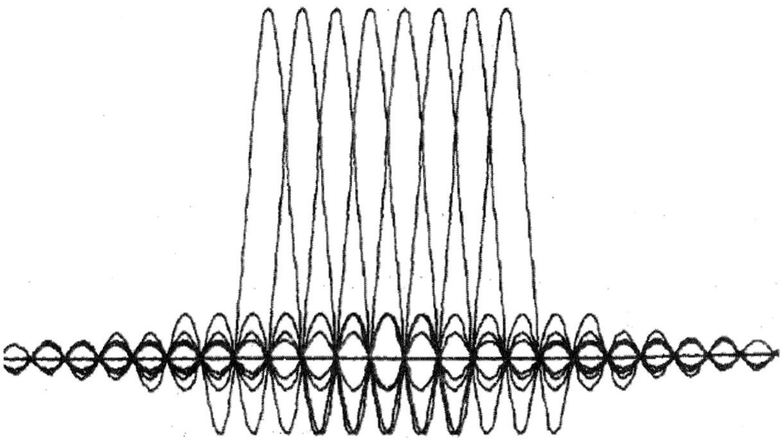

그림 1.2 Spectra of individual sub-carriers

그러나 이후에도 부반송파(sub-carrier)간 cross talk를 줄이기 위한 방법 및 부반송파 간 직교성을 확보하기 위한 수단들을 고민하게 되어 이에 대한 해결방안으로 모든 부반송파는 심볼주기(symbol duration) T의 정수배만큼의 차이를 가지게 함으로써 각 부반송파간 직교성을 확보할 수 있는 방안을 개발하였다. 1971년에는 병렬데이터 전송 시스템의 변복조 부분을 DFT를 이용하여 처리한 방안이 고안되었으며, 1990년대에 ADSL, HDSL 등에 적용됨으로써 광대역화 및 이동성 등이 부가되는 기술로 개발 진행되어갔다. 최근 발전된 VLSI(Very Large Scale Integration)기술이 고속 및 대용량의 FFT chips를 만듦에 따라 상용화 가능성이 확보되고 이후로 DAB, HDTV, Wireless LAN(IEEE 802.11a), Wireless MAN(IEEE 802.16) 등에 표준으로 채택되어 오늘에 이르고 있다

OFDM(Orthogonal Frequency Division Multiplexing)은 이러한 고속의 데이터 전송을 위한 기술로 유럽, 일본 및 호주의 디지털 TV 표준으로 채택될 것으로 기대될 뿐 아니라 현재 무선 이동통신에서 사용되고 있는 CDMA 방식에서 한층 더 진보되는 POST CDMA 기술로서 주목받고 있는 4세대(4G) 변조 기술 중에 하나라고 할 수 있다. OFDM의 대역확산 기술은, 정확한 주파수에서 일정 간격 떨어져 있는 많은 수의 반송파(carrier)에 데이터를 분산시킨다. 바로 이 간격이, 복조기가 자기 자신의 것이 아닌 다른 주파수를 참조하는 것을 방지하는 기술 내에서 “직교성(orthogonality)”을 제공한다.

또한, 멀티패스(multi-path) 및 이동수신 환경에서 우수한 성능을 발휘하기 때문에 지상파 디

지털 TV 및 디지털 음성 방송에 적합한 변조방식으로 주목을 받고 있다. OFDM은 주로 통신 분야에서 연구가 진행되어 왔으나, EBU(European Broadcasting Union)가 제안한 디지털 음성 방송 시스템의 변조 방식으로 채택되면서 방송 분야에서도 연구 개발이 진행되고 있다.

1.3 OFDM 기술 개요

OFDM(Orthogonal Frequency Division modulation)은 Multi-carrier transmission의 한 종류로써, single datastream을 낮은 전송률의 여러 반송파(subcarrier)를 이용하여 전송 한다. OFDM을 사용하는 가장 주된 이유 중 하나는 Frequency selective fading과 Narrowband interference에 대하여 Robustness를 증가시키기 위함인데 즉, Single carrier system에서는 Single fade 또는 Interfere가 전체 링크를 손상시킬 수 있는데 반하여, Multi-carrier system에서는 단지 Subcarrier의 부분적인 손실만을 가져온다. Multi-carrier system은 오랫동안 연구되어 왔으나, 이전의 것들은 가용한 주파수 대역의 비효율적인 사용의 단점이 존재하였다. 그러나 병렬 데이터 처리와 각 부채널(subchannel)들 간의 중첩을 이용한 FDM의 사용은 주파수 대역의 효율적인 사용을 가능케 하였고, 또한 등화기(equalization)와 Impulse noise, Multipath 왜곡 등에 대하여 장점을 갖게 되었다. 그림 1.4는 OFDM 송수신기의 주된 기능을 담당하는 블록들의 집합과 송수신기 전체의 구조를 나타낸다.

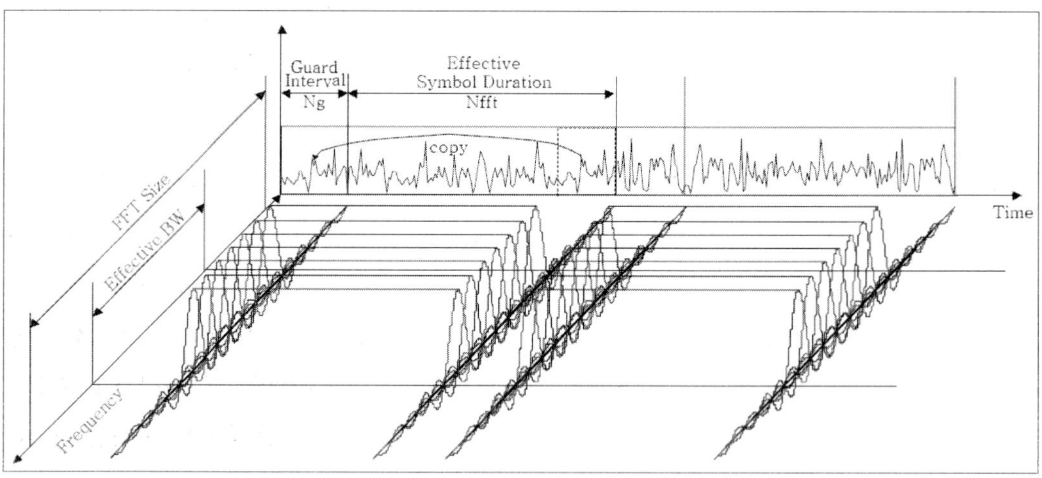

그림 1.3 OFDM 방식의 개요

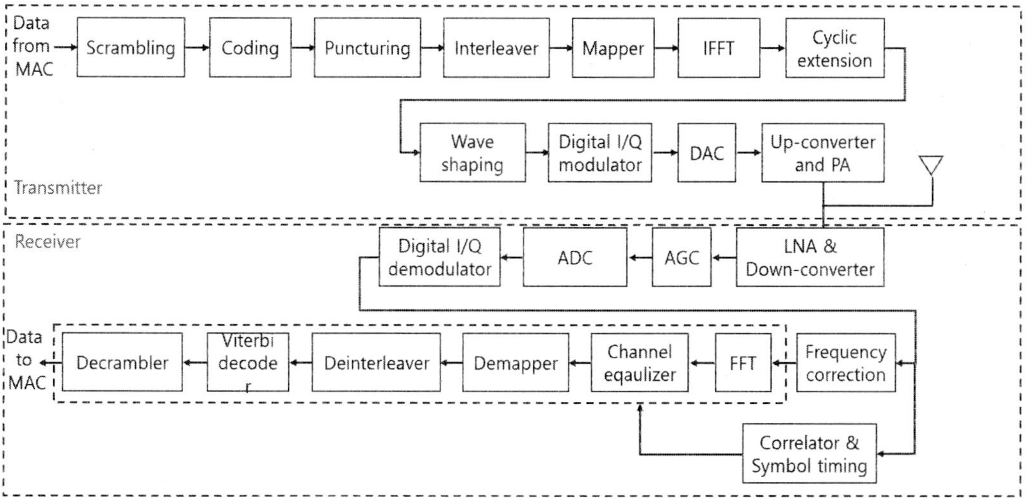

그림 1.4 Block Diagram of an OFDM Transceiver

미래의 이동통신 수요자들의 수요를 충족시키기 위해서는 이동 통신은 고속 데이터 통신이 가능하도록 발전해 나갈 것으로 예상된다. 이를 위해서는 무선 구간에서의 고속 데이터 통신이 가능해야 한다. 무선 링크에서 고속의 데이터 통신을 제공하기 위해서는 넓은 대역폭이 필요하게 되고 반면에 한 개의 심볼이 차지하는 시간은 매우 짧아지게 될 것이다. 그런데 무선 구간에는 다중 경로가 존재하기 때문에 전송된 한 개의 심볼이 두 가지 다른 경로를 따라 도착하는 데에는 시간의 차이가 발생할 수 있다. 한 심볼의 신호 중에서 상대적으로 긴 경로를 따라 도착한 신호는 그 다음 심볼의 신호 중 짧은 경로를 따라 도착한 신호에 간섭을 일으킨다. 이러한 ISI(Inter-symbol Interference)는 무선 구간이 더욱 고속으로 됨에 따라 더 심각한 문제가 된다.

이러한 문제를 해결하는 한 가지 방안으로는 주파수 대역을 작은 여러 개의 Subcarrier로 나누고 전송하고자 하는 Data stream을 각 Subcarrier에 나누어 전송하는 FDM(Frequency Division Multiplexing) 방법을 생각할 수 있다. 이 경우 각 Subcarrier의 전송속도는 느리기 때문에 한 symbol duration이 길어져서 앞에서 설명한 ISI의 문제가 크게 줄어들게 된다. 원래 FDM은 하나의 넓은 대역폭을 여러 개로 나누어서 여러 쌍 간의 통신 수요를 다 같이 전송하고자 하는 Multiplexing 기술이었지만 여기에서 FDM은 한 쌍의 통신 수요를 여러 개의 Subcarrier에 나누어 전송한다는 점에서 Multiplexing 기술이라기보다는 Modulation 기술이라고 보아야 할 것이다.

이렇게 FDM을 이용하여 하나의 Data stream을 여러 Subcarrier에 나누어 전송하는 방식은 ISI의 영향을 줄일 수 있다는 장점이 있지만 반면에 Single carrier에 비하여주파수가 낭비 된다는 단점을 가지고 있다. 그림 1.5는 전통적인 FDM을 이용한 Multicarrier방식을 보여 주고 있다. FDM에서는 Subcarrier간에 Interchannel interference를 없애기 위하여 서로 중첩되지 않게 Subcarrier가 배치되어야 하기 때문에 낭비되는 주파수 부분이 존재한다. 따라서 전체대역을 Single carrier로 사용할 때에 비하여 전송속도는 떨어지게 된다.

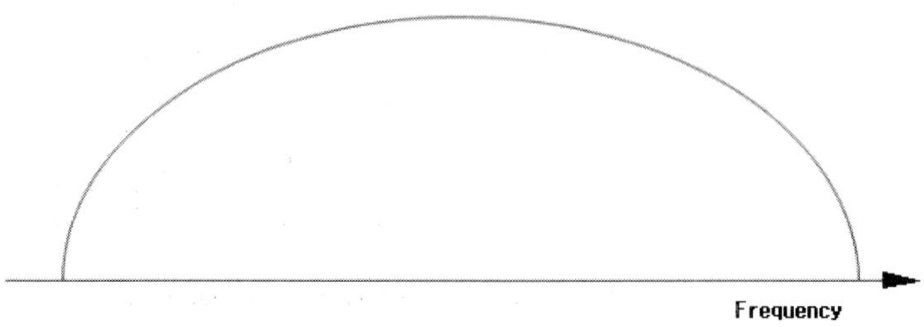

(a) single carrier 방식

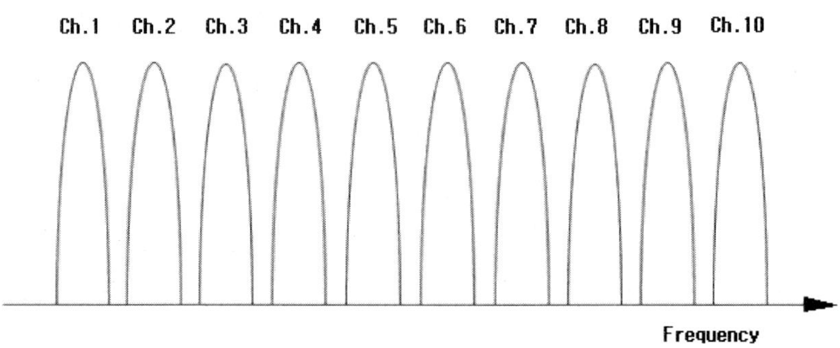

(b) FDM에 따른 multicarrier 방식

그림 1.5 전통적인 FDM을 이용한 multicarrier방식

이러한 비효율성을 없애기 위하여 부반송파들을 그림 1.6과 같이 중첩하여 배치하는 방안이 제안되었다. 이 경우 주파수가 중첩되는 부분에서는 부반송파들 간에 간섭이 발생하게 되는데 이의 영향을 없애기 위하여 인접한 두 개의 부반송파들이 중첩된 구간에서 서로 수학적으로 직교한 성질을 가지도록 각각을 Modulation을 할 수 있다면 그림 1.5에 비하여 훨씬 효율적인 주파수 사용이 가능하게 될 것이다. 그 후 실제로 이러한 기술이 개발되었고 이러한 방법으로 중첩된 부반송파들을 사용하는 FDM방식을 OFDM (Orthogonal Frequency

Division Multiplexing) 이라고 한다.

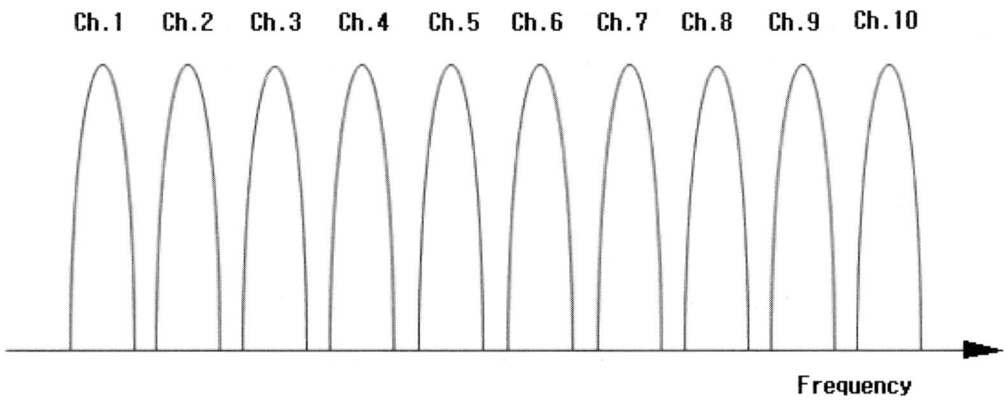

(a) FDM에 다른 multicarrier 방식

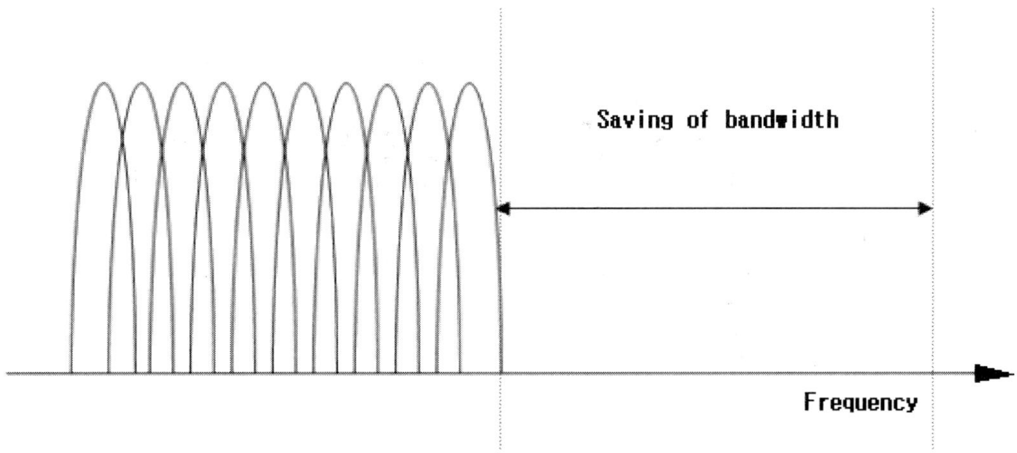

(b) OFDM에 따른 multicarrier 방식

그림 1.6 OFDM을 이용한 multicarrie 방식

1.4 OFDM의 원리

OFDM의 원리는 고속의 Datastream을 여러 개의 저속의 Stream으로 분할하여, 반송파(Subcarrier)를 사용하여 동시에 전송하는 것이다. 저속의 병렬 반송파를 사용함으로 인하여,

심볼구간(Symbol duration)이 증가되었으므로 Multi-path delay spread에 의한 시간영역에서 상대적인 분산(Dispersion)이 감소하게 된다. 또한 Intersymbol Interference는 각 OFDM 심볼의 guard time의 도입으로서 완벽하게 제거될 수 있게 된다. 이때 Guard time에서 OFDM symbol은 Intercarrier Interference를 피하기 위하여 Cyclic extension을 이용한다.

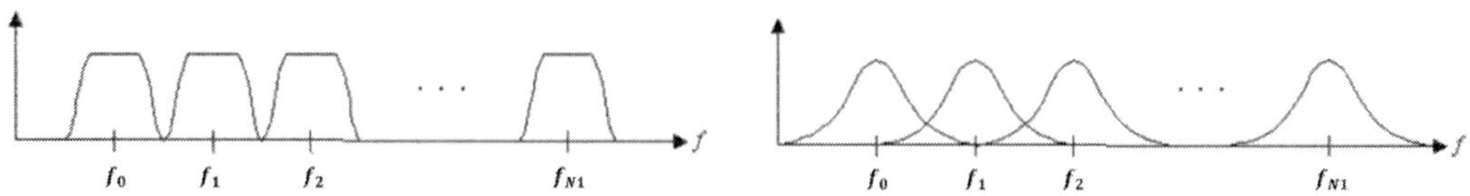

(a) FDM의 전송 스펙트럼 (b) 다중 직교화 QAM의 전송 스펙트럼

그림 1.7 다수 반송파 전송의 스펙트럼 특성

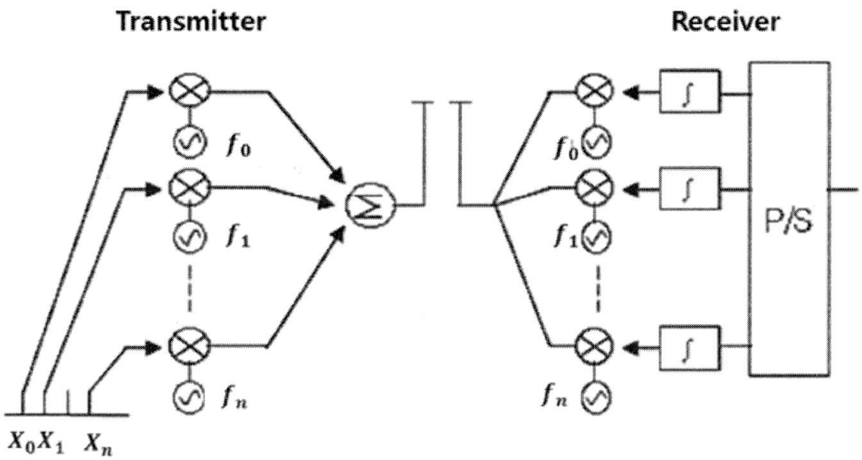

그림 1.8 OFDM 전송 방식의 개념

OFDM 방식은 여러 개의 반송파를 사용하는 다수반송파 전송의 일종으로 반송파의 수만큼 각 채널에서 의 전송주기가 증가하게 된다. 이 경우 광대역 전송 시에 나타나는 주파수 선택적 채널이 심볼간 간섭(ISI: Inter Symbol Interference)이 없는 주파수 비선택적 채널로 근사화되기 때문에 간단한 단일 탭 등화기로 보상이 가능하다. 이와 관련하여 1966년에 다채널을 통하여 대역 제한된 신호를 심볼간 간섭 및 채널 간 간섭 없이 동시에 전송할 수 있는 원리가 제시되었으며, 1970년 1월에는 U.S. 특허가 작성되어 공포되었다 그림 1.7(a)는 이의 전송 스펙트럼을 보여주는데 이 그림으로부터 인접 대역을 분리하기 위해서는 천이특성

이 우수한 필터를 사용해야 함을 알 수 있다. 이후 채널간 간섭을 방지하기 위한 기저대역 필터와 다수의 발진기 뱅크를 함께 사용하는 직교 다중화 QAM이 제안되었는데, 그림 1.7(b)는 이 경우의 전송 스펙트럼을 보여준다. 이 방식에서는 완만한 천이특성을 갖는 필터를 사용하여 대역 제한시키며 대역폭 효율 감소와 채널 왜곡을 방지하기 위해 인접 대역을 직교적으로 중첩시켰다. 그림 1.8은 이와 같은 대역 제한 필터와 발진기 뱅크에 의한 다수반송파의 기저대역 변·복조의 기본 원리를 보여 준다. 이 그림에서 병렬화 된 N개의 M-ary 데이터 심볼들은 해당 반송파에 의해 변조되고 그 결과가 더해져 하나의 OFDM 심볼을 구성하게 되며 최종적으로 RF단에 입력되어 채널로 전송된다. 다중경로 채널을 통과해 수신된 신호는 기저대역으로 변환된 후 복조 과정이 수행 되는데 이 때 송신 데이터를 정확히 복조하기 위해서는 모든 부반송파가 상호 직교해야 한다. 각 부채널로 전송되는 신호는 시간영역에서 심볼주기 길이의 구형파 윈도우를 곱한 형태이므로 각 부채널에서의 스펙트럼은 sync 함수로 표현된다. 따라서 인접 부반송파의 간격을 심볼주기 역수의 정수 배로 설정하면 모든 부반송파 사이의 직교조건이 만족되어 수신 단에서 모든 부반송파 사이의 없이 복조할 수 있다. 그림 1.10은 OFDM방식의 전송 스펙트럼을 보여주는데 모든 부반송파가 상호 직교함을 알 수 있다. 이와 같은 OFDM 신호의 등가 이산시간 기저대역 신호는 데이터를 IFFT한 결과와 같으며 수신 단에서는 FFT를 수행하여 복조를 이루게 된다.

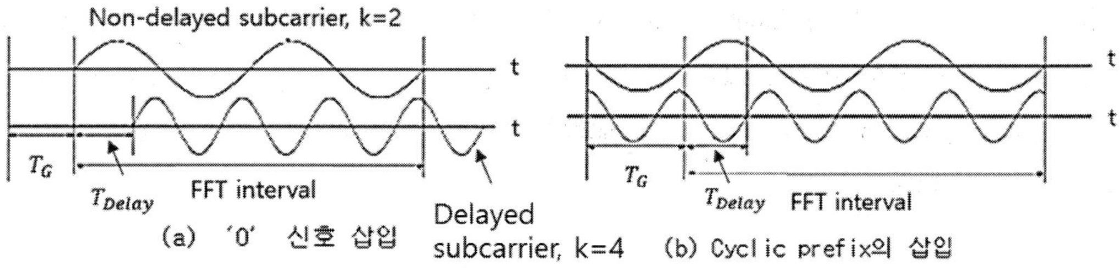

그림 1.9 보호구간 삽입을 위한 두 가지 방식

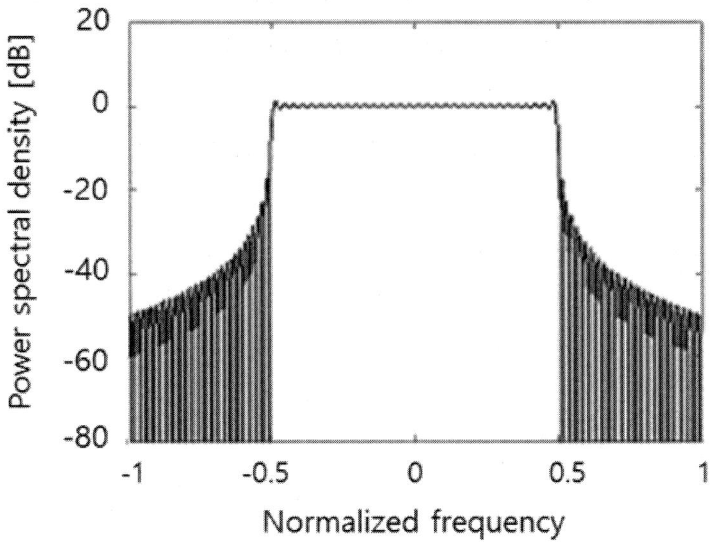

그림 1.10 OFDM 방식에서의 전송 스펙트럼

1.4.1 Guard Time and Cyclic Extension

OFDM을 사용하는 가장 중요한 요인 중의 하나는 multi-path delay spread를 효과적으로 다룰 수 있다는 점이다. 즉, input datastream을 N_c의 부반송파로 나눔으로써, symbol duration이 N_c배 더 작게 된다. 이는 symbol time에 비하여 상대적으로 multi-path delay spread의 감소를 의미하게 된다. Intersymbol Interference를 거의 완벽히 제거하기 위하여, guard time이 OFDM에 도입된다.

1.4.2 Equalization

OFDM은 특별히 equalization에 부담이 덜한 시스템으로서, ISI를 피하기 위하여 guard time을 두고, guard time에 cyclic extension을 사용함으로써, ICI를 피한다. 따라서 OFDM은 기존의 single carrier receiver와 다른 equalizer 구성을 갖는데, TEQ(Time domain Equalizer)와 FEQ(Frequency Domain Equalizer)로 구성된다.

1.4.3 인접 채널간 간섭

OFDM 방식의 주파수 스펙트럼은 각 부반송파가 갖는 sync 함수의 합으로 나타나기 때문에 인접 부 반송파의 간격이 1/T sub의 정수배가 되면 직교성이 유지되지만 sync 파형은

roll-off 특성이 좋지 못하여 인접 채널에 영향을 주는 인접채널간 간섭(adjacent channel interference)을 발생시킨다. 그림 1.10은 OFDM 전송스펙트럼을 나타낸 것인데 전송 대역 밖에 스펙트럼이 상당 부분 존재하여 인접채널간 간섭을 발생시킬 수 있음을 알 수 있다. 인접채널간 간섭을 감소시키기 위해서는 대역 제한 필터를 사용하여 대역 밖의 스펙트럼을 제거시키거나 시간영역에서 올림 형 코사인 윈도우(raised cosine window)와 같은 윈도우를 사용하여 대역 밖 스펙트럼의 크기를 감소시킬 수 있다. 이 외에도 전송대역의 양쪽 끝 부분의 부채널을 사용하지 않는 가상 반송파(virtual carrier) 방식을 사용할 수 있다.

1.4.4 Coded OFDM

OFDM 방식을 사용함으로써 다중경로 채널에 의한 심볼간 간섭을 극복할 수 있으나, 특정 부채널의 감쇄가 심한 경우에는 수신 SNR이 낮아 그 부채널로 전송된 데이터의 오류확률이 증가하게 된다. 이러한 성능 저하를 방지하기 위해서 OFDM 방식에서는 전방오류정정(forward error correction) 부호를 함께 사용하여 다중경로 채널의 페이딩 현상을 극복한다. 오류정정 부호로는 Reed-Solomon 부호와 같은 블록부호(block code)와 컨볼루셔널 부호(convolutional code)가 주로 사용되며, 대역폭 효율을 향상시킨 트렐리스 부호(trelliscode), 두 개의 서로 다른 부호를 결합하여 사용하는 concatenated 부호, 터보 부호(turbo code) 등이 사용된다. 최근에는 터보부호와 마찬가지로 반복복호를 사용하는LDPC(Low Density Parity Check) 부호가 Shannon limit의 0.1dB 이내의 성능을 달성할 수 있고 병렬처리로 고속처리가 가능하여 이와 결합한 신호 전송방식에 대한 연구가 활발히 진행되고 있다. 또한, 연집오류(burst error) 발생에 의한 오류 정정 성능의 저하를 방지하기 위해 인터리빙(interleaving)을 함께 사용하며, 인터리빙의 종류와 크기는 사용하는 오류정정 부호와 채널의 주파수와 시간의 페이딩 정도, 그리고 인터리빙에 따른 지연을 모두 고려해서 결정한다.

1.4.5 OFDM 파라미터 선정

여러 가지 OFDM 파라미터는 대역폭, 비트 율, 지연 확산 등의 다양한 요구조건을 고려하여 선정하여야 하나 대략적인 규칙은 다음과 같다.

(1) 보호구간을 지연확산의 rms 값보다 4배 정도 크게 선정한다.

(2) 심볼구간은 보호구간의 약 5배가 되도록 선택한다. 보호구간에 의하여 발생하는 SNR의 손실을 최소화하기 위해서는 심볼구간을 매우 크게 하는 것이 바람직하나 이 경우 좁은

간격을 갖는 많은 수의 반송파가 사용되므로 구현이 복잡해지고 위상잡음과 주파수옵셋에 민감해지며 PAR가 증가하므로 임의로 길게 할 수 없다.

(3) 부반송파 간격은 부반송파간 직교조건을 만족시키기 위하여 유효심볼주기(Tsub)의 역수가 되도록 선정한다. 이 경우 부반송파 수는 대역폭을 부반송파 간격으로 나눈 값으로 주어지며, 요구되는 전송률, 부호 율, 인접채널간 간섭을 고려하여 가상 반송파의 수를 결정한다. 또한 부반송파의 간격은 오실레이터 또는 VCO, 이동성에 따른 Doppler shift의 영향을 고려하여 설정하되, 반송파 주파수옵셋의 tracking이 완료된 후 잔여 반송파 주파수옵셋의 영향이 미미하기 위해서는 최대 허용 주파수옵셋이 부반송파 간격의 1% 미만이 되어야 한다.

(4) 유효심볼주기(IFFT/FFT 주기)와 심볼 주기내의 샘플 수가 정수가 되도록 위의 파라미터를 미세 수정한다.

1.4.6 다중 엑세스 (Multiple Access)

방송용이 아닌 셀룰러 이동통신, 무선 ATM, 무선 LAN 등에 OFDM 전송방식을 사용하는 경우에는 단일 반송파 전송방식과 마찬가지로 다수의 사용자를 위한 다중 억세스 방식이 필요하다. 대표적 방식으로는 OFDM-TDMA, OFDM-FDMA (OFDMA), OFDM-CDMA 가 있다. OFDM-TDMA 의 경우에는 N 개의 부채널로 구성된 전체 대역을 각 사용자가 할당된 시간 동안 N 개의 부채널을 모두 사용한다. OFDMA 는 시간에 제한 받지 않고 전체 부채널을 사용자가 요구하는 트래픽에 따라 동적으로 할당한다. OFDM-CDMA 는 각 사용자가 고유의 확산부호를 사용하여 모든 시간과 부채널을 이용하는데 확산방식에 따라 MC-CDMA, MC-DS-CDMA, MT-CDMA 로 구분할 수 있다.

DS-CDMA 는 송신데이터를 확산부호를 사용하여 시간영역에서 확산시키는 방식이나, MC-CDMA 는 송신데이터를 모든 부채널에 복사한 후, 확산부호를 사용하여 주파수영역에서 확산시키는 방식으로 볼 수 있다. 따라서, DS-CDMA 방식은 시간영역에서 다중경로에 의하여 수신되는 신호의 일부만을 Rake 수신기를 사용, 결합하여 사용하는 반면, MC-CDMA 방식은 주파수 영역에 분포되어 있는 모든 수신 에너지를 결합하여 사용할 수 있는 장점이 있다. 그러나, MC-CDMA 신호 스펙트럼의 대역폭은 DS-CDMA 신호 스펙트럼의 대역폭과 거의 동일하기 때문에 대역폭 효율 면에서는 이득이 없다. MT-CDMA 방식은 직/병렬 변환된 데이터를 확산부호를 사용하여 시간영역에서 확산시키는 방식이며, 이 방식에서는 각 부채널마다 시간영역으로의 확산이 이루어지므로 확산 전각 부채널의 스펙트럼은 직교성이 유지되나, 확산 후 부채널의 스펙트럼은 직교성을 만족시키지 못한다. 이와 같이 MT-CDMA 방식은 부채널간 조밀한 스펙트럼 overlap 을 갖기 때문에 대역폭 효율은 MC-CDMA 에 비해 높으나, 부채널간 간섭 등의 영향으로 성능이 크게 열화되는 단점이 있다.

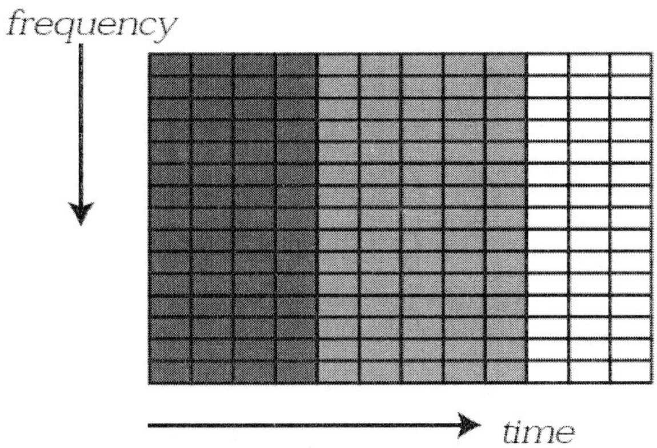

(a) OFDM/TDMA

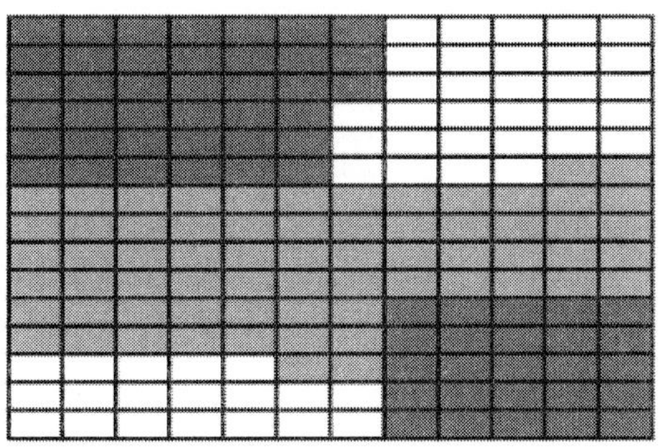

(b) OFDM/FDMA

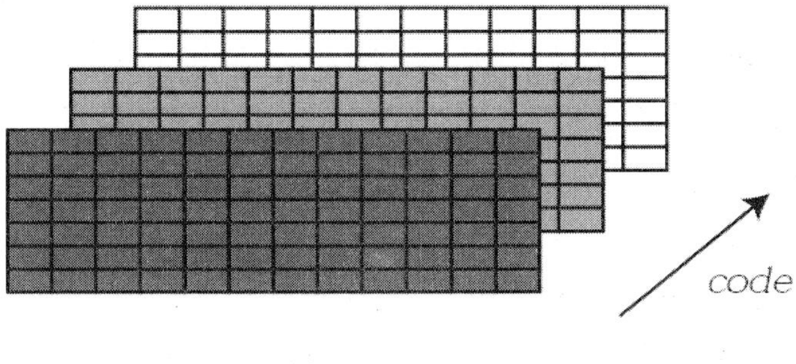

(c) OFDM/CDMA

그림 1.11 엑세스 방식의 비교

하향링크에서 OFDM 방식을 사용하고자 할 경우에는 위의 세가지 방식을 모두 적용할 수 있다. 그 중 OFDM-TDMA 방식은 각 사용자마다 전체의 대역폭이 주어지므로 사용자가 요구하는 전송속도에 따라 각 프레임 내에서 할당되는 OFDM 심볼의 수를 변화시킴으로써 자원할당이 이루어진다. 이 OFDM-TDMA 방식에서는 각 사용자마다 데이터를 수신하기 전에 프리앰블을 사용하여 초기화를 하여야 하므로 전송효율이 감소하게 된다. 따라서 이 경우 오버헤드를 줄이기 위하여 상대적으로 큰 payload가 적용된다. 예를 들어, IEEE 802.11a는 이더넷 기반에서 동작하므로 payload가 크고 채널환경의 변화가 없기 때문에 OFDM-TDMA를 상·하향링크에서 적용하며, 이와 같이 작은 크기의 FFT를 사용할 경우에는 일반적으로 OFDM-TDMA가 적절한 선택이 된다. OFDMA는 각 사용자에서 요구하는 전송속도에 따라 부반송파의 개수를 다르게 할당함으로써 자원분배를 효율적으로 할 수 있다. 이 방식은 특히 부반송파의 개수가 많을 경우 일반적으로 각 부반송파마다 채널상황이 다르기 때문에 부채널의 SNR에 따라 다른 변조방식을 사용하여 채널용량을 최적화시킬 수 있다. 따라서 큰 크기의 FFT를 사용할 경우 OFDMA 방식이 유리하다. 예를 들어, IEEE 802.16ab에서는 512 이하의 FFT를 사용할 경우에는 OFDM-TDMA를 적용하고, 512~4096 FFT를 사용할 경우에는 OFDMA를 적용한다. OFDM 방식을 상향링크에서 사용하고자 할 경우에는 OFDM-TDMA 방식을 적용할 수 있으며, OFDMA나 OFDM-CDMA 방식을 적용하고자 할 경우에는 각 단말기마다 전송지연, 도플러 주파수 등이 모두 다르기 때문에 timing advance와 반송파 주파수 오프셋 사전보상기법 등이 필요하다. 또는 일반적으로 상향링크에서 요구되는 전송률은 높지 않으므로 기존의 EDGE 또는 CDMA 방식을 그대로 사용할 수 있다.

셀룰러 환경에서 광대역 OFDM을 사용할 경우 동적채널 할당기법과 결합함으로써 매우 높은 주파수 효율을 얻을 수 있다. 1세대와 2세대 셀룰러 시스템에서는 일반적으로 고정채널할당방식을 사용하고, DSCDMA 또는 WCDMA에서는 interference averaging 방식을 사용한다. 이러한 interference averaging 방식은 고정채널할당방식에 비하여 간섭신호를 제거하는데 우수한 성능을 보이나, 동적채널할당기법과 같은 interference avoidance 방식을 사용할 경우 interference averaging 방식에 비하여 2~3배 높은 주파수 효율을 얻을 수 있다. 이러한 동적채널할당기법을 구현하기 위하여 광범위한 신호측정과 빠른 채널 재할당이 요구되는데 기존의 시스템에서는 이를 적용하기가 쉽지 않았다. 그러나 OFDM 방식에서는 시간과 주파수 축에서 직교한 부채널이 잘 정의되어 있고 OFDM의 특성상 모든 부채널에서 간섭신호와 경로손실을 빠르게 측정할 수 있으므로 동적채널할당기법을 쉽게 적용할 수 있는 장점이 있다.

1.4.7 OFDM 방식의 고려 사항

OFDM 방식은 다수의 직교 반송파를 사용하기 때문에 부반송파 사이의 직교성이 파괴되는 경우에는 채널간 간섭이 발생되어 비트에러율이 크게 저하되는데, OFDM 방식에서 직교성이 파괴되는 원인은 크게 다음의 세 가지로 구분할 수 있다. 첫번째는 수신단에서 심볼 동기와 반송파 주파수 동기가 이루어지지 않은 경우이다. OFDM 시스템에서의 변·복조는 IFFT 와 FFT 의 블록단위로 각각 이루어지기 때문에 심볼 동기는 OFDM 심볼의 시작점을 찾는 것을 의미한다. 반송파 주파수 옵셋이 발생하는 경우에는 부반송파의 직교성이 파괴되어 다른 모든 부반송파의 영향을 받게 되므로 단일 반송파 방식에 비해 심각한 성능 저하를 초래한다. 이러한 OFDM 신호의 동기화를 위하여 응용분야에 따라 주파수영역에서 파일롯톤 또는 반복심볼을 이용하는 방식이나, 시간영역에서 CP 또는 훈련심볼을 이용하는 방식 등이 사용되고 있다. 두 번째로 OFDM 방식에서 변조된 신호의 크기는 레일레이 분포를 가지므로 OFDM 심볼의 시간영역 신호는 PAR (Peak-to-Average Ratio)가 단일반송파 방식보다 크게 나타난다. 따라서, 고출력 증폭기를 단일반송파 방식과 동일한 효율로 사용할 경우 비선형 왜곡에 의한 채널간 간섭 및 인접채널간 간섭이 OFDM 방식에서 보다 크게 발생하게 된다. 이러한 PAR 에 의한 비선형 왜곡 감쇄를 위하여 부호화 기법, 사전왜곡기법 등이 사용된다. 세 번째는 채널의 특성이 송·수신기의 상대적 이동으로 인해 OFDM 심볼주기 내에서 변하는 경우이며 이 때 수신단에서 각 부반송파의 직교성이 파괴되어 채널간 간섭이 발생하게 된다. 특히 본 장에서 고려하고 있는 Mobile Acceess 에서 고속의 이동시 채널간 간섭이 급격히 증가하며, 이 경우에는 단일탭 등화기로 보상이 어렵기 때문에 시스템의 성능 저하가 발생된다. 이의 보상을 위해서는 이동성에 따른 채널간 간섭의 양을 추정하여 주파수영역에서 이를 보상하는 기법 등이 사용 될 수 있다.

1.5 OFDM의 특징

- 전송 대역폭과 비트 레이트가 일정한 단일 캐리어 방식과 비교하면, 송신 데이터를 N_c 개의 반송파에 분산하여 전송하는 경우, 전송 심볼 1개의 계속 시간은 단일 캐리어 방식의 약 N_c 배가 된다. 이와 같이 전송 심볼 1개의 계속 시간이 단일 캐리어 방식보다 크게 길어지고 시간축에서 가드 인터벌을 부가하면 멀티패스(고스트)가 증가해도 전송특성의

열화가 적다.

- 데이터를 전송대역 전체에 분산하여 전송하기 때문에 특정 주파수 대역에 방해 신호가 존재하는 경우에도 그 영향을 받는 것은 일부 데이터 비트에 한정되며, 인터리브와 에러 정정 부호로 효과적으로 특성을 개선할 수 있다.
- 멀티패스에 강한 특성이 있으므로 비교적 소전력의 다수 송신국을 이용하여 단일 주파수로 서비스 영역을 커버하는 SFN을 구성할 수 있다.
- 반송파가 같은 주파수 간격으로 정렬된 멀티캐리어 방식이므로 전송로에 비선형 특성이 존재하고, 상호변조에 의한 특성 열화가 발생하기 쉽다. 따라서 충분한 선형 영역에서 사용할 필요가 있다. FFT(고속 퓨리에 변환)에 의한 변복조 처리가 가능하다.
- 멀티패스에 강한 특성이 있으므로 비교적 소 전력의 다수 송신국을 이용하여 단일 주파수로 서비스 영역을 커버하는 SFN을 구성할 수 있다.
- 반송파가 같은 주파수 간격으로 정렬된 멀티캐리어 방식이므로 전송로에 비선형 특성이 존재하고, 상호변조에 의한 특성 열화가 발생하기 쉽다. 따라서 충분한 선형영역에서 사용할 필요가 있다.

1.6 차세대 OFDM 모뎀 IP 개발 동향

1.6.1 현재까지의 관련 산업 및 기술 동향

- ITU-R WP8F에서는 차세대 무선통신 시스템의 기능강화를 위하여 Mobile Access라고 정의된 옥외에서 고속 이동 중의 고속 데이터 전송 기술과 Nomadic/Local Area Wireless Access라고 정의된 옥내·외에서 저속 이동 중 초고속 데이터 전송이 가능한 무선 LAN 기술을 정의하였으며, 그 요구사항은 Mobile Access를 위해서는 100Mbps, Nomadic/Local Area Wireless Access를 위해서는 1Gbps 임.
- OFDM 방식은 무선 채널에서 고속 전송시 발생하는 심볼간 간섭을 효율적으로 극복할 수 있기 때문에 고속의 데이터 전송이 필요한 IEEE 802.11a 등의 고속 무선 LAN, IEEE

802.16 또는 휴대인터넷(와이브로)의 무선 MAN 표준 방식으로 채택되었음.

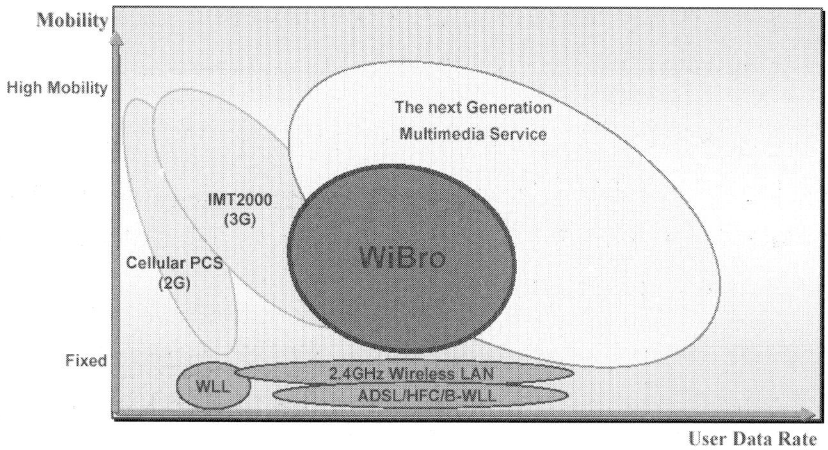

그림 1.12 선 LAN 및 무선 MAN(WiBro) 서비스 특징

- 고속 데이터 전송시 요구되는 높은 Link budget을 해결하기 위하여 송·수신단에 다중 안테나를 사용함으로써 독립적인 페이딩 채널을 다수개 형성하여 다이버시티 이득과 코딩 이득을 얻는 송신 다이버시티 기법과 송신 안테나마다 다른 신호를 전송하여 전송속도를 크게 향상시키는 MIMO 기법에 대한 연구가 활발히 이루어지고 있으며, 주파수 선택적 채널에서 효율적으로 고속 전송이 가능한 MIMO-OFDM 방식이 무선 MAN과 무선 LAN의 표준으로 채택되었음.

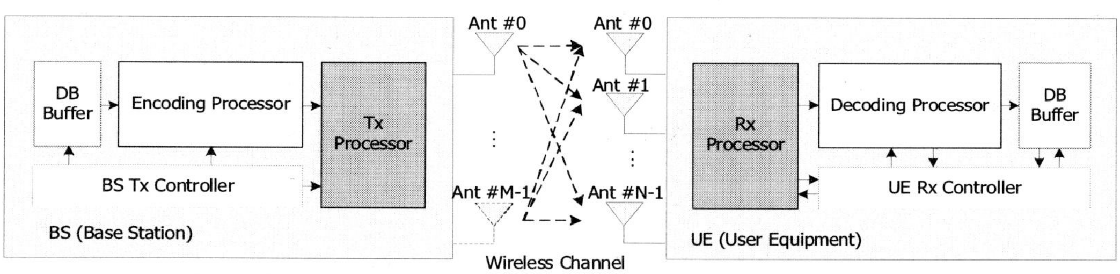

그림 1.13 O-OFDM 모뎀의 기본 블록도

- 미국의 AT&T에서는 MIMO-OFDM 방식을 사용한 ACIS를 제안하였으며, 미국의 Flarion

Technology에서도 무선 인터넷 엑세스를 위하여 이와 유사한 Flash-OFDM 기술을 개발하여 all IP 네트워크에서 매우 적은 Latency로 고속의 데이터를 전송할 수 있는 시스템을 개발하였고, 일본 NTT DoCoMo에서는 고해상도 영화와 TV 프로그램을 수신하여 방송과 통신을 결합하는 4G 폰을 계획하고 있으며, 미국의 Broadstorm은 무선 인터넷 엑세스, 스트리밍 미디어, VoIP 서비스를 위하여 OFDMA/TDD기반의 Broad@ir 기술을 개발하였음.

- 국내의 휴대인터넷(WiBro) 또는 IEEE 802.16 에서는 OFDMA 방식을 사용하여 Fixed/Mobile 무선 MAN 환경에서 다양한 전송율을 제공하며, 시속 60Km 로 이동시 최소 하향 512Kbps, 상향 128Kbps의 전송속도와 9MHz 이상의 채널대역폭, 사업자 장비간 로밍가능, 시분할(TDD) 방식, 주파수 사용 계수 1을 만족함.
- 국내의 정보통신부에서는 이러한 시대의 흐름에 발맞추어 '4세대 이동통신 개발계획'을 수립하여 2002년부터 수행중으로, ETRI와 삼성 등에서 최대 100Mbps급 전송속도로 MIMO-OFDM 기반의 초고속 패킷 무선전송기술과 수백 Mbps급의 MIMO-OFDM 방식의 무선 LAN 기술을 개발하고 있음.
- 3GPP에서 차세대 셀룰러 통신 방식을 결정짓는 LTE(Long Term Evolution)의 전송방식으로 MIMO-OFDM 방식을 선정하고 2005년부터 요소기술을 제안 받고 있음.

| 표 1.1 | 주요 시스템 파라미터별 요구사항

주요 시스템 파라미터		필수 요구사항	
항목	값/방식	항목	값 또는 방식
Duplexing	TDD	주파수재사용계수	1
		이동성	≤ 60 [Km/h]
Multiple Access	OFDMA	서비스 영역	≤ 1 [Km]
		스펙트럼 효율 [bps/Hz/cell(sector)]	최대 DL/UL=6/2 평균 DL/UL=2/1
Channel BW	10MHz	핸드오프	≤ 150 [ms]
		전송속도(사용자당)	최대 DL/UL=3/1 [Mbps] 최소 DL/UL=512/128 [Kbps]

- 터보부호는 3GPP에 의해 데이터전송을 위한 표준 중 하나로 채택되었고 IMT-2000과 CDMA2000 1x등에 이용되고 있으며 3GPP LTE의 오류정정 부호로 선정되었고

IEEE802.16의 선택 사양으로 선정되었음.

- 터보부호는 무선 LAN 환경하의 초고속 인터넷 서비스에 적용될 경우 탁월한 오류정정 능력을 가질 수 있으며 HARQ 프로토콜의 요소기술로 이용될 경우 훌륭한 throughput을 얻을 수 있다.

1.6.2 사업내용

1.6.2.1 MIMO-OFDM

다중 안테나를 사용하는 OFDM 시스템은 다이버시티 이득을 목적으로 하는 STC (Space-Time Coded)-OFDM과 같은 대역폭에서 전송률을 증가시키기 위한 BLAST-OFDM이나 SVD-OFDM과 두 방식의 결합 형태인 Multiplexed-STC-OFDM 등의 기법들이 있다.

- STC-OFDM

송신 다이버시티 기법을 적용한 OFDM 시스템은 SFTC(Space-Frequency Trellis Code)-OFDM, STBC(Space-Time Block Code)-OFDM, SFBC(Space-Frequency Block Code)-OFDM, Clustered-OFDM 등이 있다. 그림 1.14는 SFTC-OFDM의 블록도를 보여준다.

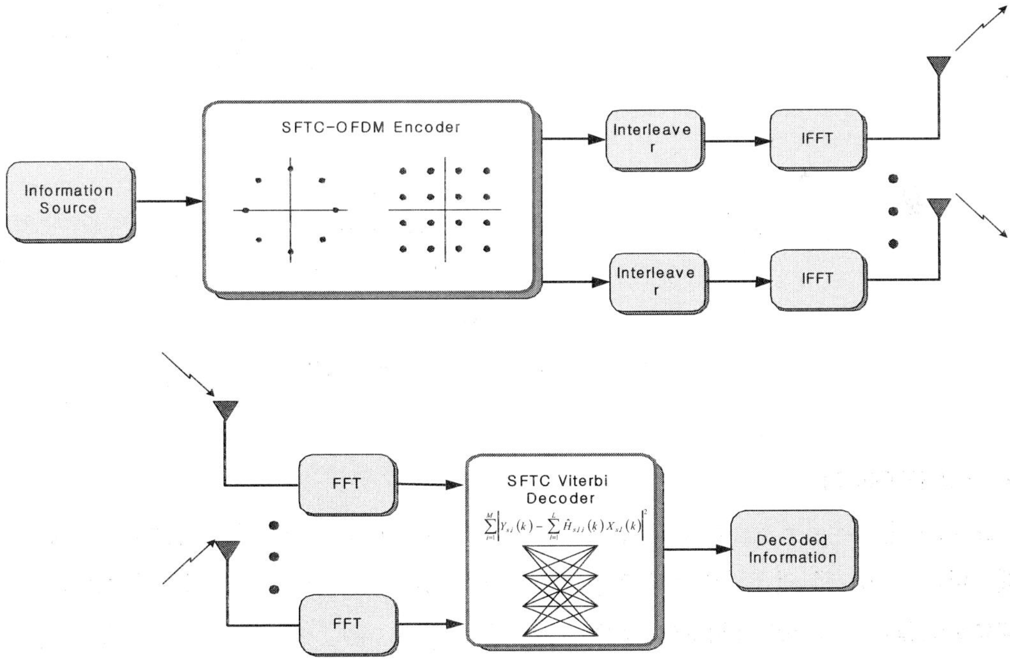

그림 1.14 SFTC-OFDM 방식의 블록도

이 방식에서는 정보비트가 입력되면 주어진 트렐리스도에 따라 다이버시티 이득과 부호화 이득이 최대가 되도록 성상도에 따라 각각의 다중안테나에 심볼이 할당 되며, 할당된 심볼은 각각의 안테나를 통해 동시에 전송된다. 부호화된 일련의 심볼들은 OFDM 부반송파에 차례로 실리고 각 송신기의 IFFT단을 거쳐 OFDM 변조된 후 최종적으로 RF단으로 출력된다. 각 송신안테나를 통해 전송된 심볼들은 각각 독립적인 페이딩을 겪게 되며 이를 통해 다이버시티 이득을 얻을 수 있다. 수신단에서의 복호화 과정은 비터비 복호기를 통해 이루어진다.

STBC는 다중안테나 시스템에서 간단한 부호화와 단순한 선형계산을 통한 복호를 통해 부가적인 대역폭의 증가없이 시•공간 다이버시티 이득을 얻을 수 있다. 시간적으로 연속된 두 OFDM 심볼간에 채널의 변화가 없을 경우 STBC-OFDM을 적용할 수 있으며 이 방식은 부반송파간 간격이 작고 유효 심볼의 길이가 짧은 무선 LAN과 같은 응용에서 유리하다.

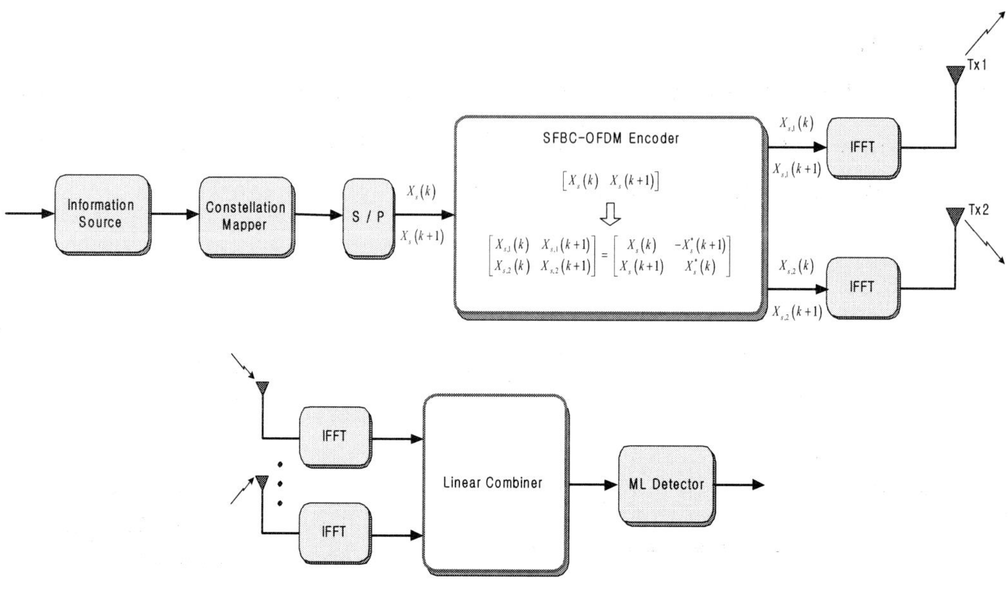

그림 1.15 SFBC-OFDM 방식의 블록도

• BLAST-OFDM

BLAST 방식은 rich scattering 환경에서 송•수신단에 다중 안테나를 사용하여 각 송신 안테나마다에 신호를 전송함으로써 전송률을 향상 시킬 수 있으며, 송신 신호가 채널의 동기 대역폭(coherence bandwidth)보다 작은 대역폭을 갖는 주파수 비선택적 페이딩을 가정하기 때문에 BLAST-OFDM 방식이 다중경로 환경에 쉽게 적용될 수 있다. 그림 1.16에 나타난 바와 같이 OFDM방식을 적용한 BLAST 시스템은 다중경로지연에 의한 영향이 CP의 사용으로

ISI의 영향을 제거하고 각 부반송파는 주파수 비선택적 페이딩 채널로 근사화될 수 있기 때문에 수신단에서 추가의 하드웨어 사용 없이 신호를 검출 할 수 있다.

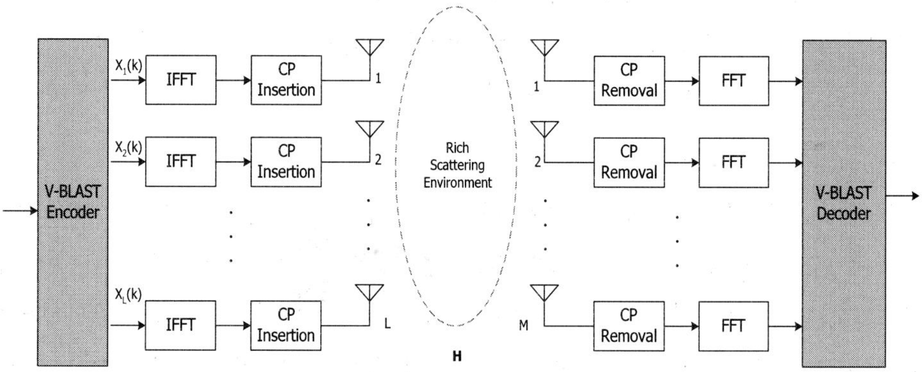

그림 1.16 BLAST-OFDM 방식의 블록도

이러한 BLAST-OFDM 방식에서는 송신 다이버시티 기법과는 달리 수신 안테나의 수가 송신 안테나의 수보다 많아야 하고 독립적인 페이딩 채널이 형성되어야 하기 때문에 송•수신단의 거리가 비교적 작고 노트북과 같이 다중 수신안테나를 사용할 수 있는 무선 LAN또는 무선 PAN같은 환경에 적합하다.

- SVD-OFDM

저속 페이딩 채널 혹은 고정 채널인 경우에 송신단에서 채널의 정보를 알고 있으면 채널을 SVD(Singular Value Decomposition) 분석을 통하여 병렬채널로 분리 한 후 최대의 채널 용량을 얻는 SVD 방식을 정용할 수 있다. 그림 1.17은 SVD 방식을 OFDM 시스템에 적용한 SBD-OFDM의 블록도를 보여준다.

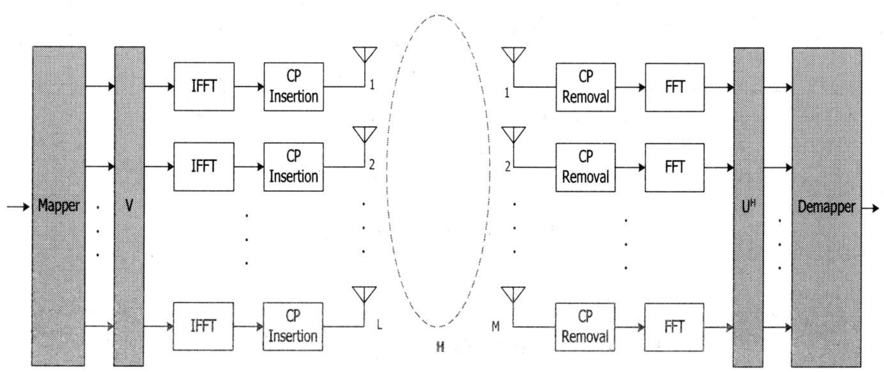

그림 1.17 SVD-OFDM 방식의 블록도

주파수 선택적 페이딩 채널의 경우에 각 부반송파 단위로 SVD에 의하여 병렬화된 채널의 이득인 eigenvalue도 주파수 선택적 특성을 갖기 때문에 주파수 영역에서 각 부반송파에 적응 비트로딩을 수행함으로써 비트 오류률 및 채널용량을 크게 향상시킬 수 있다. 또한, 병렬화된 채널에 최적의 전력을 할당하는 water-filing 알고리즘을 적용하면, 전력의 낭비를 막을 수 있어 채널 용량을 더욱 향상시킬 수 있다.

- Multiplexed-STC-OFDM

기본적인 BLAST 구조는 수신단의 안테나 수가 송신단의 안테나 수와 같으면 다이버시티 이득을 얻을 수 없기 때문에 전송률을 증가 시키면서 다이버시티 이득을 얻기 위하여 STC 기법과 접목시키는 연구가 진행되고 있다. STBC-IC(Space-Time Block Code- Interference Cancellation)는 다중 사용자 환경에서 두 명의 사용자가 각각 2개의 송신 안테나를 통하여 STBC 기법으로 전송하고 수신단에서 2개의 안테나로 각 사용자의 정보를 복원하는 방식이다. 이와 같은 STBC-IC 방식은 STBC의 직교구조를 이용하여 다른 사용자의 간섭 신호를 제거하고 독립적으로 다이버시티 결합이 가능하기 때문에 송신안테나가 2개인 경우에 2차의 다이버시티 이득을 얻을 수 있으며 또한, 동일한 대역폭을 사용하면서도 수신단측의 전송률이 증가하는 장점이 있다. 다수의 사용자를 위한 SFBC-IC 기법을 단일 사용자의 OFDM 시스템에 적용하면 그림 1.18과 같은 Multiplexed-STBC-OFDM 구조가 된다.

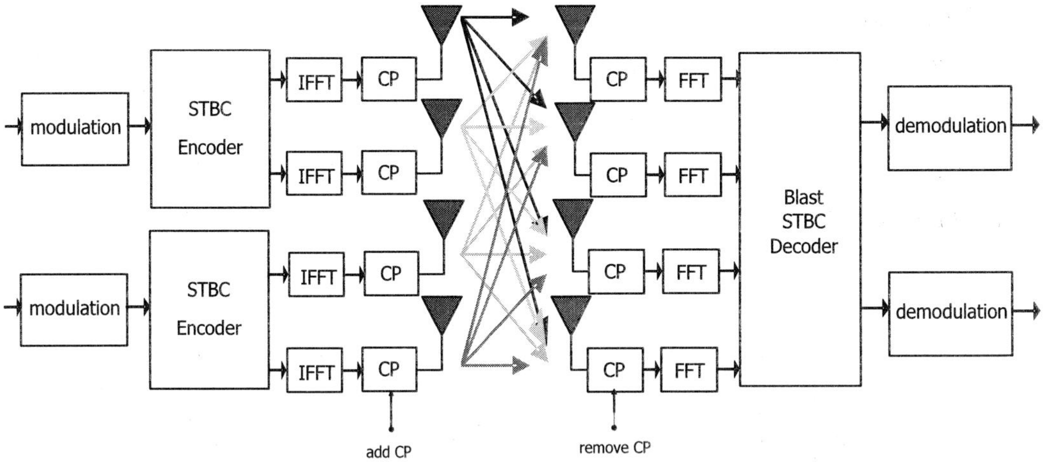

그림 1.18 4Tx-4Rx Multiplexed-STBC-OFDM

Multiplexed-STBC-OFDM은 단일 사용자 측면에서 전송률의 증가와 더불어 다이버시티 이득도 얻을 수 있기에 채널용량이 크게 증가한다. 송신단의 안테나가 4개이고 수신단의 안테나가 2개인 경우에 전송량은 단일 안테나에 비하여 두 배로 증가하며, 다이버시티 차수는 2가 된다. 수신단의 안테나를 4개로 확장하는 경우에 전송률은 동일(단일 안테나의 두 배)하게 유지하며 다이버시티 차수를 4로 증가 시킬 수 있다.

- IEEE 802.11n 프리앰블

IEEE 802.11n은 기존의 IEEE 802.11a와 IEEE 802.11g와의 호환성을 보장하는 모드도 존재해야 하며, 주파수 효율은 3bits/sec/Hz 이상이어야 한다는 규정하에 개발되고 있다. 현재까지의 Draft 버전의 표준안을 살펴보면, 기본적으로 2개의 송신 안테나를 가정하여 2배의 throughput을 제공하고, 40MHz의 대역폭을 사용하여 2.25배의 throughput을 제공하여, 총 4.5배의 throughput 제공을 목적으로 하고 있다. 기존 IEEE 802.11a와 IEEE 802.11g와의 호환성을 위해 프리앰블 구조도 기존의 IEEE 802.11a와 IEEE 802.11g의 프리앰블 구조에서 확장된 형태를 취하고 있다. 그림 1.19는 송신 안테나가 2개일 경우의 프리앰블 구조를 나타내고 있다.

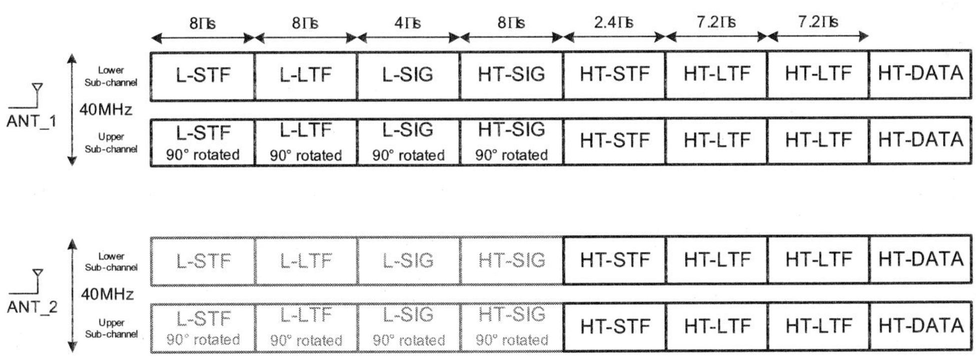

그림 1.19 IEEE 802.11n MIMO-OFDM 전송을 위한 PPDU format

L-STF, L-LTF, L-SIC 신호는 기존의 IEEE 802.11a와 IEEE 802.11g와의 호환성을 위해 IEEE 802.11a와 IEEE 802.11g와의 프리앰블과 동일하게 구성된 신호이며, HT-SIC, HT-STF, HT-STF 신호는 high throughput 제공을 위해 추가되는 프리앰블 신호가 된다. 다중 안테나를 사용할 경우, L-STF~HT-SIC 프리앰블까지의 신호를 하나의 안테나에서 송신하는 것을 기본으로 하고 있으며 송신시 전력증폭기의 영향을 고려하여, 다중 안테나에서 동시에 송신하는 모드도 선택적으로 제공하고 있다. 여기서 HT-STF 프리앰블 신호는 AGC 레벨을 조정하기 위해 추가된 신호이며, HT-LTF 프리앰블 신호는 다중 안테나를 사용할 경우, 다중채널 추정을 목적으로 추가된 신호이다. HT-LTF 프리앰블 신호는 송신 안테나의 개수만큼 추가된다.

- MIMO-OFDM 모뎀

기본 MIMO-OFDM 모뎀의 Tx Processor에서는 부호화된 비트열을 복소 심볼로 변조한 후, MIMO 기법에 따라 공간, 시간, 주파수상에서 맵핑하고 안테나 별로 OFDM 변조부에 의하여 OFDM 신호로 변조된 후 전송된다. 기본적인 MIMO-OFDM 블럭도는 그림 1.20과 같다.

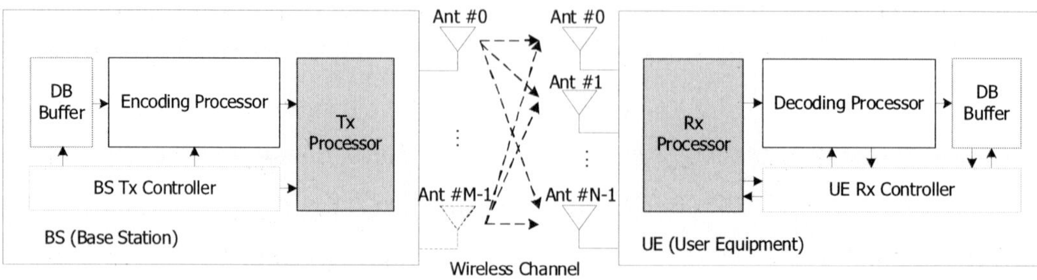

그림 1.20 기본적인 MIMO-OFDM 모뎀의 블럭도

OFDM 변조부는 파일럿 신호 및 가상 부반송파 삽입부와 IFFT, CP 삽입부로 구성이 된다. MIMO-OFDM의 Rx Processor에서는 다양항 동기를 수행하는 동기부와 OFDM 신호를 복조하는 OFDM 복조부, MIMO 기법에 따라 공간, 시간, 혹은 주파수 상에서 결합하여 검출하는 부분, 검출된 신호를 비트열로 복조하는 부분으로 구성된다. OFDM 복조부는 파일럿 신호 추출부, FFT, CP 제거부로 구성된다. 단, TDD 시스템이기 때문에 IFFT와 FFT는 공유될 수 있다. 동기부의 구조와 기능에 대해 살펴보면 동기부는 에너지 검출부, 반송파 주파수 옵셋 추정부, 심볼 동기부 등으로 구성되며 다중 안테나 환경에서 동작할 수 있어야한다. 에너지 검출부는 초기의 수신신호의 유무를 감지하고 대략적인 심볼 동기를 수행한다. 반송파 주파수 옵셋 추정부는 송신부의 로컬 발진기 주파수와 수신부의 로컬 발진기 주파수의 옵셋을 추정한다. 심볼 동기부는 심볼 시간 오차를 추정하여 FFT 윈도우의 시작점을 정정한다. 채널 보상기 및 위상 추적기 구조와 기능에 대해 살펴보면 다음과 같다. 채널 보상기는 채널 추정부와 등화부로 구성되며, 다중 송•수신 안테나 사이에 형성되는 채널을 추정해야 한다. 채널 추정부는 프리앰블 또는 파일럿 신호를 이용하여 LS 혹은 MMSE등의 기준으로 추정한다. 그리고 잔류 주파수 옵셋은 파일럿 신호를 이용하여 추정하고 보상한다.

1.6.2.2 하향/상향링크 동기화 기법

기본적으로 OFDM 시스템은 동기에 상당히 민감하기 때문에 OFDM 기반의 셀룰러 시스템도 높은 정확도의 동기 성능이 요구된다. 셀룰러 시스템의 동기화는 하향링크 동기화와 상향링크 동기화로 구성되며 TDD 시스템의 경우에 상향링크와 하향링크의 대칭 특성을 이용하여 동기화 과정을 수행할 수 있지만, FDD 시스템의 경우에는 상향링크와 하향링크의 개별적인 동기화 과정이 필요하다. 그림 1.21은 셀룰러 시스템에서의 기지국과 이동국간의 동기화 구조를 보여준다.

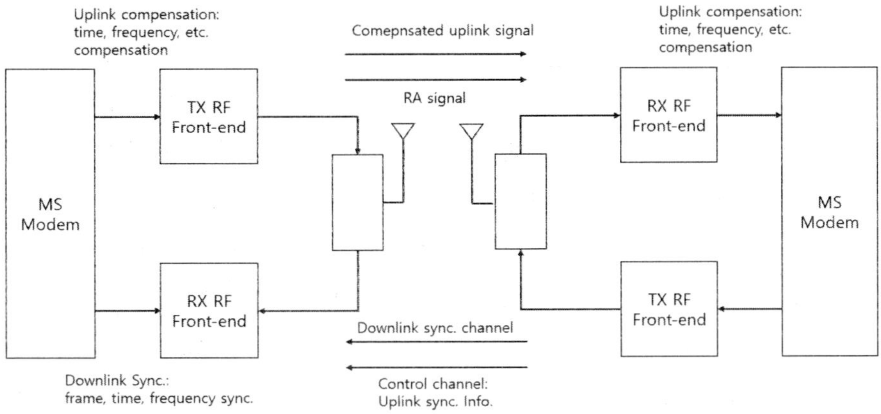

그림 1.21 셀룰러 시스템에서 동기화 구조

기존의 OFDM 기반의 시스템으로 DAB, DVB, IEEE 802.11a, HiperLAN/2, IEEE 802.16a 등의 시스템이 있으나, IEEE 802.16a를 제외하면 상향링크에 대한 고려가 거의 없다. 기본적으로 DAB와 DVB는 방송 시스템이기 때문에 하향링크만 존재하며, IEEE 802.11a와 HiperLAN/2는 버스트 모뎀의 구조를 지니고 있어 프레임 구조상에서 상향링크와 하향링크 구별이 없다.

• 하향링크 동기화 기법

셀룰러 시스템은 초기 동기를 위해 단말기가 기지국의 신호를 수신하여 시간 동기와 주파수 동기화 및 셀 탐색을 수행해야 한다. 또한, 초기 동기 획득 이후에는 시간과 주파수 옵셋을 추적(Tracking)해야 하며, 핸드오버(Handover)를 위해 인접 셀의 시간, 주파수 동기와 셀 탐색을 수행해야 한다. 다중 셀에 대한 고려를 제외하면 하향링크 동기는 기존의 OFDM 시스템과 유사한 점이 많다. 기존은 OFDM 시스템의 하향링크 동기화 방식은 크게 프리앰블 기반의 동기화 방식과 파일럿 기반의 동기화 방식으로 나눌 수 있는데, DAB는 널 심볼 및 위상기준 심볼을 프레임동기에 사용하고 DVB의 경우에는 파일럿을 프레임 동기에 사용하며, IEEE 802.11a와 HiperLAN/2은 프리앰블을 이용하여 하향링크 버스트(Burst) 동기를 수행한다. 반면, IEEE 802.16a은 상향링크 및 하향링크에 대한 프레임 구조를 갖추고 있으며,

OFDM 모드는 프리앰블 기반의 구조와 유사하고 OFDMA 모드는 파일럿 기반의 구조와 유사하다.

● 상향링크 동기화 기법

OFDMA 시스템의 상향링크 동기화 기법은 다수의 이동국과 하나의 기지국 사이에 정확한 동기가 이루어져야 하기 때문에 하향링크와 달리 동기화 과정이 복잡하다. 기본적으로 상향링크 동기화 절차는 기지국이 동기 정보를 추정하여 이동국에 전송하는 폐루프(Closed-loop) 방식으로 수행된다. 최초로 셀에 진입한 이동국은 하향링크 동기화 과정을 수행한 후 자신이 속한 셀의 기지국에 관한 전반적인 정보를 획득하고 이 정보를 토대로 기지국과 연결을 시도한다. 이러한 초기 연결 과정은 RA(Random Access) 과정에서 수행되며, 이외에 기지국과의 초기 연결, 재연결이 필요할 경우 그리고 핸드오버가 필요한 경우에도 RA 과정이 수행된다. RA 과정은 RA를 시도하는 이동국이 RA용 심볼을 전송함으로써 시작되는데 이러한 RA용 심볼은 OFDMA 시스템에서 두 가지 방식으로 구성할 수 있다. 첫째로 시간 영역에서 OFDM 심볼을 기반으로 시간슬롯을 할당하여 RA 슬롯을 배정하는 방법이다. 그러나 이와 같은 방식은 다른 RA 이동국이 같은 시간에 접속을 시도하는 경우에 충돌이 발생하기 때문에 이를 해결할 방법이 필요하며, 또한 상향링크 프레임 구조에서 RA 구간의 길이가 제한되어 있기 때문에 많은 사용자에게 제공할 수 없는 단점이 있다. 반면에 OFDMA 형태로 주파수 영역에서 부채널을 나누어 이동국에 따라 특정 부채널로 RA를 시도할 수 있도록 RA용 프리앰블을 구성하는 방식을 고려해 볼 수 있다. 이러한 방법 역시 같은 부채널로 다른 이동국이 RA를 시도하는 경우에 충돌이 발생하지만, 서로 다른 직교 코드 또는 IEEE 802.16a에서와 같이 준 직교코드를 사용함으로써 성능을 개선할 수 있다. RA용 심볼을 수신한 기지국은 RA를 시도한 모든 이동국의 신호 검출, 시간 동기, 주파수 동기 등을 수행하여 각 이동국의 시간 동기 정보 및 전력제어 정보 등을 개별적으로 획득한다.

RA 과정에서 초기 동기를 획득하여 기지국과 연결을 성공한 이후에도 채널 및 주파수 등이 시간에 따라 변할 수 있기 때문에 이를 추정할 수 있는 신호가 주기적으로 전송되어야 한다. 이러한 과정을 통하여 획득된 동기 정보 및 전력제어 정보는 하향링크 채널 통하여 각 이동국에 전송되며, 각 이동국은 보상정보에 따라 시간 및 주파수를 보상한다.

1.6.2.3 터보부호

3GPP에서 사용되는 터보부호화기(Encoder)의 기본 구조는 그림 1.22에 나타낸 바와 같이 인터리버를 통해 병렬로 연결되어 있는 두 개의 RSC(Recursive systematic convolutional) 요소

부호화기(Constituent encoder)와 Puncturing 블록으로 구성되어 있다. 한편 IEEE 802.16 표준에서 사용되는 Double-binary 터보부호화기의 구조는 그림 1.23과 같다. Double-binary 터보부호는 두 개의 요소 부호화기를 통해 생성된 요소 부호어(Constituent codeword)들을 Parallel Concatenation을 통해 연결한다는 점과 Tail biting 기법을 사용한다는 점에서 3GPP 터보 부호와 다르다.

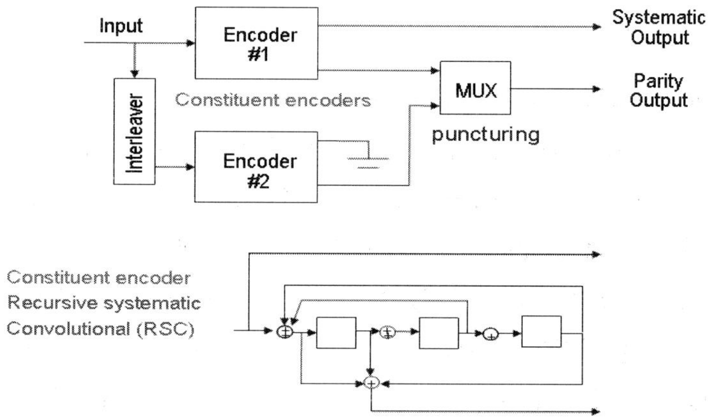

그림 1.22 3GPP 터보부호

한편 생성된 터보 부호어는 채널을 통과한 후 복호기에 입력되며, 터보복호기는 반복 복호과정을 통해 각 정보비트에 대한 Soft 정보인 Extrinsic information(EI)을 생성한다. 이 soft 정보는 다음 복호 스텝에 Feedback되어 입력된 후 같은 과정을 통해 수정된다. 이와 같은 일련의 과정은 몇 차례 반복되며 적당한 반복 후, 최종적으로 각 정보 비트 값의 결정에 이용된다. 반복복호기의 기본 구조는 그림 1.15에 나타낸바와 같다. 각 요소 복호기에서는 BCJR, Log-Map, Max-Log-Map, SOVA등의 알고리즘을 이용해 각 정보비트에 대한 Soft 정보를 생성한다.

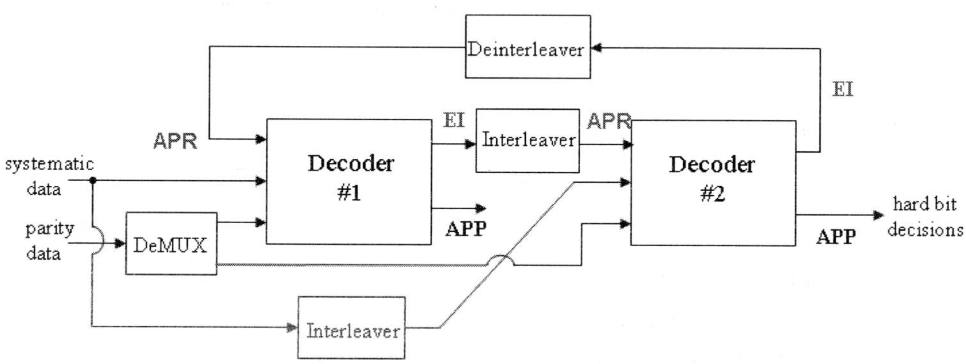

그림 1.23 터보복호기

Double-binary 터보부호는 3GPP터보부호에 비해 복호속도가 빠르다는 장점이 있으나 반면 Tail biting시 필요한 Circulation state를 찾기 위한 추가정보를 전송프레임의 오버헤드부분에 추가해야 한다는 단점이 있다.

터보부호의 성능은 RSC 부호화기의 메모리 개수, 반복복호 횟수, 정보프레임의 길이, 복호 알고리즘 등에 의해 좌우되며 적정한 성능을 위한 파라미터의 선정, 복호기의 설계 및 구현이 매우 중요하다.

- HARQ(Hybrid Automatic Repeat reQuest)

터보부호는 그 구조의 간단함 때문에 다양한 Puncturing이 가능하여 다양한 형태의 RCPC(Rate Compatible Punctured Code)로 사용될 수 있다. HARQ 기법에는 TypeI, TypeII, TypeIII이 있으며 이중, RCPC는 typeII 및 typeIII에 유용하게 사용될 수 있다. 이 기법들은 먼저 Mother code를 이용해 정보어를 부호화 한 후 이를 몇 개의 다른 Puncturing을 통해 서로 중복되지 않는 다른 패킷을 생성한 후 수신단이 오류검출 과정에서 NAK 신호를 발생할 경우 이들 패킷을 순서에 따라 하나씩 전송하는 기법이다. 따라서 전송이 거듭될수록 수신단에 저장되어 있는 부호어는 점점 그 비율이 낮아져서 Mother code의 부호화율에 가까워진다. 이러한 HARQ 기법을 통해 수율 성능을 향상시킬 수 있다.

〈MATLAB 프로그램〉

1.7.1 OFDM 변·복조 BER 성능 분석

BPSK를 사용하는 OFDM 시스템의 BER을 구현하여 이론적인 값과 비교해서 BER이 정확한지 시뮬레이션을 알아본다. 그리고 AWGN과 Rayleigh 채널에 대해서도 BER이 어떻게 변화하는지 알아본다.

(a) AWGN channel

```
clear all
nFFT = 64; % fft 크기
nDSC = 52; % 데이터 부반송파 수
nBitPerSym = 52; % OFDM symbol당 bit 수
nSym = 10^4; % symbol 수
```

```
EbN0dB = [0:10];
EsN0dB = EbN0dB + 10*log10(nDSC/nFFT) + 10*log10(64/80);

for ii = 1:length(EbN0dB)

   % 송신부
   ipBit = rand(1,nBitPerSym*nSym) > 0.5;
   ipMod = 2*ipBit-1; % BPSK 변조 0 --> -1, 1 --> +1
   ipMod = reshape(ipMod,nBitPerSym,nSym).';

     xF = [zeros(nSym,6) ipMod(:,[1:nBitPerSym/2]) zeros(nSym,1)
        ipMod(:,[nBitPerSym/2+1:nBitPerSym]) zeros(nSym,5)] ;

     xt = (nFFT/sqrt(nDSC))*ifft(fftshift(xF.')).';

% cylic prefix 추가
   xt = [xt(:,[49:64]) xt];
   xt = reshape(xt.',1,nSym*80);
   nt = 1/sqrt(2)*[randn(1,nSym*80) + j*randn(1,nSym*80)];
   yt = sqrt(80/64)*xt + 10^(-EsN0dB(ii)/20)*nt;
   % 수신부
   yt = reshape(yt.',80,nSym).';
   yt = yt(:,[17:80]); % cyclic prefix 제거
   yF = (sqrt(nDSC)/nFFT)*fftshift(fft(yt.')).';
   yMod = yF(:,[6+[1:nBitPerSym/2] 7+[nBitPerSym/2+1:nBitPerSym] ]);

   % BPSK 복조
   ipModHat = 2*floor(real(yMod/2)) + 1;
   ipModHat(find(ipModHat>1)) = +1;
   ipModHat(find(ipModHat<-1)) = -1;

 ipBitHat = (ipModHat+1)/2;
   ipBitHat = reshape(ipBitHat.',nBitPerSym*nSym,1).';
   nErr(ii) = size(find(ipBitHat - ipBit),2);

end

simBer = nErr/(nSym*nBitPerSym);
```

```
theoryBer = (1/2)*erfc(sqrt(10.^(EbN0dB/10)));

close all figure
semilogy(EbN0dB,theoryBer,'bs-','LineWidth',2);
hold on
semilogy(EbN0dB,simBer,'mx-','LineWidth',2);
axis([0 10 10^-5 1])
grid on
legend('theory', 'simulation');
xlabel('Eb/No, dB')
ylabel('Bit Error Rate')
title('Bit error probability curve for BPSK using OFDM')
```

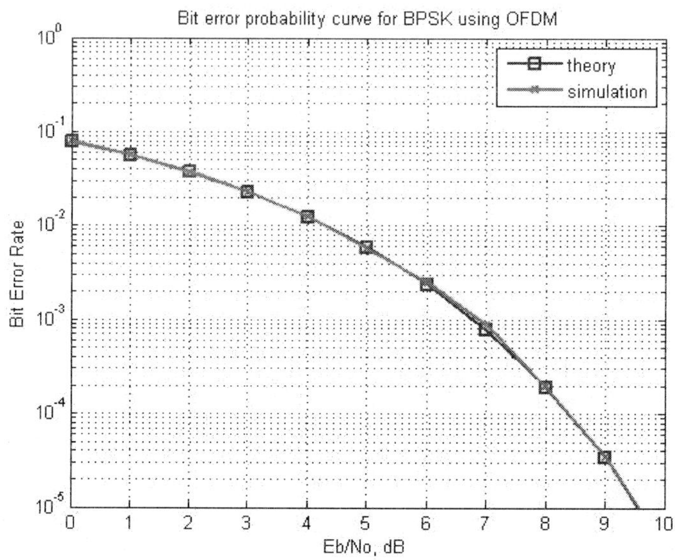

그림 1.24 AWGN 채널에서의 BPSK를 이용한 OFDM의 BER 성능

(a) Rayleigh channel

```
clear all
nFFT        = 64; % fft 크기
nDSC        = 52; % 데이터 부반송파 수
nBitPerSym  = 52; % OFDM symbol 당 bit 수
```

```
nSym          = 10^4; % symbols 수
EbN0dB        = [0:35];
EsN0dB        = EbN0dB + 10*log10(nDSC/nFFT) + 10*log10(64/80);

for ii = 1:length(EbN0dB)

   % 송신부
   ipBit = rand(1,nBitPerSym*nSym) > 0.5;
   ipMod = 2*ipBit-1; % BPSK 변조 0 --> -1, 1 --> +1
   ipMod = reshape(ipMod,nBitPerSym,nSym).';

   xF = [zeros(nSym,6) ipMod(:,[1:nBitPerSym/2]) zeros(nSym,1) I
        pMod(:,[nBitPerSym/2+1:nBitPerSym]) zeros(nSym,5)] ;
   xt = (nFFT/sqrt(nDSC))*ifft(fftshift(xF.')).';

   % cylic prefix 추가
   xt = [xt(:,[49:64]) xt];

   nTap = 10;
   ht = 1/sqrt(2)*1/sqrt(nTap)*(randn(nSym,nTap) + j*randn(nSym,nTap));
   hF = fftshift(fft(ht,64,2));

     for jj = 1:nSym
       xht(jj,:) = conv(ht(jj,:),xt(jj,:));
   end
   xt = xht;

    xt = reshape(xt.',1,nSym*(80+nTap-1));
   nt = 1/sqrt(2)*[randn(1,nSym*(80+nTap-1)) + j*randn(1,nSym*(80+nTap-1))];
   yt = sqrt(80/64)*xt + 10^(-EsN0dB(ii)/20)*nt;

   % 수신부
   yt = reshape(yt.',80+nTap-1,nSym).';
   yt = yt(:,[17:80]); % cyclic prefix 제거
   yF = (sqrt(nDSC)/nFFT)*fftshift(fft(yt.')).';
   yF = yF./hF;
   yMod = yF(:,[6+[1:nBitPerSym/2] 7+[nBitPerSym/2+1:nBitPerSym] ]);

   % BPSK 복조
```

```
    ipModHat = 2*floor(real(yMod/2)) + 1;
    ipModHat(find(ipModHat>1)) = +1;
    ipModHat(find(ipModHat<-1)) = -1;

    ipBitHat = (ipModHat+1)/2;
    ipBitHat = reshape(ipBitHat.',nBitPerSym*nSym,1).';
    nErr(ii) = size(find(ipBitHat - ipBit),2);
end

simBer = nErr/(nSym*nBitPerSym);
EbN0Lin = 10.^(EbN0dB/10);
theoryBer = 0.5.*(1-sqrt(EbN0Lin./(EbN0Lin+1)));
close all figure
semilogy(EbN0dB,theoryBer,'bs-','LineWidth',2);
hold on
semilogy(EbN0dB,simBer,'mx-','LineWidth',2);
axis([0 35 10^-5 1])
grid on
legend('Rayleigh-Theory', 'Rayleigh-Simulation');
xlabel('Eb/No, dB')
ylabel('Bit Error Rate')
title('BER for BPSK using OFDM in a 10-tap Rayleigh channel')
```

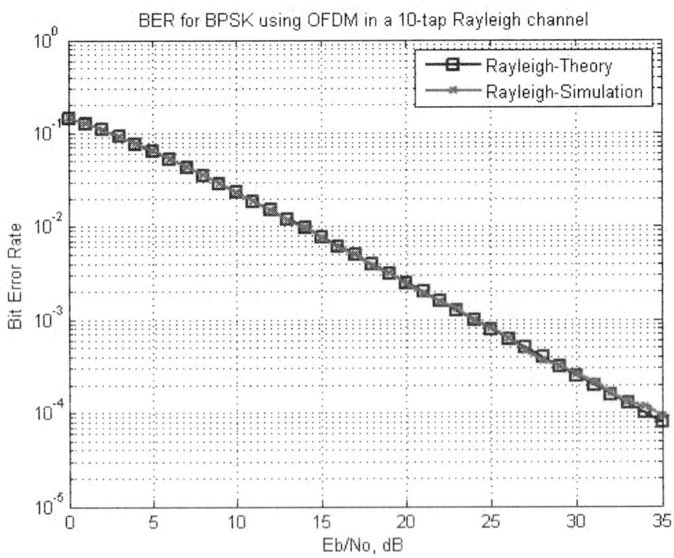

그림 1.25 Rayleigh 채널에서의 BPSK를 이용한 OFDM의 BER 성능

1.7.2 FFT point에 다른 spectrum 비교 분석

OFDM은 데이터 열을 여러 개의 부채널로 동시에 나란히 전송하는 다중 반송파 전송방식의 특별한 형태이다. 각 부반송파 파형은 시간축상으로 서로 간섭을 일으키지 않도록 직교하나, 주파수축 상에서는 겹치게(overlap)된다.

```
clear all

Fd=1;                % symbol rate (1Hz)
Fs=1*Fd;             % symbol 당 샘플 수
M=4;                 % symbol 범위(종류)(0,1,2,3)

Ndata=1024;          % 모든 전송된 데이터 심볼
Sdata=64;
Slen=128;
Nsym=Ndata/Sdata;
GIlen=144;
GI=16;

X=zeros(Ndata,1);
Y1=zeros(Ndata,1);
Y2=zeros(Ndata,1);
Y3=zeros(Slen,1);

z0=zeros(Slen,1);
z1=zeros(Ndata/Sdata*Slen,1);
g=zeros(GIlen,1);
z2=zeros(GIlen*Nsym,1);
z3=zeros(GIlen*Nsym,1);

X = randint(Ndata, 1, M);
Y1 = modmap(X, Fd, Fs, 'qask', M);
Y2=amodce(Y1,1,'qam');

for j=1:Nsym;
    for i=1:Sdata;
        Y3(i+Slen/2-Sdata/2,1)=Y2(i+(j-1)*Sdata,1);
    end
```

```
    z0=ifft(Y3);

for i=1:Slen;
        z1(((j-1)*Slen)+i)=z0(i,1);
    end

    for i=1:Slen;
        g(i+16)=z0(i,1);
    end

    for i=1:GI;
 g(i)=z0(i+Slen-GI,1);
    end

    for i=1:GIlen;
        z2(((j-1)*GIlen)+i)=g(i,1);
    end

end

figure(1);
f = linspace(-Sdata,Sdata,length(z1));
plot(f,abs(z1));

Y4 = fft(z1);

for j=1:Ndata/Sdata*Slen;
if abs(Y4(j)) < 0.01
    Y4(j)=0.01;
end
end

Y4 = 10*log10(abs(Y4));

figure(2);
f = linspace(-Sdata,Sdata,length(Y4));
plot(f,Y4);
axis([-Slen/2 Slen/2 -20 20]);
```

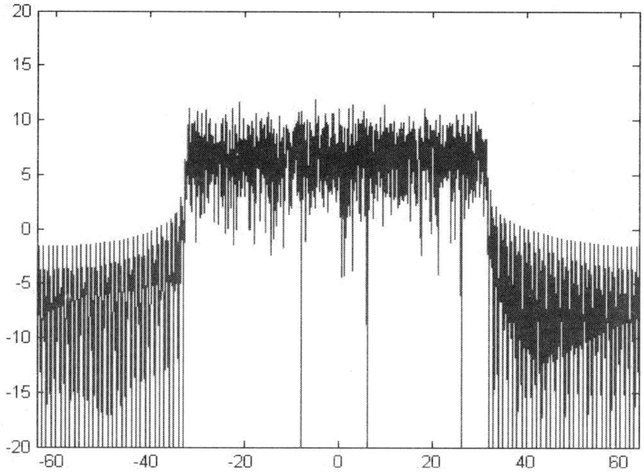

그림 1.26 OFDM 전송 방식의 스펙트럼

위의 그림은 다채널을 통하여 대역이 제한된 신호를 심볼간 간섭 및 채널간 간섭 없이 동시에 전송할 수 있는 원리에 대한 전송 스펙트럼이다.

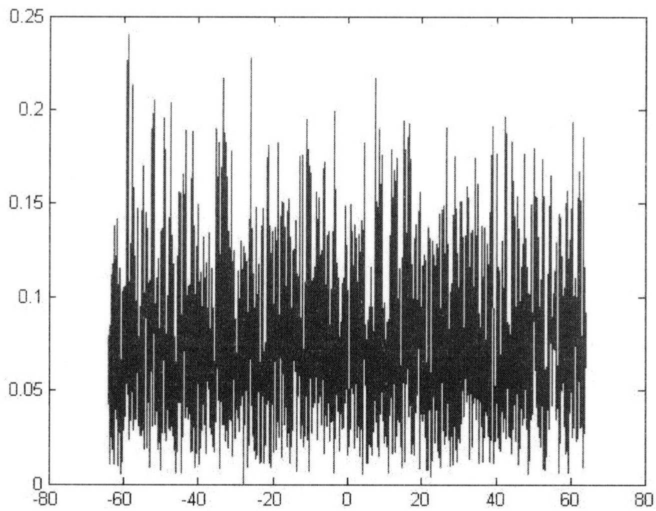

그림 1.27 OFDM 전송 방식의 신호

1.7.3 CP와 ZP를 갖는 OFDM 심볼간의 PSD 비교

ZP를 사용할 경우 CP를 사용할 경우에 비해 심볼 전송 시 사용되는 구형파 윈도우의 길이가 짧아지기 때문에 ZP 사용시 주파수영역에서의 sinc 함수는 CP를 사용할 때에 비해 넓은 영교차(zero-crossing) 주파수를 갖게된다. 따라서 ZP를 사용할 경우 각 부반송파로 전송되는 스펙트럼의 합으로 주어지는 OFDM 심볼의 전력 스펙트럼(PSD)은 CP 또는 CS를 사용할 때에 비해 작은 대역내 리플을 갖는 동시에 큰 대역외 전력을 갖게 된다.

```
clear
nFFTSize = 64;

subcarrierIndex = [-26:-1 1:26];
nBit = 2500;
ip = rand(1,nBit) > 0.5;
nBitPerSymbol = 52;

nSymbol = ceil(nBit/nBitPerSymbol);

% BPSK 변조
% bit0 --> -1
% bit1 --> +1

ipMod = 2*ip - 1;
ipMod = [ipMod zeros(1,nBitPerSymbol*nSymbol-nBit)];
ipMod = reshape(ipMod,nSymbol,nBitPerSymbol);

st_without_CP  = [];
st_with_CP  = [];
st_with_ZP  = [];

for ii = 1:nSymbol

inputiFFT = zeros(1,nFFTSize);

inputiFFT(subcarrierIndex+nFFTSize/2+1) = ipMod(ii,:);

inputiFFT = fftshift(inputiFFT);
outputiFFT = ifft(inputiFFT,nFFTSize);
```

```
% cyclic prefix of 16 samples 추가
CP=outputiFFT(nFFTSize*3/4:nFFTSize);
ZP=zeros(1,length(CP));

% cyclic prefix of 16 samples 추가
outputiFFT_with_CP = [CP outputiFFT];
outputiFFT_with_ZP = [ZP outputiFFT];
st_without_CP =[st_without_CP outputiFFT];
st_with_CP = [st_with_CP outputiFFT_with_CP];
st_with_ZP = [st_with_ZP outputiFFT_with_ZP];
end

close all
fsMHz = 20;

figure
[Pxx_ZP,W] = pwelch(st_with_ZP,[],[],4096,20);
plot([-2048:2047]*fsMHz/4096,10*log10(fftshift(Pxx_ZP)));
xlabel('frequency, MHz')
ylabel('power spectral density')
title('Transmit spectrum OFDM (based on 802.11a)');

figure
[Pxx_CP,W] = pwelch(st_with_CP,[],[],4096,20);
plot([-2048:2047]*fsMHz/4096,10*log10(fftshift(Pxx_CP)));
xlabel('frequency, MHz')
ylabel('power spectral density')
title('Transmit spectrum OFDM (based on 802.11a)');
figure
[Pxx_ZP,W] = pwelch(st_with_ZP,[],[],4096,20);
plot([-2048:2047]*fsMHz/4096,10*log10(fftshift(Pxx_ZP)));
xlabel('frequency, MHz')
ylabel('power spectral density')
title('Transmit spectrum OFDM (based on 802.11a)');
Xlim([0 4]);

[Pxx_CP,W] = pwelch(st_with_CP,[],[],4096,20);
plot([-2048:2047]*fsMHz/4096,10*log10(fftshift(Pxx_CP)));
```

```
xlabel('frequency, MHz')
ylabel('power spectral density')
title('Transmit spectrum OFDM (based on 802.11a)');
Xlim([0 4]);
```

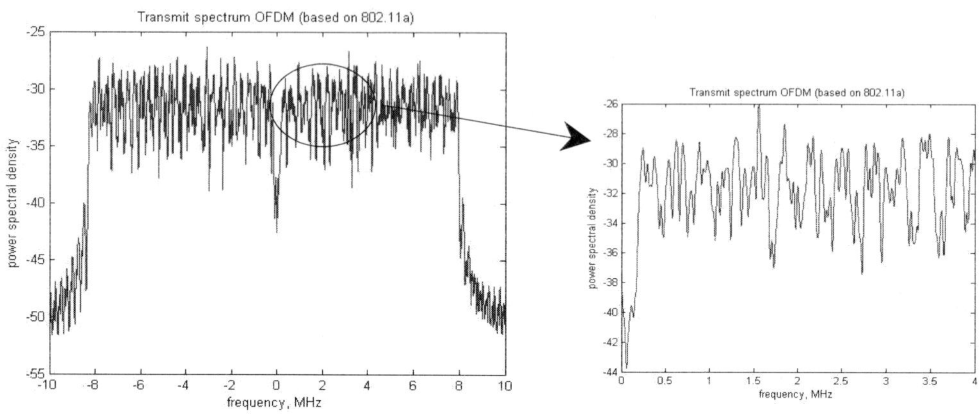

그림 1.28 CP를 갖는 OFDM 심볼의 PSD

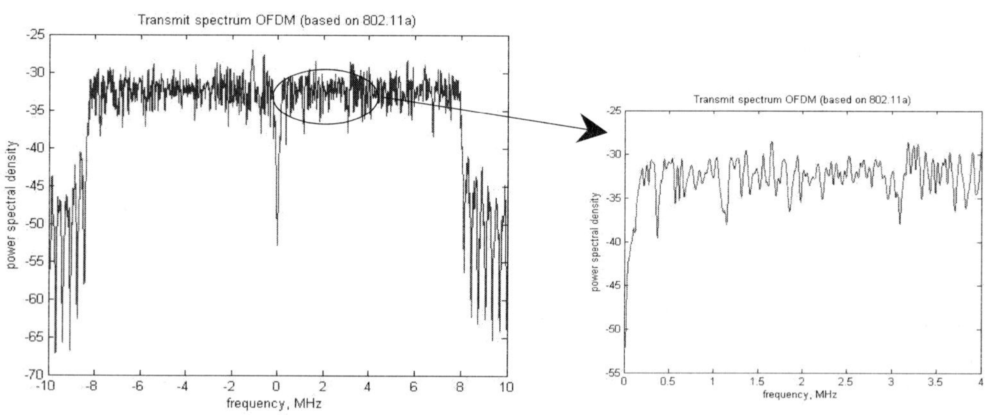

그림 1.29 ZP를 갖는 OFDM 심볼의 PSD

위의 그림은 64개의 부반송파를 갖는 OFDM 심볼에 ZP를 사용하는 경우와 CP를 사용하는 경우의 전력 스펙트럼을 비교하여 보여준다. 우측 그림은 통과대역의 스펙트럼을 확대하여 보여주는데, 이 그림으로부터 ZP를 사용하는 경우에 대역내 리플이 작고 전력 면에서 효율적임을 알 수 있다.

CHAPTER 02

다중 반송파 전송 방식

기존의 3세대 이동통신 시스템에서는 앞서 언급된 통신 시장의 추세에 맞추어 지속적인 개선이 이루어질 것으로 예상된다. 이러한 움직임과 더불어 ITU에서는 2010년 경 새로운 무선 접속 기술에 기반을 두고 3G 이후의 시스템을 개발한다는 계획을 수립하고 있는데 이는 표 2.1과 같다

| 표 2.1 | ITU-R의 3세대 및 4세대 이동통신 시스템 개발 계획

	3세대 시스템	4세대 시스템
개발 기간	· 2005년경 까지	· 2010~2015년경 까지
개발 방향	· IMT-2000의 지속적인 개선	· 새로운 무선 인터페이스 표준 개발 · 표준화 기간은 2007~2010년 경으로 예상
전송률	· 이동성 단말기에 대하여 약 30Mbps	· 고정 및 저속 이동 환경에서 1Gbps · 고속 이동 환경에서 100Mbps
기타 사항	· 3GPP 및 3GPP2 무선 기술의 발전형	· 3G 시스템과 차별되는 진보적 서비스 제공 · 사전 협의 후 WRC06에서 추가적인 스펙트럼 할당 논의

표 2.1을 살펴보면 4세대 이동통신 시스템에서는 새로운 무선 인터페이스의 개발을 통하여 보다 고속의 데이터 전송률을 지원하고, 제공되는 서비스의 종류가 더욱 다양화 될 것임을 예상할 수 있다. 상기 목표 전송률을 포함한 4세대 이동통신 시스템의 요구 사항들은 다음과 같이 요약된다.

- 고속 이동 환경에서 약 100Mbps, 저속 이동 환경에서 약 1Gbps의 최대 전송률을 지원
- 광역 다중 셀 환경에서 1bps/Hz, 로컬 영역에서 5~10bps/Hz의 대역 효율 만족
- 혼성 무선 시스템과 네트워크 간의 로밍 및 핸드오버를 지원함으로써 끊김없는 서비스 제공
- 각 사용자의 서비스 품질 요구를 고려하여 다양한 서비스를 지원할 수 있는 적응형 서비스 기능
- 고정 유무선망 및 이동환경 서비스(방송, 무선 LAN, 무선 PAN, ITS, 위성)의 통합
- 3세대 시스템에 비하여 향상된 (약 10배) 시스템 용량
- 많은 수의 이동 단말기 IP 주소를 수용하기 위한 IPv6 방식 지원
- 기존 2세대/3세대 이동통신 시스템과의 호환성 유지가 가능하도록 유연한 접속 방식을 사용

2.1 다중 접속 방식 비교

4세대 이동통신 시스템은 목표 전송률을 만족시키기 위하여 기존 시스템보다 넓은 대역폭을 사용해야 한다. 이러한 상황에서 광대역 신호에 대한 주파수 선택적 페이딩(다중 경로 페이딩)의 영향은 시스템 성능에 큰 영향을 초래할 수 있다. 따라서 주파수 선택적 페이딩에 강한 다중 접속 방식 또는 변조 방식을 선택하는 것은 4세대 이동통신 시스템 개발에 있어서 매우 중요한 고려 사항이다.

최근 4세대 이동통신 시스템에 적용될 가능성이 높은 방식으로써 OFDMA 방식과 MC-CDMA 방식에 관한 연구가 세계적으로 활발히 진행되고 있다.

OFDMA는 다중 경로 페이딩에 대하여 강한 특성을 갖는 것으로 잘 알려져 있다. OFDMA는 전체 대역을 다수의 협대역 반송파로 구분하고 병렬적으로 협대역 신호들을 전송하며, 사용자 구분은 주파수 대역으로 이루어진다. 이러한 전송 과정은 역 이산 푸리에 변환(IDFT

: Inverse Discrete Fourier Transform)에 의하여 이루어진다. 또한, 다중 경로 환경에 의한 심볼 간간섭을 방지하기 위하여 각 역 이산 푸리에 변환마다 보호구간이 삽입된다.

수신된 신호는 보호 구간 제거 및 이산 푸리에 변환 과정을 거쳐서 각 반송파의 신호 성분을 얻게 된다. 이때, 전송 단의 역 이산 푸리에 변환 크기는 각 협대역 반송파가 주파수 비 선택적 페이딩을 겪도록 정해진다. 따라서 각 반송파에 대한 채널의 영향은 단일 탭 등화 과정을 거쳐 보상될 수 있으므로 다중 경로 페이딩 채널에 강한 특성을 갖게 된다.

그러나, OFDMA는 주파수 대역을 분할하여 기지국을 분할하므로, 다중 셀 환경에서 시스템 용량이 감소하는 단점을 갖는다. 이를 해결하고 주파수 다이버시티를 얻는 방안으로서 주파수 도약(frequency hopping) 개념 등 부가적인 알고리즘을 도입한 OFDMA가 제안되었다.

MC-CDMA의 기본 전송 구조는 OFDMA와 거의 동일하지만, CDMA의 개념이 추가되었다는 점에서 OFDMA와 구별된다. 각 사용자의 신호는 직교 부호에 의하여 주파수 대역에서 확산된 뒤, 확산 계수와 동일한 수의 반송파를 통하여 주파수 대역 및 시간을 공유하며 전송된다.

협대역 반송파 전송 신호들은 각각 주파수 비 선택적 채널을 겪어 수신되며, 다수의 반송파 신호는 역확산 과정을 거쳐 결합된다. 따라서, 한 심볼을 전송하는 확산 계수만큼의 반송파 대역이 채널의 상관 대역폭에 비하여 넓으면, 한 심볼 전송 대역이 주파수 선택적 페이딩 채널을 겪게 된 것과 같은 효과를 얻는다.

만일 사용사 수가 적은 환경이라면, 주파수 다이버시티 효과를 얻을 수 있으나 사용자 수가 많은 환경에서는 각 사용자 코드 간의 직교성이 손실되어 사용자 간섭으로 인한 성능 열화가 유발될 가능성이 높아진다. 그렇지만, 이러한 단점은 결합 기법(MRC, ORC, MMSEC)의 선택 등 다양한 방식으로 해결이 가능하다. 다중 셀 환경을 가정할 경우, MC-CDMA는 주파수 또는 시간이 아닌 코드 자원을 이용하여 기지국을 구분한다.

앞의 사항을 종합해 보면, OFDMA는 주파수 다이버시티를 원천적으로 얻기 불가능한 구조이며, 다중 셀 환경에서는 시스템 용량의 열화를 겪게 된다. 이를 극복하기 위해서는 필연적으로 주파수 도약, 채널 코딩, 다중 송수신 안테나 및 적응 변조 등 부가적인 기법을 적용해야 한다.

MC-CDMA의 경우, 자체 구조에서 주파수 다이버시티를 얻을 수 있다. 또한 다중 셀 환경에서 코드를 이용한 기지국 구분이 이루어지므로 주파수 재사용 인자(frequency spreading factor) 1을 만족할 수 있다. 그러나 근본적으로 간섭 제한된 시스템이므로 요구되는 전송량을 만족시키기 위해서는 부가적인 간섭 제거 기술이 요구된다.

위에서 설명한 두 다중 접속 방식은 각기 다른 장단점을 갖고 있으므로 어느 하나가 상대적인 우위에 있다고 결론지을 수는 없다. 개발자들은 4세대 이동통신 시스템에서 요구되는 사항에 따라 보다 적합한 다중 접속 방식을 선택해야 할 것이다.

이들 두 방식의 장점을 적절히 조화시킨 예가 있다. 일본의 NTT DoCoMo는 다중 반송파 코드분할 다중 접속 방식에 근간을 두고 가변 확산 계수 직교 주파수 및 코드 분할 다중화(VSF-OFCDM : Variable Spreading Factor - Orthogonal Frequency and Code Division Multiplexing) 방식을 제안하였다. 이는 채널 상태 및 셀 환경에 따라 적절히 확산 계수를 조절하여 위에 언급된 두 방식의 장점을 취하는 적응형 시스템이다.

2.1.1 직교 주파수 분할 다중 접속(OFDMA)

대부분의 통신 시스템과 모든 무선 통신 시스템은 어느 정도 자원을 공유한다. 다중 접속 기술이 이러한 한정된 자원의 공유를 이루기 위해서 사용된다. 임의의 무선 통신 시스템이 스펙트럼의 기본적인 자원의 한 부분을 사용하기 때문에, 전체 무선 스펙트럼을 다른 서비스들을 위해 분리된 대역들로 나누는 것은 다중 접속을 나타낸다. 수많은 네트워크들은 하나의 공통 채널에 한 그룹의 사용자들로부터 통합된 전송을 요구한다.

다중 접속 기술은 다중 사용자들의 동시 사용을 위해서 용량을 분배하는 방법들을 제공한다. 가장 보편적으로 쓰이는 방법은 사용자의 전송을 주파수, 시간에서 혹은 직교 코드들(Orthogonal)의 셋을 가지고 분리하는 것이다. 공유된 자원에 대한 사용자의 접근은 매체 접근 제어(Medium Access Control : MAC) 프로토콜에 의해 통제된다. MAC이 필요한 이유는 매체가 여러 노드에게 공유되어 있는 관계로 여러 노드가 동시에 프레임을 전송하면 충돌이 일어나서 프레임 내의 정보가 손상되므로, 여러 노드 중 한 노드만 매체에 접근할 수 있는 권한을 주기 위해서 MAC 프로토콜에 의한 통제가 필요하기 때문이다. 여기서 프레임의 손상은 하나의 전선에 여러 전압원이 동시에 가해지는 것과 같다고 볼 수 있다. 왜냐하면, 프레임을 전송하는 노드는 회로에서 전압원으로 동작한다고 볼 수 있고, 회로 이론으로 볼 때 전선 하나에 동시에 여러 소스들이 가해지는 것은 있을 수 없는 일이기 때문이다. MAC은 소프트웨어 기능이고 국제 표준화 기구(International Organization for Standardization : ISO)에 의해서 표준화 된 개방형 시스템 간 상호접속(Open Systems Interconnection : OSI)참고 모델의 2 계층인 데이터링크 계층의 하위 부분에 대응된다.

패킷교환 방식(Packer-switched) 네트워크에서는 MAC 프로토콜들은 패킷 전송을 통합하고, 다른 애플리케이션(Application)의 서비스 품질 (Quality of Service : QoS) 요구조건들을 만족하고, 에러 상태로 수신 받은 패킷들의 재전송을 제공하며, 어떤 접속 경합(Contention) 기간 동안에 충돌들을 해결하는 능력을 제공하기 위해서 디자인된다. 유선 네트워크에 대한 MAC 프로토콜의 예는 이더넷(Ethernet) 표준인데, 그것은 수많은 근거리 통신망(Local Area Networks : LANs)에서 사용되고 있다. 이 표준은 충돌 검출 기능을 가진 반송파 감지 다중접속(Carrier Sense Multiple Access protocol with Collision Detection, CSMA-CD)을 채택하고 있다. MAC 계층은 이용 가능한 용량을 효율적이고 효과적으로 사용하는 동안, 좋은 서비스 품질(QoS)을 제공하기 위해, 애플리케이션들이 충분한 네트워크 자원들을 받는 것을 보장하는 것에 대해 책임이 있다.

2.1.1.1 OFDMA의 특징

기존의 또는 현재의 광대역 무선 네트워크는 고정형(예를 들어 MMDS, LMDS), 또는 모바일중의 하나이다. 이러한 두가지 시스템 형태의 설계 원리는 매우 다르다. 고정형 접속 형태는 작은 사무실이나 집에서 이루어지는 광대역 데이터링크에 초점을 맞추고 있지만, 반면 모바일 네트워크는 많은 수의 가입자에 대한 협대역 음성 서비스를 제공하는 것에 거의 최적화 된다. 필연적으로 두 가지 시스템 모두 다 고정되어 있거나, 휴대용이며, 또한 이동 환경에서 협대역과 광대역 모든 가입자들의 혼합형을 포함하는 적용에 준 최적화 된다.

광대역 통신의 정통 형태로 인정된 OFDMA은 WLAN, IEEE 802.16, DVB-T와 같은 광대역 데이터 네트워크들은 새로운 세대를 위한 우수한 변·복조 형태로 인정되고 있다. 이러한 OFDMA의 가장 큰 장점 중의 하나는 협대역의 부반송파 간에 파워와 전송률을 최적화하여 할당할 수 있는 능력을 갖고 있다는 것이다. 이것은 특별히 다중경로 채널이 주파수 선택적인 광대역 무선 통신에 있어 중요하다. 이론상의 관점에서 OFDM은 거의 정보 이론의 "Water-filling" 해답에 근사화 될 수 있다.

잘 알려진 선형 요건을 제외하고, OFDM의 단점들은 거친 세분성(Granularity)과 제한된 무선 네트워크 적응성에 있다. 그러한 사항들은 개인 가입자들의 전송률 요구가 자주 변하는 양질의 미디어 서비스를 제공하는 데 있어 주요한 기술적 장애들이다. 하나의 기지국이 이러한 많은 수의 극적인 가입자들과 통신하는 셀룰러 접근에서 시스템 자원들은 "다중 접속"

서비스를 제공하도록 그 가입자들 사이에 공정하게 나누어 져야만 한다. 다중 접속 적응성과 무선 계획 단일성(주파수 재사용 사안)들은 셀룰러 시스템 설계에 있어 지배적인 요인들 사이에 있다. 이러한 이유로 대부분의 3G 시스템들은 다중 접속 방식으로 CDMA(코드 분할 다중 접속)를 사용한다. 그러나 CDMA는 고속 데이터 통신에 있어서는 준 최적화 방식이므로, CDMA 무선 인터페이스와 같은 유럽식 UMTS(범용 이동 통신 시스템)의 네트워크 적응성은 이동국들과 기지국들 모두에 더 낮은 스펙트럼 효율과 더 깊이 연루된 신호 처리의 희생을 감수한다.

2.1.1.2 OFDMA (Orthogonal Frequency Division Multiple Access)

이상적인 무선 접속 시스템은 OFDM 시스템의 효율과 CDMA의 적응성을 가지는 것이다. 이러한 사항들에 대해 몇 가지를 고려하여 최근 들어서 무선 대역폭의 광대역화에 따라 새로운 다중 접속 형태로서 발전한 OFDMA(Orthogonal Frequency Division Multiple Access) 방식이 제안되고 있다.

OFDMA는 기존의 OFDM 방식보다 많은 부반송파를 사용하면서, 부반송파의 일부를 하나의 집합으로 하여 구성된 부채널(sub channel)을 사용자별로 할당하는 방식이다. 이와 같이 많은 수의 부반송파를 사용함으로써 고속 전송에서 요구되는 긴 보호구간에 따른 오버헤드를 줄일 수 있다. 또한, 부채널의 도입으로 시간 및 주파수 영역에서의 2차원적인 자원 할당을 통해 대역 효율성을 극대화할 수 있으며, 일부 부반송파에 대해서 전력을 집중할 수 있으므로 효율적인 전력 제어와 서비스 영역의 확장이 가능하다.

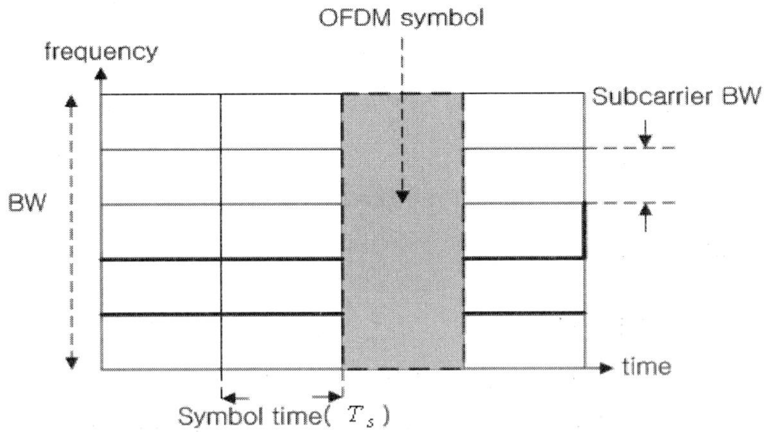

그림 2.1 OFDMA 기본 개념(시간 및 주파수 분할)

그림 2.1에 OFDMA 기반 통신 시스템에서, 시간과 부 반송파 분할에 관한 기본 개념이 나타나 있다. 그림에서 알 수 있듯이, 세로축에 위치한 일정 개수의 물리적인 부 반송파를 묶어서 구성한 채널을 통해서 다중 접속을 실현한다. 부 채널의 구성은 구현상에서 조정 가능한 변수일 뿐만 아니라, 무선 채널이나 기타 통신 환경을 고려해서 신중하게 설계하고 검증되어야 하는 부분이다. 가로축은 OFDM 심볼을 시간 축에서 표현한 것으로, 이 역시 구현상에서 자유롭게 조정 가능한 부분이고, 여러 통신 환경을 고려하여 보호 구간을 설계하여야 한다.

그림 2.1에서 나타난 기본 개념을 이용해서, OFDMA 기반 통신환경에서 상향링크, 하향링크의 프레임 구조에 대한 예가 그림 2.2에 나타나 있다. 여러 개의 부반송파를 묶어서 하나의 부채널을 구성하여 할당 단위로 사용하고 하향 링크와 상향링크를 시 분할을 통해서 구현하고 있는 예를 보여준다.

2.1.1.3 OFDMA의 장점

OFDMA의 개념이 상향링크에 적용될 때, 순시 데이터 전송율의 감소는 있겠지만 가입자들이 더 적은 전력 증폭기를 가지고 작용할 수 있도록 도와줄 수 있다. 또 다른 한 측면은 OFDMA를 사용함으로써 더 많은 대역폭을 그것을 사용할 수 있는 가입자들에게 링크 버짓(link budget) 측면에서 효과적으로 할당해 줄 수 있다는 것에 있다. 이제 OFDMA가 하향링크에 적용될 때는 지시된 데이터 처리를 가지고 병렬로 다중 사용자들에게 전송하면서, 열세의 상황에 있는 가입자에게 하향 전송 전력의 더 많은 부분을 그들의 부채널에 할당함으로써 그러한 가입자들의 링크 버짓을 향상시킬 수 있도록 해 준다는 장점을 얻을 수 있다.

일반적인 것과는 대조적으로 OFDM OFDMA 에서는 "트래픽 채널“을 정의 하는 하나의 OFDM 부반송파 또는 OFDM 부반송파의 클러스터를 가진다. 서로 다른 가입자들은 서로 다른 트래픽 채널을 사용으로써 동시에 기지국에 접속한다. OFDM에 대한 OFDMA의 우위는 두 가입자들의 채널과 간섭이 그려진 그림 2.3에서 보여진다. 주파수 선택적 페이딩과 협대역 간섭 때문에 다소 강한 페이딩(deep-fading)에 간섭된 부반송파들은 전송 데이터들에 대해 충분한 에너지 효율을 가지지 못한다. 이러한 적합 하지 않은 부반송파들은 일반적 OFDM에서 그러한 것들이 비록 다른 가입자들을 위한 적합한 부반송파가 된다 하더라도 버려진다. 그러나 OFDMA에서는 명백히 더 높은 효율과 용량이 그러한 다중 사용자 다이버시티(이것은 OFDMA 무선 인터페이스에서 매우 효과적인 로딩 방식이다)를 이용함으로써 얻어진다. 이러한 효과적인 로딩의 잠재적인 이득은 이웃하는 셀들로부터의 간섭이 CDMA에서처럼 억제되기보다 피해질 수 있는 다중 셀 환경에서 더욱 높다.

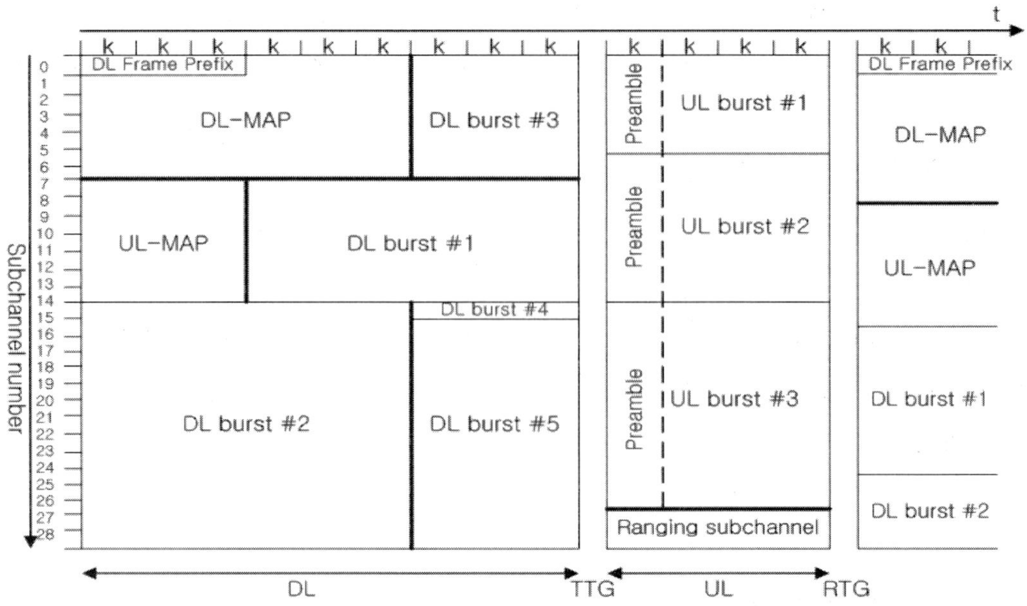

그림 2.2 OFDMA 다중 접속 프레임 구조 예

OFDMA의 또 다른 선천적 장점은 좋은 세분화(granularity)에 있다. OFDMA는 시간과 주파수 상에서 모두 시스템 자원을 분할함으로써 다중-Kbps 로부터 다중-Mbps까지의 세분화 효과를 쉽게 제공할 수 있다. 그럼으로써 효율의 어떠한 손실 없이 폭넓은 서비스를 공급할 수 있다. 이 외에도 부반송파 간에 어떠한 보호 구간도 요구되지 않기 때문에 주파수 사용 효율을 높일 수 있다.

이제 OFDMA의 포괄적인 특성이 모든 다른 OFDM/CDMA 접근들의 이익들을 포함하도록 해준다는 것을 지적한다. 예를 들어, 주파수 다이버시티/다중 접속 적응성을 가진 다중반송파-CDMA(MC-CDMA)는 한 클러스터를 이루는 부반송파들을 통해 신호가 전송되는 것으로 인식되어 질 수 있다. OFDMA는 또한 스마트 안테나, MIMO(Multiple Input Multiple Output) 시스템, 또는 공간-시간 코딩(space-time coding)고 같은 다른 성능 개선 기술들을 위한 이상적인 무대를 제공 할 수 있다. 이러한 부가적 특징들은 OFDMA 기반 네트워크로 쉽게 완성 될 수 있다.

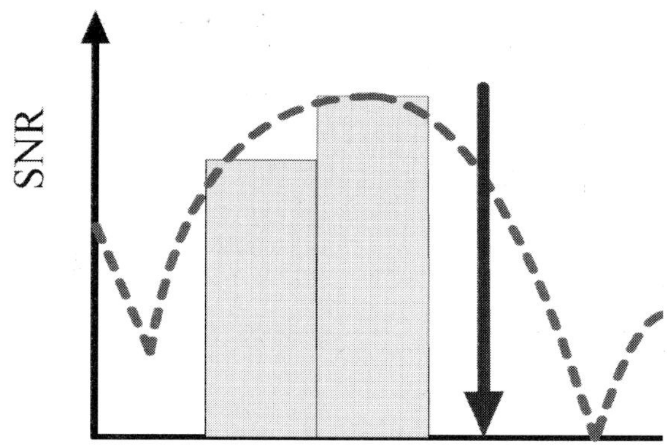

그림 2.3 OFDMA에서의 다중 사용자 다이버시티

2.1.1.4 OFDMA의 단점

위의 장점에도 불고하고 OFDMA는 몇 가지의 단점을 가지고 있다. 여기서 몇 가지 단점에 대해 간략히 살펴보도록 한다.

첫째로, 여전히 협대역 간섭에 민감하다는 것이다. OFDMA의 가장 최악의 경우는 두 사용자 사이에 있는 주파수에 협대역 간섭이일치할 때 나타난다. 이와 같은 사실은 그림 2.4에 나타나 있다. 이 그림은 간섭이 부 반송파에 일치할 때와 두 반송파 중간에 있을 때 유효 사용자들의 수를 비교한다.

첫 번째 경우에, 간섭에 의해 영향을 받는 단 하나의 사용자는 그 부반송파 주파수가 간섭의 주파수와 동일하다. 그러나 두 번째 경우에, 간섭은 모든 사용자들 사이의 직교성에 해를 주고 그들의 통신이 모두 불가능하도록 할 수 있다. 또 다른 단점으로 불완전한 동기화가 발생한다면 다중 사용자 간섭이 일어날 수 있고, 주파수 선택적 페이딩에서 어느 특정 사용자에게만 강한 페이딩이 집중될 수 있다. 이러한 강한 페이딩이 어느 한 사용자에게만 몰리는 것을 막기 위해, 동적 주파수 도약을 이용한 FH-OFDMA를 사용하여 페이딩과 간섭을 균등화 시키거나, AMC(Adaptive Modulation and Coding)기법을 이용함으로써 채널 환경에 따라 전력 제어, 부반송파할당 변조기법과 코딩기법이, 결정되도록 하여 그러한 단점을 완화할 수 있다.

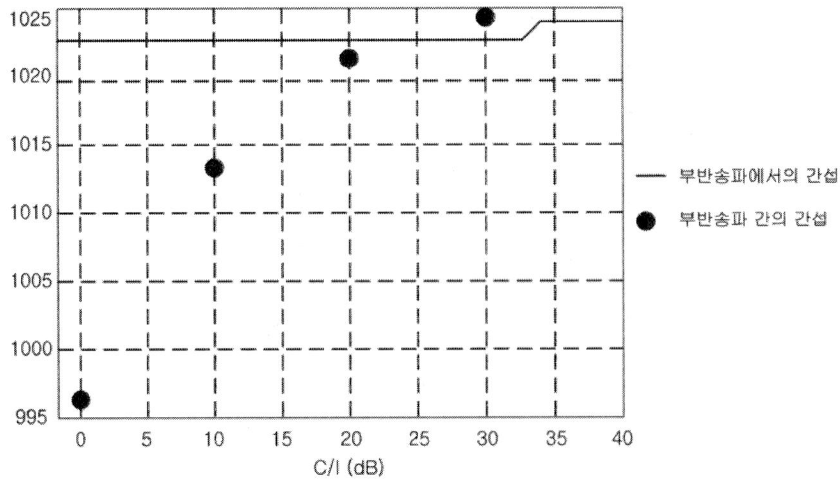

그림 2.4 간섭 위치의 영향

2.1.1.5 부반송파 할당 방식

다음의 그림 2.5에서는 OFDMA에서 사용되는 몇 가지의 일반적인 부반송파 할당방식을 보여준다. 사용자에 대해 부반송파를 할당해 주는 방식의 차이에 따라 무작위(randomly) 할당 방식, 밴드(banded) 할당 방식 그리고 적응형(adaptively) 할당 방식으로 구분할 수 있다.

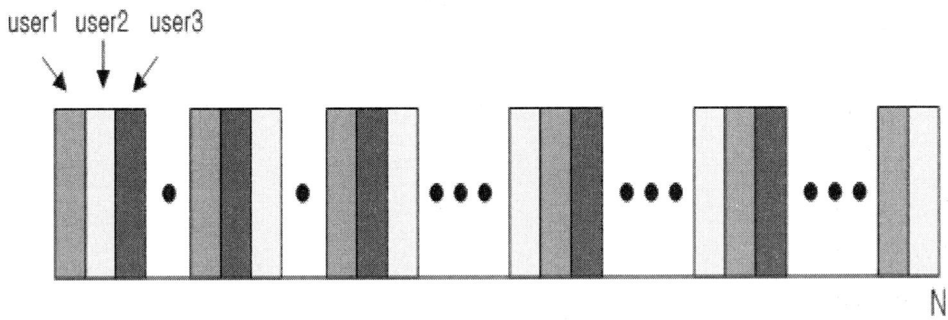

(a) Randomly allocated OFDMA subcarriers

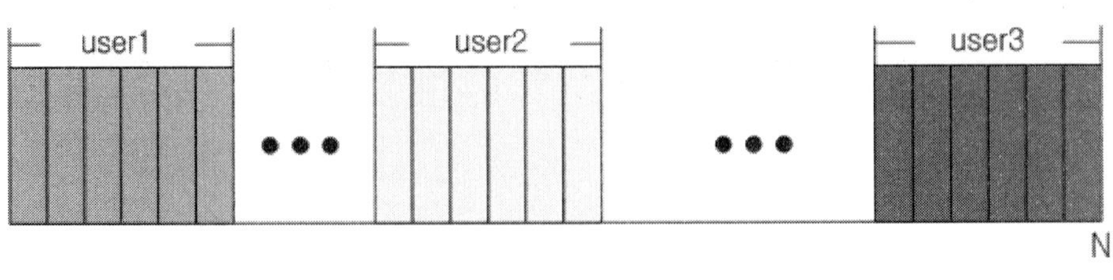

(b) Banded allocation of OFDMA subcarriers

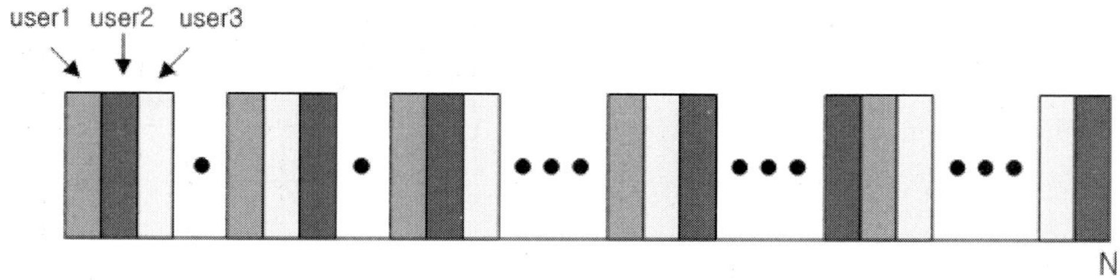

(c) Adaptively allocated OFDMA subcarriers

그림 2.5 부반송파 할당 방식

2.1.1.6 OFDMA 부채널 맵핑 방식

OFDMA에서 부채널 맵핑은 송신할 데이터의 부채널 할당 방식으로 할당 정보의 차수에 따라 1차원 맵핑과 2차원 맵핑으로 나눌 수 있다. 또한 시간영역 또는 주파수영역의 맵핑 우선 순위에 따라 Vertical 맵핑과 Horizontal 맵핑으로 구분할 수 있다.

그림 2.6은 1차원 Vertical 맵핑에 대한 예를 보인다. 주파수 축을 우선을 부채널을 맵핑하는 방식으로 부채널의 옵셋과 길이가 일반적인 맵핑 정보로 사용된다. 한 타임 슬롯 내 전 대역의 부채널을 우선하여 사용함으로써 송신단에서의 짧은 전송시간과 수신단에서의 낮은 디코딩 지연을 얻을 수 있지만 순간적으로 높은 전력을 사용해야 하기 때문에 기지국의 하향링크 전송 시 단말의 수신단에서 최대한 빠르게 디코딩을 해야 하기 때문에 기지국의 하향링크 전송 시 단말의 수신단에서 최대한 빠르게 디코딩을 해야 하는 컨트롤 신호 전송을 위하여 주로 사용된다. 그림 2.6(b)는 1차원 수평 맵핑의 예를 보인다. 시간 축을 우선으로 부채널을 맵핑하는 방식으로, 1차원 수직 맵핑에서와 같이 부채널의 옵셋과 길이가 일반적인 맵핑 정보로 사용된다. 최소한의 부채널을 사용하여 긴 타임 슬롯 동안 전송하기 때문에 한 데이터 버스트의 디코딩을 위해서 그 타임 슬롯 동안 기다려야 한다. 따라서 긴 전송시간과 디코딩 지연이 존재하는 단점이 있지만 낮은 전력을 사용하여 전송을 할 수 있기 때문에 전력 소모가 중요시 되는 단말에서 상향링크 전송시 유리하다. 그림 2.6(c)는 2차원 맵핑의 예를 보인다. 2차원 맵핑에서는 부채널 옵셋(Subchannel offset), 사용되는 부채널의 크기(Number of used subchannels), 심볼 옵셋(Symbol offset), 사용되는 심볼의 크기(Number of used symbols)의 4개의 파라미터를 사용하여 1차원 맵핑에 비해 상대적으로 유연한 할당이 가능하다. 하지만 버스트 당 사용되는 파라미터 개수의 증가로 맵핑 파라미터의 오버헤드가 상대적으로 증가하는 단점이 있다. 일반적으로 2차원 맵핑 방식은 기지국에서 각 단말에 하향링크 데이터 버스트를 할당할 경우에 주로 사용된다.

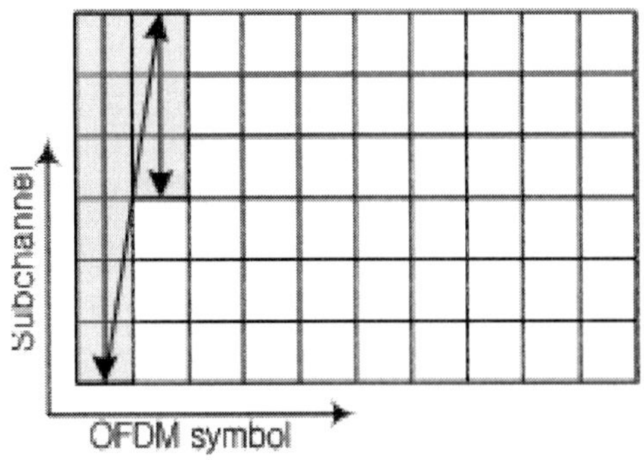

(a) 1차원 Vertical 맵핑

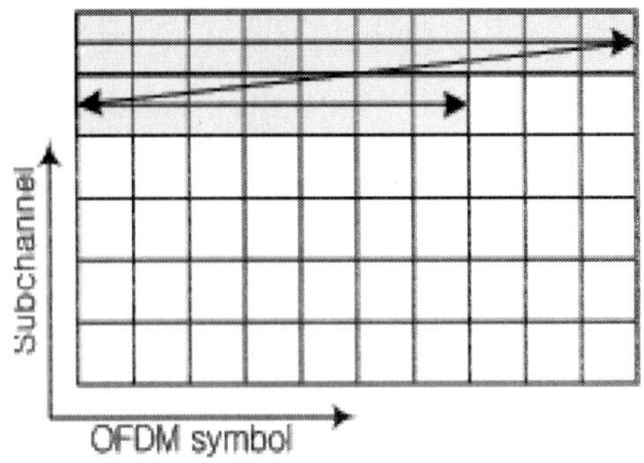

(b) 1차원 Horizontal 맵핑

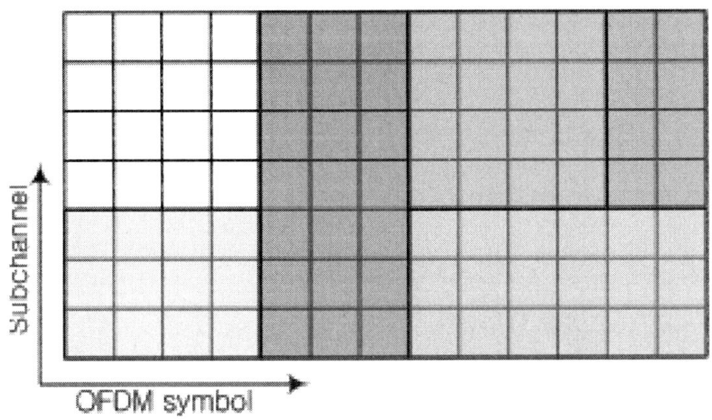

(c) 2차원 부채널 맵핑 방식

그림 2.6 OFDMA 부채널 맵핑 방식

OFDMA 신호의 강건한 전송을 위하여 주파수영역 확산 또는 시간영역 확산 방식을 사용할 수 있다. 그림 2.7(b)는 그림 2.7(a)에 주어진 5개의 부채널을 사용하는 QPSK 1/2 데이터 버스트를 3번 반복하여 15개의 부채널을 사용하는 QPSK 1/6 데이터 버스트로 주파수영역으로 확산 한 결과를 보여준다. 이와 같은 방식을 통해 부호율은 저하되지만 주파수 다이버시티를 얻을 수 있다. 그림 2.7(c)는 그림 2.7(a)를 시간영역에서 확산 하여 15개의 부채널로 확장한 결과를 보여준다. 이와 같은 방식을 통해 시간 다이버시티를 얻을 수 있다.

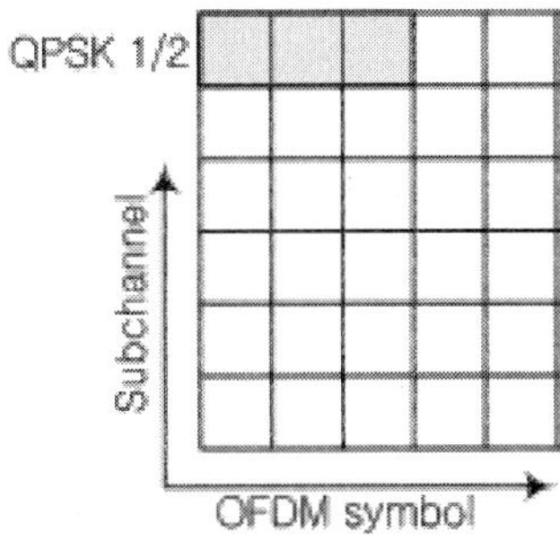

(a) 원 신호

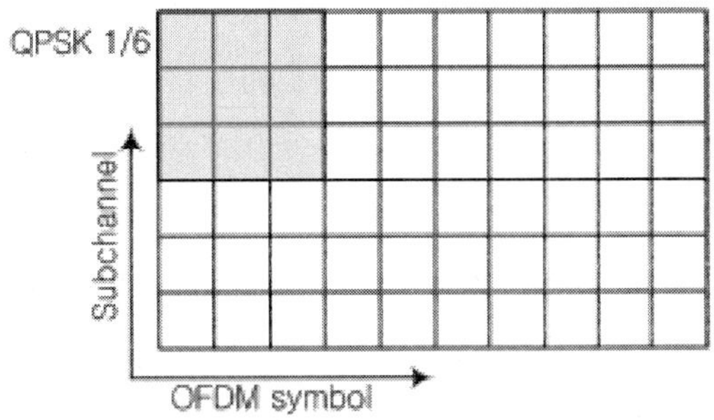

(b) 주파수영역으로의 확산

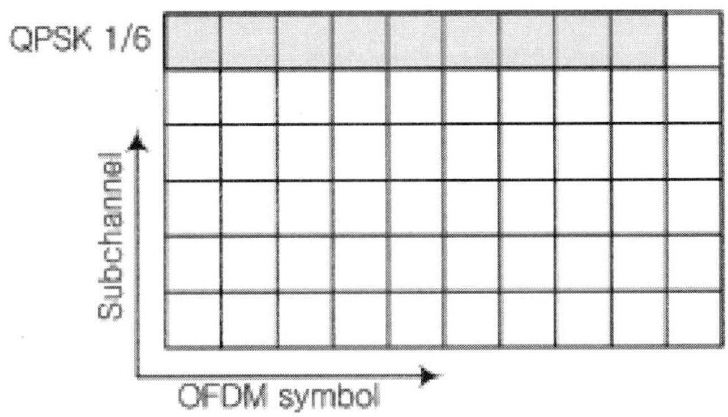

(c) 시간영역으로서의 확산

그림 2.7 OFDMA 확산 방식

2.1.1.7 OFDMA를 위한 연구 과제들

위에서 논한 여러 가지 사항들에 대해 지금도 많은 연구가 수행되고 있다. 더욱이 OFDMA에서 나타나는 단점들을 보완하는 것과 더욱 효과적인 채널 및 부반송파 할당, 전력 할당, 그리고 각 부반송파에 대한 전력 제어 기술들에 대한 연구는 OFDMA에 대한 더 많은 기대를 가지게 한다. 또한, 더 나아가 FH-OFDMA에서의 주파수 도약 패턴, 동일 셀과 인접 셀에서 발생하는 간섭 제어, 스마트 안테나(MIMO)-OFDMA, 채널 추정과 파일럿 설계 그리고 MAC(Medium Access Control) 설계에 대한 연구들은 더 많은 과제를 던져주고 있다. 실제로, 유선에 비해서 열악한 무선 환경 내에서 다양한 서비스의 질을 만족시키기 위해서는 효율적인 자원 할당이 그 무엇보다 중요하겠다. 실제 OFDMA 기반 무선 시스템에서 다양한 서비스 질의 보장은, 제한된 자원인 부채널과 파워를 다중 유저에게 어떻게 얼마만큼 할당하는가에 달려있다. OFDMA 방식이 MAC과 PHY가 통합된 형태의 다중접속 방식이므로, 기존의 상위 레이어 자원할당과는 별도로 채널의 상태의 변화가 곧 할당 알고리즘에 영향을 미치는 가변형 자원할당 알고리즘에 관한 연구가 매우 중요할 것이다. 또한, 상향링크 접속은 사용자가 지속적으로 서비스를 제공받을 수 있게 할 뿐 아니라 초기 사용자가 접속하는데 필수적인 과정이므로, 이에 대한 성능 향상은 시스템 전체를 안정된 범위에서 동작할 수 있게 하는 중요한 변수이다. OFDMA 기반 휴대 인터넷 시스템의 안정적인 구현과 보급을 위해서는 이러한 QoS를 보장하기 위한 자원할당 기법에 대한 연구가 지속적으로 재고되어야 필요가 있다.

2.2 OFDM-CDMA 시스템

기존의 DS-CDMA 시스템에서는 채널의 지연확산 시간이 심볼 지속 시간을 초과하는 경우 심각한 ISI가 발생한다. 이 문제를 해결하기 위해서는 일반적으로 심볼 지속 시간을 늘여야 한다. 반면에 무선 채널을 통하여 고속의 데이터를 전송하기 위해서는 심볼 전송률을 높여야 하는데, 그 결과 심볼 구간이 짧아지게 된다. 이와 같이 상충되는 상황은 OFDM 시스템을 사용함으로써 해결할 수 있다. 앞에서 언급한 바와 같이 OFDM 시스템에서는 부반송파의 수만큼 심볼 구간이 길어지기 때문에 채널의 지연확산 시간으로 인한ISI를 줄일 수 있다. OFDM 시스템과 CDMA 시스템을 결합하면 주어진 대역폭으로 고속의 데이터를 효과적으로 전송할 수 있다. 또한 OFDM 시스템은 주파수 선택적 페이딩에 강하다는 장점이 있지만 부반송파의 동기화가 어렵고 주파수 옵셋과 비선형 왜곡에 민감하다는 단점이 있다. 이와 대조적으로CDMA 시스템은 주파수 옵셋과 비선형 왜곡에 강하다는 장점이 있다. OFDM-CDMA 시스템은 OFDM 시스템과 CDMA 시스템을 결합하여 각 시스템의 단점을 보완한 시스템이며 기본적인 구조는 OFDM 시스템과 같다. OFDM-CDMA 시스템은 데이터를 확산시키는 방법에 따라 MC-CDMA 시스템, MC/DS-CDMA시스템, MT-CDMA시스템 등으로 구분된다.

코드 분할 다중 접속(CDMA : Code Division Multiple Access) 방식은 기존의 시분할 다중 접속(TDMA : Time Division Multiple Access) 방식과 주파수 분할 다중 접속(FDMA : Frequency Division Multiple Access) 방식에 비해 높은 용량을 지니며, 주파수 선택적 페이딩(frequency selective fading)이 존재하는 무선 채널에서 좋은 성능을 보이는 것으로 알려져 있

다. 특히 DS-CDMA(Direct Sequence CDMA) 방식은 레이크(Rake) 수신기를 사용하여 채널의 경로 다이버시티(path diversity)를 이용하고 멀티미디어 데이터 트래픽이 갖는 비동기적인 특성을 수용할 수 있어 제 3세대 이동통신 방식으로 활발히 논의되고 있다. 그러나 DS-CDMA 방식은 고속의 데이터 전송시 칩간 간섭이 증가함에 따라 하드웨어 복잡도가 급속히 증가하고, 다중 사용자 간섭(multi-user interference)에 의해 수용할 수 있는 사용자의 용량에 한계가 있는 것으로 알려져 있다.

한편, 새로운 다중 접속 기법으로서 최근에 제안된 MC-CDMA(Multi-Carrier CDMA) 방식은 OFDM(Orthogonal Frequency Division Multiplexing)구조의 다중 반송파 변조(multi-carrier modulation) 방식과 DS-CDMA 방식을 결합한 것으로서 채널의 지연 분산(delay sprea) 보다 긴 보호구간(guard interval)을 추가하여 심볼간 간섭을 없앨 수 있고, 송・수신단에서 변・복조시 IFFT/FFT를 이용할 수 있으며, 수신단에서 각 부반송파마다 간단한 단일탭(one-tap)구조의 등화기를 사용하여 채널의 주파수 선택적 페이딩에 의한 왜곡을 보상할 수 있는 것으로 알려져 있다. 그러나 OFDM 구조를 이용하는 MC-CDMA 시스템에서 채널의 시변 영향과 수신단에서의 주파수 옵셋(frequency offset) 및 위상 지터(phase jiter) 그리고 송신단에서의 비선형 증폭기의 영향은 부반송파 상호간의 직교성을 손상시켜 성능을 저하시키는 주된 요인으로 알려져 있다.

2.2.1 MC/CDMA (Multi Carrier Code Division Multiple Access)

2.2.1.1 국외 연구 동향 및 발전 방향

미국과 유럽 연합을 중심으로 발전하고 있는 차세대 이동통신 시스템은 각 나라별로 초고속 패킷 무선 전송에 대한 기초 기술 연구가 진행되고 있을 뿐만 아니라 모바일 네트워크에 대한 응용 기술 연구가 병행되어 진행되고 있다. 미국의 경우에는 NSF(National Science Foundation)을 중심으로 많은 대학들이 기초 기술 중심으로 연구하고 있고, AT&T, 루슨트, 마이크로소프트,노텔 등의 기업들도 기초 기술과 응용 기술들을 연구하고 있다.유럽의 영국의 경우에는 Mobile VCE라는 컨소시엄을 중심으로 산업체를 지원하고 있고, 노키아, 에릭슨, 지멘스, 알카텔등의 기업들을 중심으로 4세대 이동통신을 위한 기초 연구를 추진하고 있다. 일본도 총무성을 중심으로 정부차원의 차세대 이동통신을 위한 기술개발 계획을 가지고 있으며, NTT DoCoMo를 중심으로 기초 연구 중에 있다. 국제적 표준화 활동을 살펴보면, ITU-R에서 2000년 3월 WP8F를 결성 후 IMT2000 enhancement 와 Systems Beyond IMT 2000

에 대한 비전과 개념 정립을 시작하였고, 2006년에 WRC의 주파수 스펙트럼이 확정이 되면, 2010년 이후 4세대 이동통신 시스템이 출현할 것으로 예상된다. 여기에서 목표로 하는 최대 이용, 데이터 율(Peak useful data rate)을 보면 저속 이동시에는 1 Gbps를 제공하고 고속이동 시에는 최대 100 Mbps를 제공하도록 하고 있다. 소프트네트워크 기술에 대한 표준화는 3GPP와 3GPP2가 서로 독자적으로 IP를 이용한 이동네트워크 구조와 요구조건들을 추진하여 표준화 하려고 하고 있다. 그림.4는 Beyond IMT-2000 시스템의 최대 이용 데이터율과 이동도간의 성능 도를 보여주는 것으로, 차세대 이동 통신 시스템의 요구 사항이 어떠한 것임을 알 수 있다.

2.2.1.2 국내 연구 동향 및 발전 방향

우리나라는 1996년 세계에서 처음으로 CDMA 시스템을 상용화 한 이후 어동통신 분야에서 있어서 괄목할 만한 성장을 거듭해왔고, 현재는 이동통신 분야에 있어서 세계의 수준과 거의 비슷하거나 어느 부분에서는 더욱 앞서 나가고 있다. ETRI를 중심으로 삼성전자, LG전자 등의 국가 연구단체나 대기업을 선두로 하여 국제 표준화 작업 및 기초 기술연구를 많이 진행하고 있고, 전국적인 대학을 중심으로 기초기술 연구를 진행하고 있다. 또한 2003년 11월 NGMC을 결성하여, 유럽의 WWRF, 영국의 Mobile VCE, 일본의 mTIF, 중국의 FuTURE 등의 외국 연구그룹과 상호 협력 관계증진을 통하여 연구의 발전을 꾀하고 있다.

2.2.1.3 MC-CDMA (Multi-Carrier CDMA)

차세대 이동통신을 위해 필요한 여러 가지 통신 기술들은 초고속 전송을 위한 고차원 변복조 기술, 좋은 성능을 보장하는 채널 부호화 기술,여러 명의 사용자가 동시 접속을 하게 하는 다중 접속 기술, 안테나 기술, 코딩 및 변조기술, 무선자원 관리 기술, Link Adaptation 등이 있고 여러 분야에서 다 그 중에서 사용자들의 다중 접속을 허용하는 다중 접속 망접속 기술이 많이 연구 되고 있다. 현재의 다중 접속 기술로 사용되고 있는 DS-CDMA 방식은 차세대 이동통신을 위한 데이터 전송 기술로 사용하기에는 10 Mbps이상의 고용량의 데이터 전송 시에 성능이 낮아지는 현상들로 인해 차세대 이동통신 기술로는 부족하여 이를 개선한 여러 가지 다중 접속 기술들이 제안되고 개발 되고 있다. 기존의 DS-CDMA 시스템을 대체하고 차세대 이동통신의 요구사항을 만족하고 라디오 자원 관리에 효율적인 여러 가지 기술들 중에서 가장 많이 연구되고, 개발되고 있는 시스템은 OFDMA (Orthgonal Frequency Division Multiple Access), MC-CDMA (Multi Carrier Code Division Multiple Access), OFCDM

등의 방법들이 있다. 그 중 MC-CDMA는 OFDMA의 주파수 자원 관리의 효율성과 CDMA의 PN코드를 이용한 사용자간 구분 특성을 결합한 시스템으로 일반적인 MC-CDMA시스템의 송신부는 아래 그림 2.8과 같이 표현 된다.

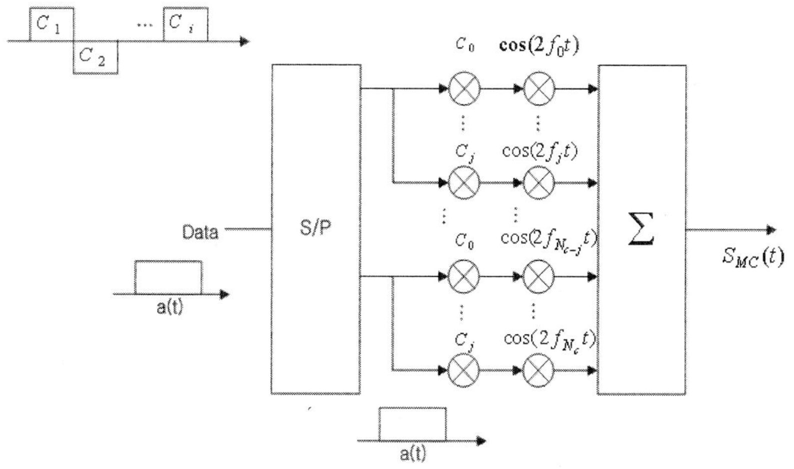

(a) 송신기 구조

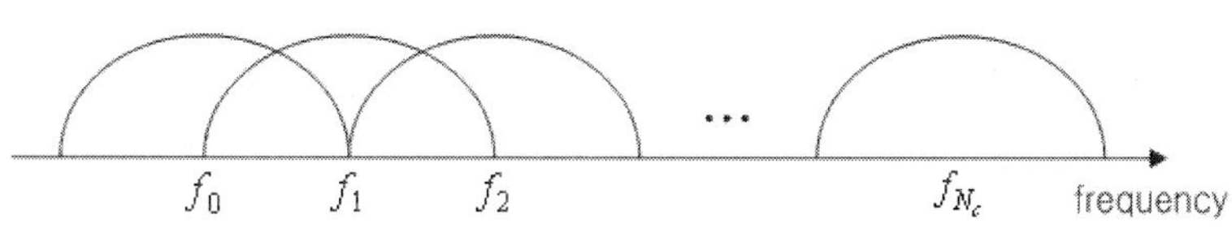

(b) 전송되는 신호 스펙트럼

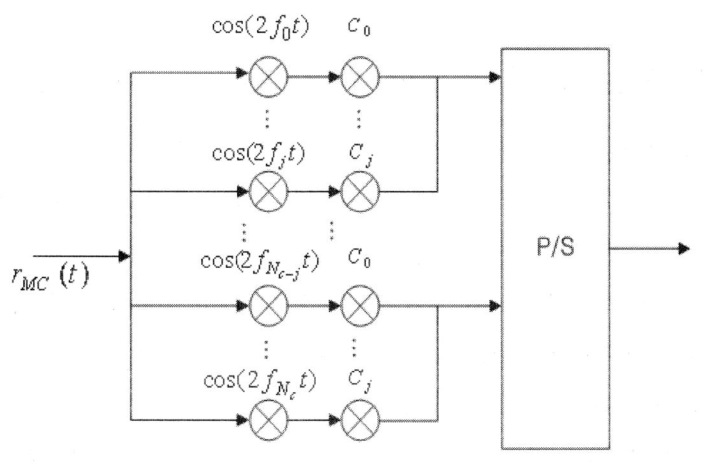

(c) 수신기 구조

그림 2.8 MC-CDMA의 송신기 구조

다수의 부 반송파를 이용하는 MC-CDMA는 직병렬 변환기를 통해 병렬로 데이터를 처리하게 되어 고속 및 고용량 전송을 필요로 하는 시스템에 효과적으로 이용 가능하다. 고속으로 입력되는 직렬의 비트 스트림이 직병렬 변환기를 지나면서 저속의 병렬 스트림으로 바뀌게 된다. 각각의 바뀌어진 병렬 스트림은 각 스트림 마다 고유한 부 반송파가 곱하여지고, 각 부 반송파가 곱해진 병렬의 파들은 합산 기를 통해서 채널로 전송이 되게 된다. 다중 부반송파를 이용한 MC-CDMA시스템에서 전송 되는 전송 신호는 식 (2.1)과 같이 표현 된다.

$$S_{mc}(t) = \sum_{t=0}^{N-1} c_m[i] a_m[k] \cos(2\pi f_c t + 2\pi i \frac{F}{T_b} t) P_{T_b}(t - kT_b)$$

$$\text{where, } c_m[i] \in -1, 1 \tag{2.1}$$

여기서 $c_m[i]$와 $a_m[i]$는 m-번째 사용자의 확산코드와 정보데이터에 해당하고, $P_{T_b}(t)$는 $[0, T_b]$의 주기를 갖는 전송신호의 전력에 해당된다. 또한, F는 부 반송파의 주파수의 간격을 나타내는 것으로 주파수 대역을 효율적으로 사용하기 위해 부 반송파간의 간격을 가능한 한 작게 해야 하는데 이는 $1/T_b$(F=1)일 때 최소의 대역을 사용하여야 한다. MC-CDMA의 사용은 많은 양의 데이터를 고속으로 처리하기 위해서 데이터 전송에 보다 효과적인 방법이다. 하지만 전송 채널 상에 존재하는 다양한 종류의 잡음, 페이딩, 다중경로 등에 의한 전송 신호의 왜곡 등에 의해 전체적인 시스템의 효율이 떨어지게 된다. 특히 차세대 이동통신에서 사용하려는 MC-CDMA 방식은 칩 주기가 작은 이유로 신호간의 간섭효과에 의하여 전송 신호의 왜곡에 대처하기 쉽지 않은 점이 있다.

2.2.2 DS/CDMA (Direct Sequence Code Division Multiple Access)

DS-CDMA 시스템의 송신단에서는 전송될 각 사용자의 데이터 비트에 미리 정해진 각 사용자의 확산 코드를 이용하여 시간 영역에서 확산이 이루어진다. 이때 기지국에서 최대 사용자 용량은 N_n이고, i번째 사용자의 전송되는 데이터 비트(d_i)는 BASK(Binary Phase Shift Keying)신호, $d_i \in \{-1, 1\}$로서 주어진다. 확산코드 C_i는 주기가 L인 골드 코드(Gold code)로서, 이때 처리이득(Processing Gain)은 $G_{DS} = L$이 된다. 그림 1에서 송신단의 $\epsilon_i (i = 0, 1, \cdots, N-1)$는 각 사용자간 데이터의 비동기적 시간 지연을 나타내며, 완벽하게 동기가 이루어 질 경우 $\epsilon_i = 0 (i = 0, 1, \cdots, N-1)$로 표현된다. 채널을 통과하여 수신된 신호는 수신단에서 특정 사용자에게 할당된 코드에 의해 역 확산과정을 거쳐 원하는 데이터를 검출하게 된다.

그림 2.8의 송신단에서 최대 N_u 사용자의 신호가 각각 확산되고 동기적으로 더해져서 채널로 전송되는 신호는 다음 식으로 나타낼 수 있다.

$$S=\sum_{j=0}^{N_u-1} d_i C_j = [s_0, s_1, \cdots s_L] \tag{2.2}$$

여기에서 S는 s_j(단, $j=0,1,\cdots,L-1$)를 원소로 갖는 벡터이며, s_j는 N_u 사용자의 코드에 대해서 j번째 칩 주기(T_c) 내에서 각 코드의 칩과 데이터 비트(d_i)의 곱이 동기적으로 더해진 값을 나타낸다. 이와 같이 전송된 신호는 그림 1에 나타낸 바와 같이 채널을 통과하여 i번째 사용자의 수신단에 입력되며 수신단에서 주파수 선택적 페이딩 채널에 분산된 신호의 에너지는 레이크(Rake) 수신기에 의해 구현된 MRC(Maximum Ratio Combining) 기법을 통해 결합되어 전송된 신호 $\hat{d}_i$를 얻어내게 된다. 레이크(Rake) 수신기는 다수의 상관기로 구성되며, 각각은 다중 경로 채널에서 각 경로의 분해능에 해당하는 지연 값 τ에 동기 되어진다. 결과적으로 Rake 수신기에 의한 DS-CDMA 시스템의 성능은 이러한 분해능에 해당하는 상관기를 얼마나 사용하느냐에 의해 결정된다. 그러나 일반적으로 수신기의 복잡도를 고려하여 현재 대부분 1-3개 정도를 사용한다. 한편, MRC기법을 이용하기 위해서는 채널의 지연 분산에 의한 각 경로의 이득(path gain) α에 대한 추정이 필요하다.

주파수 선택적 페이딩 채널에서 레이크(Rake) 수신기를 이용하여 MRC기법을 사용할 경우 DS-CDMA 시스템의 BER은 다음 식으로 주어진다.

$$P_b = \left[\frac{1}{2}(1-\mu)\right]^{D} \sum_{k=0}^{D-1} \binom{D-1+k}{k} \left[\frac{1}{2}(1+\mu)\right]^k \tag{2.3}$$

$$\mu = \sqrt{\frac{\overline{\gamma_c}}{1+\overline{\gamma_c}}} \tag{2.4}$$

여기에서 D는 Rake 수신기에 결합되어지는 채널의 전송 경로 수를 나타내며 $\overline{\gamma_c}$는 채널의 각 전송 경로에서의 평균 SNR을 나타낸다. 식 (2.3)과 (2.4)는 주파수 선택적 페이딩 채널의 각 경로에서의 평균 SNR 즉, $\overline{\gamma_c}$가 모두 동일한 경우를 가정하고 있으며 다른 사용자에 의한 간섭은 고려하지 않은 경우로서 시스템이 얻을 수 있는 가장 적은 BER(lower bound)을 나타낸다. 한편 DS-CDMA 시스템에서 다중 사용자간의 간섭(multi-user interference)의 정도를 다루기 위해서는 비동기 시스템에서 가우스 근사화(Gaussian approximation)를 통해 얻어진 다음 식이 이용된다.

$$\mu = \sqrt{\frac{\gamma}{D+\gamma}}, \gamma = (\frac{2(N_u - 1)}{3L} + \frac{N_0}{E_b})^{-1} \tag{2.5}$$

여기에서 $N_0/2$는 가우스 잡음의 스펙트럼 밀도(Gaussian noise spectral density), E_b는 데이터 비트 에너지를 나타내며, γ는 전송된 데이터 비트당 다중 사용자에 의한 간섭으로 수정된 신호대 잡음비를 나타낸다.

2.2.3 MC/DS-CDMA 시스템

시간영역에서의 확산방식과 OFDM 시스템을 결합한 MC/DS-CDMA 시스템에서는 직렬/병렬로 변환된 데이터 열을 시간영역에서 주어진 확산코드를 이용하여 확산시킨다. 그림 2.9(a)에서 MC/DS CDMA 시스템의 송신기 구조를 나타내고 있다. MC-CDMA 시스템의 송신방식과는 다르게 데이터 심볼을 확산 코드 C_j 를 이용하여 시간영역에서 확산시킨다. 각각의 부반송파는 각기 다른 확산된 심볼을 전송하며 부반송파의 개수와 병렬로 변환된 데이터의 수가 같다. 각 부반송파간의 간격은 직교 조건을 만족하기 위해 최소한 심볼 지속시간 T_s의 역수가 되어야 한다. MC/DS-CDMA 시스템에서는 확산부호에 의해 각 부반송파 내에서 데이터율을 낮추고 데이터 심볼 주기를 길게 하여 확산 코드와의 동기를 쉽게 한다. 이 방식은 준동기 방식의 설정에 효과적이므로 순방향 통신채널에 적용하기 위하여 제안되었다. 식 (2.6)은 MC/DS-CDMA 시스템에서의 송신기 출력신호를 나타낸다.

$$S_{MD}(t) = \sum_{i=-\infty}^{\infty} \sum_{k=1}^{N_c} \sum_{j=1}^{G_{MC}} b_k(i) c_j p(t-(j-1)Tc - T_s) \cos(2\pi f_k t) \tag{2.6}$$

여기서 $b_k(i)$는 직렬/병렬로 변환된 k번째 부반송파의 i 번째 입력 데이터이다. GMD는 확산 코드에 대한 처리이득으로 확산코드의 수와 같다. 그림 2.9(b)는 MC/DS-CDMA 시스템 신호의 스펙트럼을 나타낸 것으로 각각의 부반송파마다 직교성을 유지하고 있음을 알 수 있다. 그림 2.9(c)는 수신기 구조로 부반송파로 분리된 각각의 신호에 대해 시간영역으로 확산 코드를 이용하여 역확산하고 병렬/직렬 변환을 통하여 데이터를 수신한다.

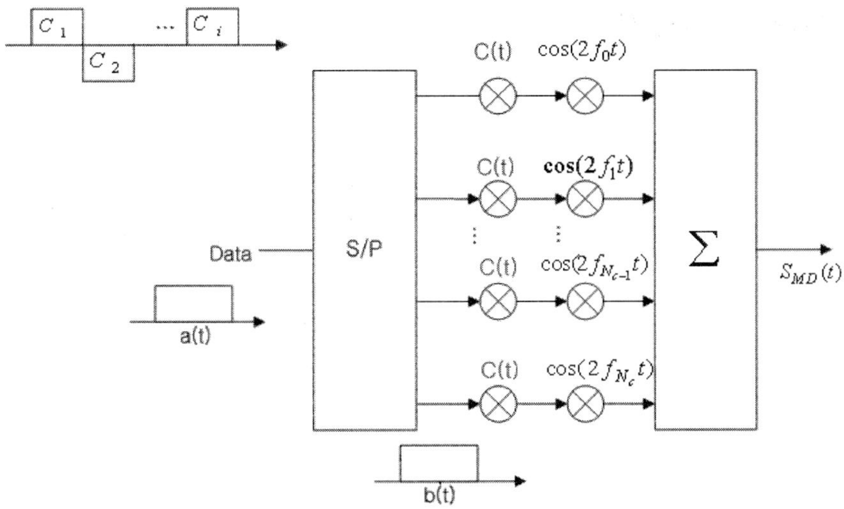

(a) 송신기 구조

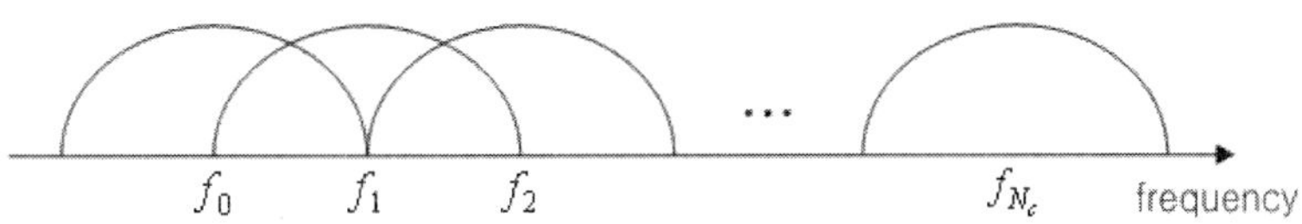

(b) 전송되는 신호 스펙트럼

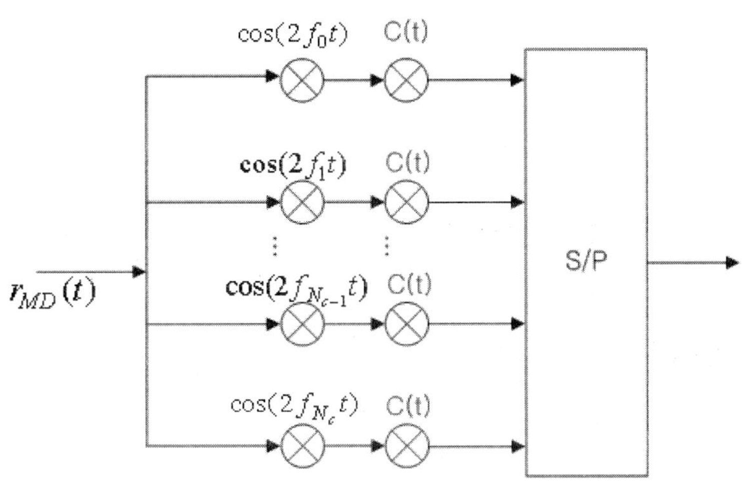

(c) 수신기 구조

그림 2.9 MC/DS-CDMA

2.2.4 MT-CDMA 시스템

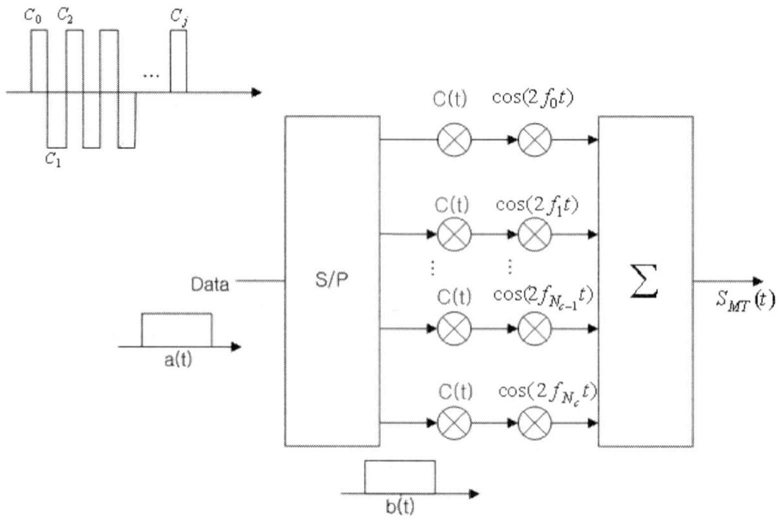

(a) 송신기 구조

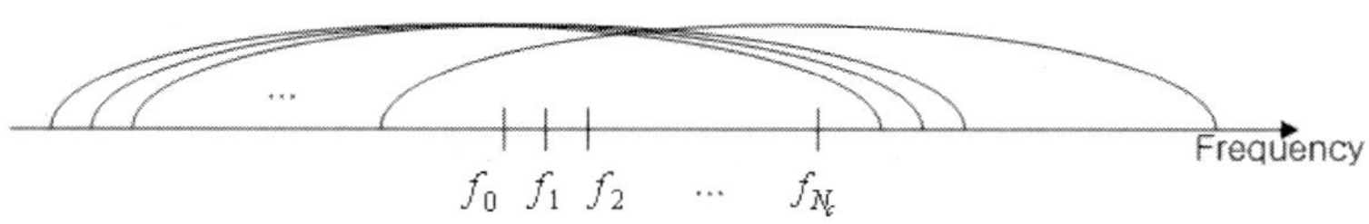

(b) 전송되는 신호 스펙트럼

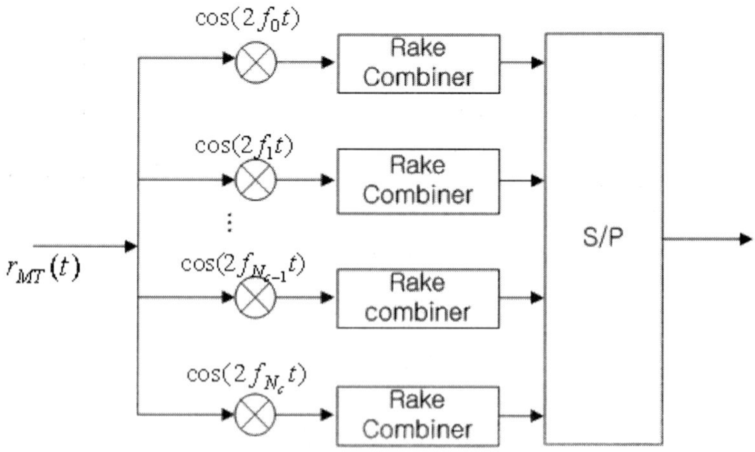

(c) 수신기 구조

그림 2.10 MT-CDMA

그림 2.10(a)는 MT-CDMA 시스템의 송신기 시스템 블록이다 MT-CDMA 시스템은 MC/DS-CDMA 시스템과 거의 같은 구조처럼 보이나 주파수 분리 방법이 다르다.

MC/DS-CDMA 시스템에서는 각 데이터 심볼 구간 T_s 를 확산 코드의 개수만큼 확산하여 시간 영역에서 확산 코드와 곱하였으나 MT-CDMA 시스템에서는 데이터 심볼 구간 T_s 내에 각기 다른 확산 코드를 적용하는 방법이다.

$$s_{MT}(t) = \sum_{i=-\infty}^{\infty} \sum_{k=1}^{N_c} \sum_{j=1}^{G_{MT}} b_k(i) c_j p(t-(j-1)T_c - T_s^{'}) \cos(2\pi f_k^{'} t) \tag{2.7}$$

여기서 $b_k(i)$은 직렬/병렬로 변환된 k번째 부반송파의 i번째 입력 데이터이고 G_{MD}는 확산 코드에 대한 처리이득으로 확산코드의 수와 같다. $T_s(=N_c T_s)$는 확산된 심볼의 주기를 의미한다. 그림 2.10(b)는 전송되는 MT-CDMA 시스템 신호의 스펙트럼을 보인 것으로 주파수의 직교성이 상실되어 있음을 보인다. 따라서 수신단에서는 그림 2.10(c)에서와 같이 각 부반송파마다 레이크 수신기를 사용하여 데이터를 복원한다.

〈MATLAB 프로그램〉

2.3.1 MC-CDMA

```
clear all
users=2;                % 사용자 수

 n =4;                                        %데이터 부 반송파 수
walsh=hadamard(n);
code1=walsh(2,:);
code2=walsh(4,:);

%-----------------Generating data for User1-----------------------------

N=10^4;                                      % data_user1 의 bit 수
data_user1= rand(1,N)>0.5;                 % user1의 데이터 생성
data_user1bpsk = 2*data_user1-1;          % BPSK 변조 0 -> -1; 1 -> 0

%-----------------Spreading & IFFT for User1-----------------------------
```

```
data_user11=data_user1bpsk';
spdata1_user1=data_user11*code1;
spdata12=(spdata1_user1)';
ifftdata_user1=ifft(spdata12);
ifftdata12=ifftdata_user1';


%------------------User1 Cyclic Prefix1 추가 ------------------------%

y1=[ifftdata12(:,[(n-2):n]) ifftdata12];
transdata1=y1';
tx_user1=transdata1;                  % user1 데이터 전송

%------------------Generating data for User2------------------------------

M=10^4;                                  % data_user2의 bit 수
data_user2= rand(1,M)>0.5;              % user2의 데이터 생성
data_user2bpsk = 2*data_user2-1;       % BPSK 변조 0 -> -1; 1 -> 0

%-----------------Spreading & IFFT for User2------------------------------

data_user21=data_user2bpsk';
spdata2=data_user21*code2;
spdata22=(spdata2)';
ifftdata_user2=ifft(spdata22);
ifftdata22=ifftdata_user2';

%-----------------User2 Cyclic Prefix1 추가 -------------------------

y2=[ifftdata22(:,[(n-2):n]) ifftdata22];
transdata2=y2';
tx_user2=transdata2;                  % user2 데이터 전송

%---------------------모든 User 전송에 데이터 추가-----------%
x=tx_user1+tx_user2;
%---------------------Rayleigh Channel 생성--------------------------

Taps=4;
```

```
% Tap 수
p1=0.5/2.3;
p2=0.9/2.3;
p3=0.7/2.3;
p4=0.2/2.3;
gain1=sqrt(p1/2)*[randn(1,N)  + j*randn(1,N)];
gain2=sqrt(p2/2)*[randn(1,N)  + j*randn(1,N)];
gain3=sqrt(p3/2)*[randn(1,N)  + j*randn(1,N)];
gain4=sqrt(p4/2)*[randn(1,N)  + j*randn(1,N)];
x11=x(:);
x12=reshape(x11,1,length(x11));
i=1:length(x12);
delay1=1;
for i=delay1+1:length(x12)
 x13(i)=x(i-delay1);
end
delay2=2;
for i=delay2+1:length(x12)
 x14(i)=x(i-delay2);

end
delay3=3;
for i=delay3+1:length(x12) Tap1
   x15(i)=x(i-delay3);
end
x1=reshape(x13,(n+3),length(x13)/(n+3));
x2=reshape(x14,(n+3),length(x14)/(n+3));
x3=reshape(x15,(n+3),length(x15)/(n+3));

ch1=repmat(gain1,(n+3),1);
ch2=repmat(gain2,(n+3),1);
ch3=repmat(gain3,(n+3),1);
ch4=repmat(gain4,(n+3),1);
data_channel=x.*ch1+x1.*ch2+x2.*ch3+x3.*ch4;

%----------------------- AWGN noise 추가--------------------------

data_noise1=data_channel(:);
data_noise2=reshape(data_noise1,1,length(data_noise1));
```

```
noise = 1/sqrt(2)*[randn(1,length(data_noise2)) + j*randn(1,length(data_noise2))];
snr = [0:20];

for i = 1:length(snr)
 y = data_noise2 + (sqrt(1)*10^(-snr(i)/20))*noise; %Noise 추가

 %-------------------------수신부--------------------------------------
data_received =y;

%---------------------Cyclic Prefix 제거-------------------------------

rx1=reshape(data_received,(n+3),length(data_received)/(n+3));
rx12=rx1';
rx13 = rx12(:,[(4:(n+3))]);
rx14=rx13';

fft_data_received =fft(rx14);

channel_response=fft([gain1;gain2;gain3;gain4],n);
data_equilized=fft_data_received.*conj(channel_response);

%---------------- Data User1의 BER-----------------------------------------
 recdata11=(data_equilized'*code1')';
recdata12=real(recdata11)>0;
errors_user1(i) = size(find([data_user1- recdata12]),2);
SBer1 = errors_user1/N;

%----------------Data User2 의 BER-----------------------------------------
recdata21=(data_equilized'*code2')';
recdata22=real(recdata21)>0;
errors_user2(i) = size(find([data_user2- recdata22]),2);
SBer2 = errors_user2/M;

end

snrlnr=10.^(snr/10);
TBer = 0.5*erfc(sqrt(snrlnr));
TBerf = 0.5.*(1-sqrt(snrlnr./(snrlnr+1)));
```

```
figure
semilogy(snr,TBer,'c*-','LineWidth',2);
hold on
semilogy(snr,TBerf,'r-','LineWidth',3);
hold on
semilogy(snr,SBer1,'bd','LineWidth',4);
hold on
semilogy(snr,SBer2,'go-','LineWidth',1);
axis([0 20 10^-5 0.5]);
grid on
legend('Theoratical BER for BPSK on AWGN ','Theoratical BER for BPSK on Rayleigh Channel
' ,'Simulated BER for User13','Simulated BER for User24');
xlabel('Eb/No, dB');
ylabel('Bit Error Rate');
title('BER Vs Eb/No on Rayleigh Channel')
```

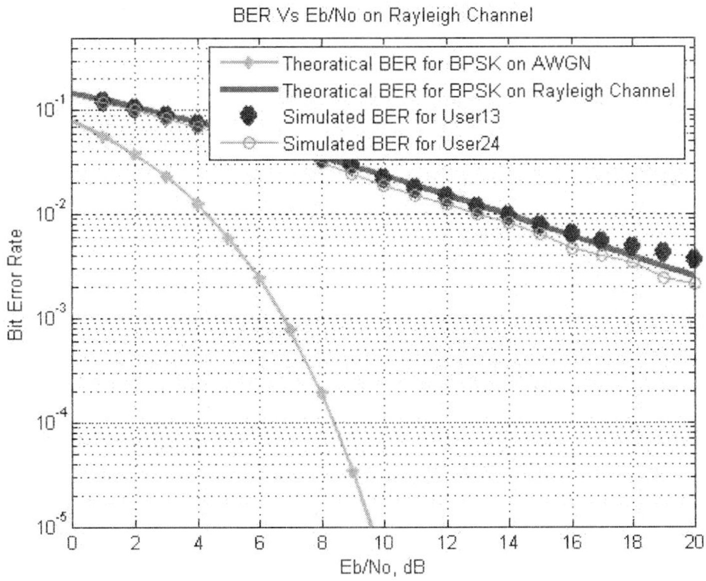

그림 2.11 AWGN 채널과 Rayleigh 채널에서 사용자수에 따른 BER 성능

CHAPTER 03

OFDM의 동기방식

정보의 고속화, 멀티미디어화가 진행되면서 기존의 무선 주파수 자원으로는 이를 수용할 수 없는 단계에 도달하게 되자, 새로운 주파수 대역인 밀리미터파를 이용한 통신시스템에 대한 필요성이 대두되어 왔다. 그러나, 밀리미터파 대역의 광대역 실내채널은 Frequency-selective multipath fading 채널이기 때문에, 심볼길이가 매우 짧은 고속 디지털 통신 신호를 전송할 때 채널의 시간 분산적인 특성인 ISI(Inter symbol Interference)의 영향을 없애는 과정이 매우 복잡할 뿐만 아니라, 원하는 성능을 얻기가 쉽지 않다.

한편, OFDM(Orthogonal Frequency Division Multiplexing) 시스템은 Multipath fading 채널의 길이보다 훨씬 긴 심볼 길이동안에 블록 단위의 여러 데이터를 서로 직교하는 다수의 Sub-carrier에 나누어 송/수신한다. 그러므로, 이 방식은 다중경로 채널의 영향에 효과적으로 대처할 수 있고, 등화기가 간단한 장점 때문에 고속데이터 전송에 적합한 방식으로 널리 연구되어 왔다. 그러나, OFDM시스템은 반송파 주파수 옵셋에 매우 민감하므로, 수신기에서 반송파 주파수 동기화를 정확히 수행해야 하며, 심볼의 시작지점을 정확히 찾아야 올바른 데이터 검출이 가능하다.

OFDM 방식은 단일 반송파에 비하여 반송파 주파수 옵셋, 심볼 타이밍 옵셋, 샘플링 타이밍 옵셋, 위상잡음에 영향을 많이 받는다. 이 중 심볼 동기는 수신단에서 FFT의 시작 위치를 찾아 일치시키는 것을 의미하며, 복구한 FFT의 시작위치가 보호구간 내 이전 심볼의 영향을 받지 않는 부분에 있을 경우에는 CP에 의해서 ISI와 ICI의 영향을 받지 않고 심볼 옵셋에 의한 위상회전만이 각 부채널에 선형적으로 증가하게 발생하여 주파수영역 단일탭 등화기로 쉽게 보상할 수 있다. 그러나 복구한 FFT의 시작위치가 그 우측인 데이터 구간 내에 있을 경우에는 ISI와 ICI가 모두 발생하게 되어 성능이 크게 저하된다. 이러한 심볼 옵셋의 추정을 위해서는 CP 또는 훈련심볼을 사용한 시간영역기법과 주파수영역 기법이 있다. 또한 OFDM 방식에서 반송파 주파수 옵셋은 모든 부반송파에 영향을 미쳐 ICI를 발생시키기 때문에 반송파 주파수 옵셋의 추정과 보상은 매우 중요하다. 이러한 반송파 주파수 옵셋의 추정을 위한 기법은 CP를 또는 훈련심볼을 사용한 시간영역기법과 파일롯톤 또는 훈련심볼을 사용한 주파수영역기법이 있다. 샘플링 타이밍 옵셋은 샘플링 주파수 옵셋과 샘플링 위상 옵셋으로 구분할 수 있다. 여기서 샘플링 위상 옵셋은 주파수 영역에서 위상회전만이각 부채널에 선형적으로 증가하는 결과가 되어 주파수영역 단일탭 등화기로 쉽게 보상할 수 있어 크게 문제가 되지 않는다. 그러나 샘플링 주파수 옵셋이 존재할 경우에는 시간이 지남에 따라 샘플링 타이밍오차가 누적되기 때문에 수신된 OFDM 심볼이 송신한 OFDM 심볼에 비하여 길어지거나 짧아지게 된다. 이의 보상기법으로는 VCXO 또는 NCO를 사용하는 동기식(Synchronous) 샘플링 동기화기법과 Free-running 오실레이터를 사용하는 비동기식 샘플링 동기화기법이 있다. 또한 비동기식샘플링 동기화기법에는 Skip / duplicate와 Rotor를 사용하는 주파수영역 보상기법과 이에 Interpolator를 추가함으로써 샘플링 주파수 옵셋이 어느 정도 클 경우에도 시간영역과 주파수영역에서 혼성으로 보상하는 기법이 있다.

이러한 OFDM 시스템의 동기부 설계는 응용분야에 따라 훈련신호 또는 추정기법이 크게 달라지게 된다. 예를 들어 무선 LAN과 같이 거의 정지상황에서 버스트 전송을 하고자 할 경우에는 채널의 상황이 크게 변하지 않으므로 프리앰블를 사용하여 초기동기를 맞춘 후 현재 패킷의 전송이 끝날 때까지 트랙킹을 하지 않는 방법을 사용한다. 즉, 잔류위상보상을 제외하고는 심볼동기화, 반송파 주파수동기화, 주파수등화는 초기동기시에만 이루어지며 더 이상 트랙킹을 하지 않는다. 그러나 DVB-T와 같이 수신기가 이동이 가능한 상황에서는 채널이 계속 변할 수 있기 때문에 트랙킹이 매우 중요하여 이 경우에는 CP와 파일럿 톤을 사용하여 심볼옵셋, 반송파 주파수옵셋, 채널추정 값을 계속 트랙킹한다. 특히 OFDMA 또는 MC-CDMA 기법을 셀룰러의 상향링크에 적용하고자 할 경우에는 각 단말기의 위치, 속도, 오실레이터가 모두 다르기 때문에 기지국에서 이 신호를 받아 함께 복조하기 위해서 이 값에 대한 정확한 추정이 사전에 필요하다.

3.1 프레임 동기

MC-CDMA(Multi-carrier Code Division Multiple Access) 시스템은 OFDM(Orthogonal Frequency Division Multiplexing)을 전송방식으로 사용한다. 그러므로, OFDM 시스템에서처럼, 프레임 동기화는 매우 중요하며 수신기에서 복조의 첫 과정으로 수행되어야 한다. 하향링크에서의 동기적인 전송환경에서 OFDM시스템을 위해 고안된 프레임 동기화 방식은 가드 구간으로써 순환 프리픽스를 사용하는 것과, 또는 동기 버스트 신호를 사용하는 것이 적용될 수 있다. 기지국은 각 사용자의 확산 데이터를 모아서 하나의 OFDM 신호로 더해진 데이터로 전송하기 때문이다.

그러나 상향채널에서는, 이동국에서 사용자의 데이터를 동시에 전송할 수 있지만, 각 사용자의 신호는 기지국에 전달 경로의 차이로 각각 다른 지연을 갖고 도착한다. 결론적으로 기지국은 사용자의 신호를 다른 사용자의 신호와 구별할 수 있어야 하며 각 사용자의 신호에 대한 프레임 동기도 맞추어야 한다.

순환 프리픽스를 사용한 프레임 동기 기법은 순환 프리픽스가 OFDM 프레임의 하단 부분의 반복임을 이용한다. 그러나 상향채널에서 모든 사용자의 신호는 자신의 순환 프리픽스를 가진다. 그리고 이러한 동기화 기법은 다른 사용자들로부터 타겟 사용자의 데이터를 구별하는 어떠한 방법도 제공하지 않는다. 동기 버스트 신호를 사용하는 또 다른 방식은 각 사용자가 유일 동기 버스트 시퀀스를 갖고 있게 되면 각 다른 사용자와의 데이터를 구별할 수 있다.

프레임 동기화 과정을 두 단계로 나누면, DA(data-aided) 프레임 획득 단계와 NDA(non data-aided) 단계로 나눈다. DA 프레임 획득 단계에서, 수신기는 전송된 데이터 심볼을 안다고 가정한다. 이 지식을 이용하여 MC-CDMA 프레임의 시작점이 얻어지며 그 후 NDA 단계가 시작된다. NDA 단계에서, 프레임 동기기가 프레임이 추출된 영역 부근에서 프레임 시작점을 찾으며, 한편 입력되는 신호는 사용자의 데이터를 전달하는데 수신기는 무엇이 전송되었는지 알지 못하는 상태이다.

3.1.1 DA 획득 단계

코드분할 다중접속 시스템에서, 코드 획득은 입력되는 신호와 사용자 특정 확산코드를 상관시킴으로써 얻어질 수 있다. 이것은 또한 MC-CDMA 시스템에 적용될 수 있다. 그러나, MC-CDMA 시스템에서 신호는 주파수 영역에서 확산된다. 그러므로, 역확산 전에 입력되는 신호를 주파수 영역으로 변환시켜야 한다. 변환과 역확산의 복잡한 과정을 사용하는 대신에 필터를 사용하는 방식을 제안한다. 필터의 출력은 입력되는 신호가 필터에 들어갔을 때 변환과 역확산의 출력과 같다. 이 필터에 대한 계수는 시스템에 있는 각 사용자에 대한 유일 시퀀스를 구성한다. 이 사용자 특정 시퀀스, 즉 변환과 역확산 시퀀스 TD는 전송단에서 신호 발생과 같은 방식으로 적당한 데이터 심볼로 만들어진 확산신호의 이산 퓨리에 변환으로 주어진다. TD 시퀀스로 사용된 데이터 심볼은 수신기에 알려진 복소수 사용자데이터 심볼의 공액 복소수이다. 계수가 TD 시퀀스로 주어진 이 필터를 다음에서 TD 필터라고 한다.

256 서브캐리어와 길이 32의 확산시퀀스를 사용한 시스템을 고려해보면, 8심볼이 한 프레임에 전송될 수 있다. 미리 수신기에 알려진 전송될 데이터 심볼은 (1+j, 1-j, 1+j, 1+j, -1+j)이고 사용자 i의 TD 시퀀스는 다음 식에 의해 주어지며

$$TD_{i,DA}(n) = \sum_{m=0}^{M-1} a_i^*(m) \sum_{k=0}^{SF-1} c_i(k) e^{-j\frac{2\pi}{N}n(M \cdot k+m)} \quad \text{for } 0 \le n \le N-1 \tag{3.1}$$

여기서 $a_i^*(m)$는 수신기에 알려진 사용자 I의 m번째 전송 심볼의 공액 복소수이다. 교차 위상을 갖는 데이터 심볼을 사용하여, 캐리어 주파수 옵셋에 기인하는 상호캐리어 간섭은 줄어들 수 있다.

사용자 i로부터 입력되는 신호와 어떤 프레임 어긋남이 없을 때, 사용자 I에 대한 TD 필터의 출력은 다음과 같이 주어지면

$$\begin{aligned}\sum_{m=0}^{N} r_i(n) \cdot TD_{i,DA}(n) &= \sum_{m=0}^{M-1}\sum_{k=0}^{SF-1} |a_i(m)|^2 |c_i(k)|^2 \\ &= M \cdot SF \cdot |a_i(m)|^2\end{aligned} \tag{3.2}$$

여기서, $|c_i(k)|^2$는 1과 같다. 프레임 어긋남이 있고 프레임의 가드구간의 일부를 포함한다고 가정하면, TD 필터의 출력은 아래 식으로 주어지며

$$\sum_{n=0}^{N} r_i(n+n_d) \cdot TDC_{i,DA}(n) \tag{3.3}$$
$$= \sum_{m=0}^{M-1} |a_i(m)|^2 \sum_{k=0}^{SF-1} |c_i(k)|^2 e^{j\frac{2\pi}{N}n_d(M \cdot k+m)}$$
$$= \sum_{m=0}^{M-1} |a_i(m)|^2 e^{j\frac{2\pi}{N}n_d m} \sum_{k=0}^{SF-1} e^{j\frac{2\pi}{N}n_d \cdot M \cdot k}$$
$$= \sum_{m=0}^{M-1} |a_i(m)|^2 e^{j\frac{2\pi}{N}n_d m} \cdot \frac{1-e^{j\frac{2\pi}{N}n_d \cdot M \cdot SF}}{1-e^{j\frac{2\pi}{N}n_d \cdot M}}$$
$$= 0$$

여기서, n_d는 정확한 프레임 시작점으로 부터의 거리이고 $M \cdot SF$는 N과 같다. 그래서 $e^{j\frac{2\pi}{N}n_d \cdot M \cdot SF}$는 1과 같다. 다른 사용자의 신호에 대한 TD 필터의 출력이 확산코드의 직교성에 의해 타겟 사용자의 것보다 훨씬 적다.

3.1.2 NDA 추적 단계

프레임 시작점은 채널의 변화 또는 가능한 샘플클럭 옵셋에 따라 변할 수 있다. 그러므로 수신기는 시변 채널 환경에 대해 연속적으로 적응될 수 있도록 동기화 과정을 수행할 수 있어야 한다. 이것이 추적 단계의 목적이다.

NDA 추적 단계에서, 수신기는 전송될 심볼을 안다고 가정하지 않으나, 추정된 프레임 시작점이 정확한 프레임의 영역에 있다고 가정한다. 모든 데이터 심볼이 알려지지 않았기 때문에, 단지 프레임에 있는 데이터 심볼 가운데 하나만이 변환과 역확산에 대해 고려되어야 한다. 고려되고 있는 시스템에서, 한 심볼에 대한 확산신호는 가능한 한 큰 주파수 간격의 서브캐리어에 의해 수행된다. 그러므로, 프레임 내에 있는 전달될 데이터 심볼 가운데 첫 번째 것은 $0^{th}, 8^{th}, 16^{th}, \cdots\cdots,$ 그리고 248th 서브캐리어에 의해 전달되고, 두 번째 것은 $1^{th}, 9^{th}, 17^{th}, \cdots\cdots,$ 그리고 249th 서브캐리어에 의해 전달되고, 나머지 것도 이런 방식으로 전달된다. 수신된 신호를 주파수 영역으로 변환하고 그것을 사용자 i의 첫 심볼에 대해 역확산하는 것에 대해, 사용자 I에 대해 다음 TD 시퀀스가 필요하다.

$$TD_{i,NDA}(n) = \sum_{k=0}^{SF-1} c_i(k) e^{-j\frac{2\pi}{N}n \cdot M \cdot k} \tag{3.4}$$
$$\text{for } 0 \le n \le N-1$$

위 시퀀스는 사인파의 합이고 첫 데이터 심볼의 확산신호를 전달하는 사인파의 주파수는 서브캐리어에 대응된다. 위 TD 시퀀스가 주기적이고 그것의 주기가 SF임을 알 수 있다. 다른 데이터 심볼에 대하여, TD 시퀀스는 또한 약간의 위상 최전을 제외하고 주기적이다. 그러므로, TD 시퀀스의 첫 SF 샘플은 전체 길이 TD 시퀀스 대신에 TD 필터만을 필요로 한다. 즉, SF탭을 갖는 필터인 지연선과 선형 결합기는 N 탭을 갖는 필터로 대체될 수 있다. 이러한 주기성은 앞선 단계에서 추정된 프레임 시작점이 정확한 프레임의 영역에 있어야 하며, 정확한 프레임 시작점으로부터 ±SF/2 이하여야 한다.

정확한 프레임의 시작점 부근에 있는 NDA TD 필터의 출력은 획득 단계에 있는 DA TD 필터의 것과 비슷한 방식으로 주어진다.

3.1.3 3진 시퀀스 기반 프레임 동기 기법

OFDM 시스템은 동기화 오류에 민감한 특징을 가지고 있다 .먼저, 송신기에서 사용한 반송파의 주파수와 수신기 국부 발진기에서 생성된 주파수가 동일하지 않아서 발생하는 반송파 주파수 옵셋은 반송파간 간섭 (ICI: Inter-Carrier Interference)을 발생시킨다. 다음으로 OFDM 데이터 심볼 중 보호구간 (GI: Guard Interval)을 검출하지 못하고 정확한 FFT 윈도우 위치를 찾지 못하여 정확한 OFDM 심볼 동기를 획득하지 못하고 샘플링 오프셋이 존재하면 심볼간 간섭 문제가 발생한다. 또한 프레임 옵셋이 발생하면 이 옵셋에 비례하여 수신된 심볼의 위상이 변화한다. 이러한 동기화 오류는 수신 신호의 오류율을 더욱 약화시킨다.

일반적인 프레임 동기화 방법은 시퀀스의 상관 특성을 이용하는 것이다. 이 방법에서는 수신기가 신호의 존재 유무를 판단하고 수신된 신호의 데이터 패킷 위치를 결정하기 위하여, 송신단에서 동기화 시퀀스를 데이터 시퀀스에 더한다. 수신단에서는 송신단에서 사용한 동기화 시퀀스와 수신된 신호의 상관값을 계산하여 최대가 되는 지점을 찾아서 프레임 동기화를 수행한다. 최대 길이 쉬프트 레지스터 시퀀스 기반 (MSB: Maximal length shift register Sequence Based)의 프레임 동기화 알고리즘이 Zhang, Whang 및 Zhu에 의하여 제안되었다. 이것은 2진 m-시퀀스의 좋은 자기 상관 특성을 이용하였다. 따라서 수신기에서는 더해진 m-s 시퀀스와 수신된 신호와의 상관값을 계산하여 새로운 프레임을 위치를 찾는다. 여기서 신뢰성 있는 프레임 동기를 획득하기 위해서는 프레임 동기 워드를 신중이 선택하여 상관 부엽을 최소화하여 동기 오류 확률을 최소화해야 한다.

따라서 상관 부엽을 최소화하여 OFDM 신호의 프레임 동기의 신뢰성을 높이기 위한 프레임 동기 기법을 제안하였다. 여기에서 사용한 2진 m-시퀀스는 시퀀스간 위상이 벗어난 경우에 정규화된 상관값이 정확히 0이 되지 못하고 -1/N의 작은 값을 가지는 것이 알려져 있다. 여기서 N은 m-시퀀스의 길이다. 하지만 -1과 1의 값을 갖는 2진 시퀀스를 -1과 0 및 1의 값을 갖는 시퀀스로 바꿀 경우, 완벽한 자기 상관 값을 가지는 시퀀스, 즉, 동위상에서 상당히 큰 자기 상관 값을 가지며 위상이 벗어나 경우는 정확히 0의 자기 상관 값을 가지는 시퀀스를 얻을 수 있다.

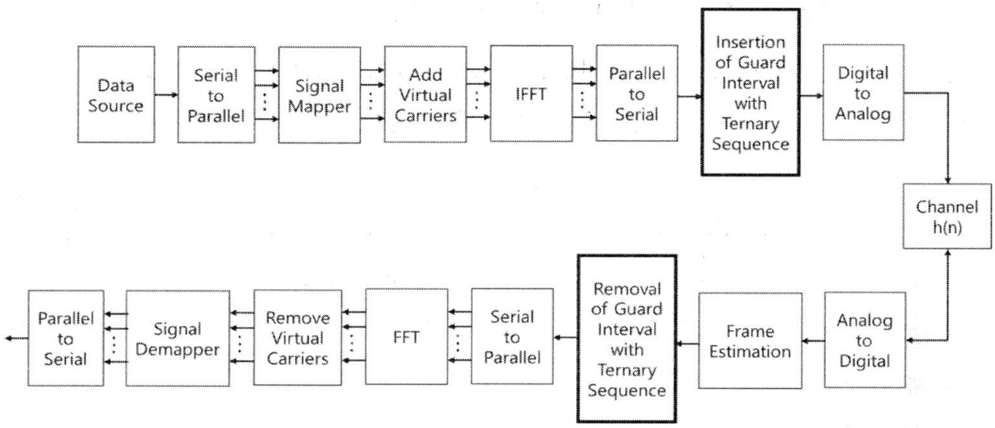

그림 3.1 TSB 프레임 동기 알고리즘이 적용된 OFDM 시스템 모델

3.1.3.1 OFDM 시스템 모델

그림 3.1은 TSB 프레임 동기 알고리즘이 적용된 OFDM 시스템 모델을 나타낸다. 먼저 16QAM 방법으로 직렬 데이터 스트림 심볼을 $1/T_s$의 데이터 심볼로 맵핑한다. 그리고 맵핑된 심볼 스트림을 N_c 데이터 심볼의 벡터로 역다중화 한다. 병렬 데이터의 심볼율은 $1/(N_c \times T_s)$이다. 병렬 심볼의 구간은 직렬 심볼의 구간 T_s 보다 N_c배 더 길다. 그리고 데이터 심볼 벡터의 역 퓨리에 변환이 수행된다. 그 결과 OFDM 신호 $x(n)$이 생성된다.

$$x(n) = (\frac{1}{N_c}) \sum_{k=-K}^{K} X_k \exp(j \frac{2\pi kn}{N_c}) \tag{3.5}$$

여기서 $n = 0, 1, ..., N_c - 1$ 이고 $N_c \geq 2K+1$ 이다. 역 퓨리에 변환을 수행한 후, 다중 경로 채널에서 OFDM 신호의 직교성을 유지하기 위하여 OFDM 블록의 앞부분에 보호 구간을 삽입한다. 이 때 보호 구간은 OFDM 신호의 마지막 N_g개의 샘플을 복사하여 CP(Cyclic Prefix)를 사용한다. 그리고 3진 시퀀스가 OFDM 시스템에 영향을 주지 않도록 하기 위하여, 시간

축에서 보호구간에 N_T 비트의 3진 시퀀스를 더한다. 이 시퀀스는 수신기에서 OFDM 프레임의 동기를 위해 사용된다. 그리고 결과 신호가 송신된다.

수신기에서는 송신기에서 이용한 3진 시퀀스를 이용하여 프레임 동기를 획득한 후 3진 시퀀스가 포함되어 있는 cyclic prefix를 제거한다. 다음으로 Fourier 변환을 이용하여 각 프레임의 N_c 샘플들을 복조한 후 송신된 신호를 복원한다.

3.1.3.2 3진 시퀀스 기반의 OFDM 프레임 동기 기법

송신단에서 역 Fourier 변환을 하고 보호 구간으로 CP를 삽입한 후, 그림 3.2와 같이 j 번째 OFDM 프레임의 CP의 시작 위치에 3진 시퀀스를 더한다.

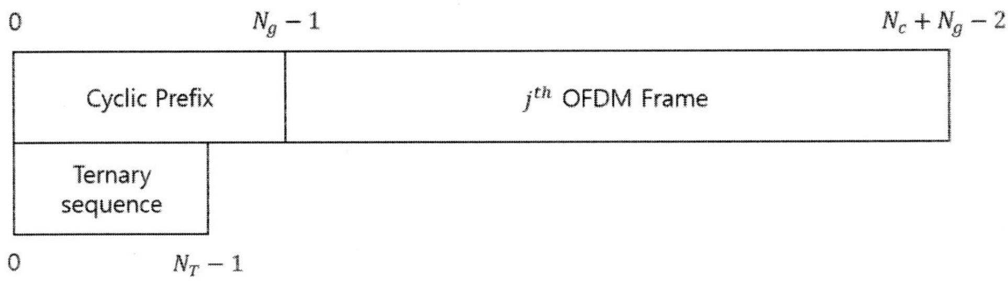

그림 3.2 OFDM 신호의 CP에 3진 시퀀스를 삽입하는 과정.

손신 신호 $z(n)$은 식 (3.6)와 같다.

$$z(n) = y(n) + \sqrt{P_T}\, T(n - j(N_c + N_g)) \tag{3.6}$$

여기서 $y(n)$은 CP가 삽입된 OFDM 신호이고, P_T는 3진 시퀀스의 에너지를 나타낸다. 그리고 $T(N)$은 3진 시퀀스를 나타낸다. 더해진 3진 시퀀스는 OFDM 프레임 동기화에만 사용되고, 그 이외의 OFDM 시스템의 정상적인 동작에는 영향을 미치지 말아야 한다. 따라서 3진 시퀀스의 에너지, P_T은 충분히 낮아야 한다.

수신 신호 $r(n)$은 식 (3.7)과 같다.

$$r(n) = z(n) \otimes h(n) + n(n) \tag{3.7}$$

여기서 h(n)은 채널의 충격 응답이고, $\otimes$은 컨볼루션 기호이다. 그리고 $n(n)$은 평균이 0이고 분산이 σ_n^2은 복소 부가 백색 가우시안 잡음(AWGN : Additive White Gaussian Noise)이다.

j번째 OFDM 프레임의 시작 위치를 찾기 위하여, 수신된 신호 $r(n)$의 연속적인 $3N_c+N_g$개의 샘플들을 관찰한다. 여기서 동기회 위치 집합 $Sync=[S, S+N_T-1]$을 정의한다. $N_c \gg 1$인 경우에 시간축에서 OFDM 신호는 평균이 0이고 분산이 σ_x^2인 가우시안 분포를 따른다. 또한 OFDM 신호의 전력 레벨은 AWGN의 전력 레벨보다 훨씬 크다. 따라서 수신된 신호는 식 (3.8)과 같이 다시 쓸 수 있다.

$$r(n)=\sqrt{P_T}\,T(n-j(N_c+N_g))\otimes h(n)+N_0(n) \tag{3.8}$$

여기서 $n_0(n)$은 평균이 0이고 분산이 $\sigma_x^2+\sigma_n^2 \approx \sigma_x^2$ 인 AWGN을 나타낸다. 그림 3.3은 수신 신호의 프레임 동기를 위한 관측 범위를 나타낸다.

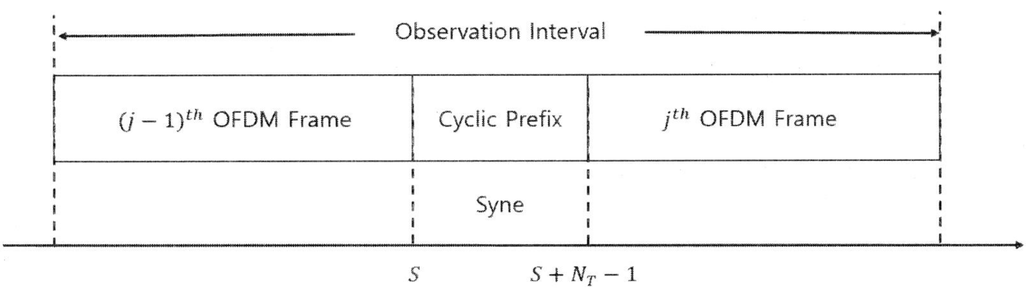

그림 3.3 수신 신호 $r(n)$의 관측 범위

수신 신호에서 동기화 위치의 로그-우도 함수는 식 (3.9)와 같이 나타낼 수 있다.

$$L(S)=\ln p(r(n)) \tag{3.9}$$

여기서 $p(r(n))$는 $r(n)$의 확률 밀도 함수를 나타낸다. 식 (3.8)를 식 (3.9)에 대입하고 동기화 위치의 최대 우도 추정을 계산하면 식 (3.10)과 같이 표현 할 수 있다.

$$\hat{S}=\arg\left\{\max_{S} L(S)\right\}=\arg\left\{\max_{S}\sum_{n=s}^{S+N_T-1} r(n)T(n-S)\right\} \tag{3.10}$$

수신기는 프레임 동기에 대한 정보를 가지고 있지 않다. 하지만 송신단에서 OFDM 프레임에 더한 3진 시퀀스에 대한 정보는 가지고 있다. 따라서 수신된 신호와 송신기에서 사용한 3진 시퀀스와의 상관값을 계산하여 동기화 위치에 대한 최대 우도값을 추정할 수 있다. S의 최대 우도 추정은 상관기 출력의 최대값을 찾아낸다.

3.2 시간 동기

동기화는 다중경로 페이딩 채널의 영향과 송신단과 수신단간의 오실에이터의 주파수 불일치 등 데이터를 주고받는 사이에 일어날 수 있는 시간, 주파수 오프셋을 처리하여 데이터의 왜곡을 방지하는 처리과정이다. 802.6e 시스템을 비롯한 OFDM 기반 시스템은 시간, 주파수 오프셋에 민감하기 때문에 동기화 과정은 통신 시스템에서 필수 불가결한 처리과정이다.

3.2.1 Schmidl의 시간 동기화 방법

일반적으로 대부분의 OFDM 시스템의 시간동기화 방법은 상관도(Correlation)이다. 그렇기 때문에 시간동기화에 사용되는 프리앰블들은 좋은 상관도(Correlation) 특성을 가져야 한다. 그리고 프리앰블 신호 또한 OFDM 신호이기 때문에 PAPR이 낮아야 한다. Schmidl의 동기화 방법은 아래 식 (3.11), (3.12), (3.13)으로 표현될 수 있다. 일단 프리앰블의 구조는 시간영역에서 두 번 반복되는 신호라고 하면 아래와 같이 표현할 수 있다.

$$P_{Sch} = [A_{Sch} A_{Sch}] \tag{3.11}$$

위의 프리앰블 구조를 참조하여 아래 식 (3.12), (3.13), (3.14) 과 같이 수신신호의 Correlation을 구한다.

$$M_{Sch}(d) = \frac{|P_1(d)|^2}{(R_1(d))^2} \tag{3.12}$$

$$P_1(d) \sum_{k=0}^{N/2-1} r^*(d+k) \cdot r(d+k+N/2) \tag{3.13}$$

$$R_1(d) = \sum_{k=0}^{N/2-1} |r(d+k+N/2|^2 \tag{3.14}$$

위의 방법을 사용하면 Ncp만큼의 평평한 부분이 생겨 이 부분에서 심볼 시간 동기를 정확하게 잡을 수 없어 아래 식과 같이 Ncp길이의 윈도우를 사용하여 이동평균을 구한다.

3.2.2 Schmidl의 시간 동기화 방법

Schmidl의 방법은 프리앰블을 시간축에서 동일한 데이터가 두 번 반복되는 구조를 가정하여 가정한 구조에 적합한 방법을 사용하였다. 그러나 802.16e 시스템의 프리앰블 구조는 아래 식 (3.15)과 같이 시간 축에서 세 번 반복되는 구조를 가졌기 때문에 Schmidl의 방법을 바로 적용할 수 없다. Schmidl의 방법을 사용하기 위해 위의 식 (3.12), (3.13), (3.14)을 수정하면 아래와 같다.

$$P_m = [A_m A_m A_m] \tag{3.15}$$

$$M_m(d) = \frac{|P_2(d)|^2}{(R_2(d))^2} \tag{3.16}$$

$$P_2(d) = \sum_{k=0}^{L-1} r^*(d+k) \cdot r(d+k+L/2) \tag{3.17}$$

$$R_2(d) = \sum_{k=0}^{L-1} |r(d+k+L/2)|^2 \tag{3.18}$$

여기서 L은 상관길이(Correlation Length)로 2NFFT/3의 크기를 갖는다. 위의 Timing Metric $M_m(d)$를 Ncp만큼의 평평한 부분을 제거하기 위해 N체크기의 윈도우를 적용한 이동평균방법을 사용하면 Correlation의 최대점이 Ncp크기의 중간 지점에 위치하기 때문에 Ncp/2만큼 축을 이동시켜 시스템에 적용을 한다. 그림 3.4는 위의 방법을 적용한 결과이다.

Schmidl의 방법은 그림 3.4에서 볼 수 있듯이 Timing Metric 이 인접 Metric과 연속적으로 연결되어 있으며 인접 값과 차이가 작다. 다중경로 페이딩의 영향을 받게 되면 Metric의 왜곡이 생겨 최대값이 인접 값으로 변할 수 있을 가능성이 크다.

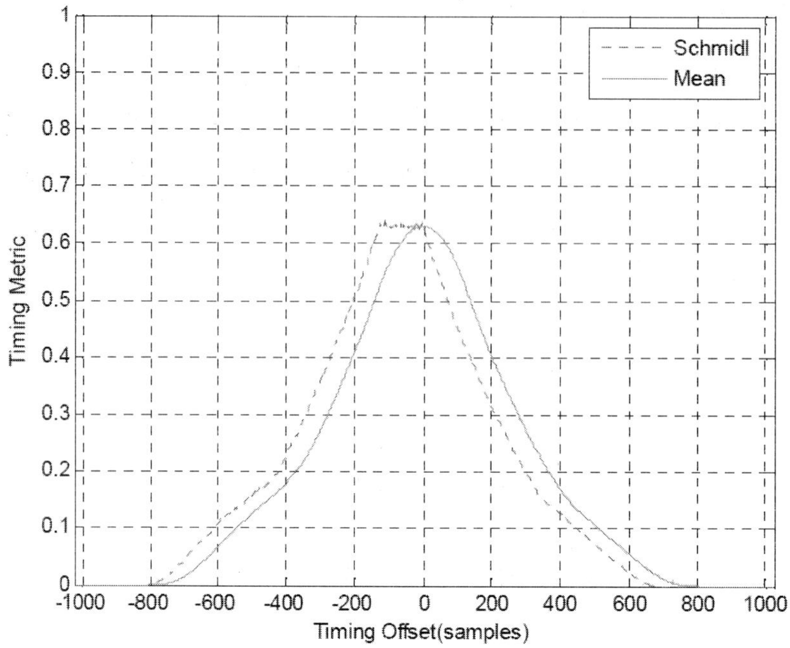

그림 3.4 Schmidl 방법을 적용한 Timing Metric과 Timing Metric에 이동평균 방법을 적용한 그래프

3.3 주파수 오프셋 보정

OFDM은 현재의 고속 데이터 전송에 가장 적합한 무선 통신 변조 기술 방식이다. OFDM은 광대역의 무선 채널을 여러 개의 협대역 채널로 분할하여 보내기 때문에 주파수 선택적 채널 왜곡에 쉽게 대처할 수 있고, 다수의 반송파 변조를 위한 방식으로 서로 직교하는 다수의 부반송파를 사용하므로 부반송파 간의 중첩이 가능하여 스펙트럼 효율성 측면에서 장점을 가지고 있다. 또한 OFDM 심볼에 최대지연 확산 이상의 길이를 가진 Cyclic Prefix를 추가적으로 더go 준 OFDM 실벌을 형성하여 다중경로 페이딩 채널에서 심볼 간의 간섭(ISI: Inter Symbol Interference) 없이 수신기에서 정확한 복조가 이루어지는 장점이 있기 때문에 다양한 무선 통신 시스템 표준화 규격에 핵심 변조 방식으로 사용되고 있다. 그러나 직교 분할 다중 방식의 가장 큰 담점은 주파수 오프셋에 민감하다는 것이다. 반송파 주파수 차이로 인해 주파수 오프셋이 발생하게 되면 수신 신호의 주파수 스펙트럼에 주파수 천이가 발생하여 부반송파간의 직교성이 상실되어 시스템 전체의 성능에 큰 영향을 미친다. 또한 주파수 오프셋은

송신기와 수신기의 발진 주파수 차이에 의해 주로 발생되며, 또한 채널의 시변성에 의해 도플러(Doppler) 편이에 의해서도 많이 발생된다. 주파수 오프셋의 영향은 신호의 크기 감소와 위상을 회전시켜 인접 부반송파 간의 간섭(ICI: Inter Carrier Interference)을 야기 시킨다. 그러므로 고속 전송의 OFDM 통신 방식에서 시스템 성능에 대한 신뢰성을 확보하기 위해서는 주파수 오프셋에 대한 동기가 반드시 필요하고 매우 중요한 요소 기술 중 하나이다. 이를 해결하기 위하여 많은 연구가 진행되었고 다양한 알고리즘을 제시하였다. 현재 제안된 대표적인 알고리즘으로 frequency-domain equalization, time-domain windowing, ICI self cancellation(SC) 등이 있다.

3.3.1 ICI Self-Cancellation 기법

주파수 오프셋이 감소하지 않는다면 인접한 부반송파 간섭 문제를 해결하는 것은 불가능하다. 이러한 문제점을 해결하기 위하여 2001년에 ICI SC 기법이 소개되었다.

간섭 신호 복소 계수의 실수와 허수 부분은 부반송파 인덱스 값에 따라 변하며, 대다수의 $(l-k)$값에서 $S(l-k)$와 $S(l+1-k)$의 차이는 매우 작게 나타나므로, 만약 데이터 쌍 $(a,-a)$가 두 개의 인접 부반송파 $(l,l+1)$상으로 변조 된다면 부반송파 l상에 생성된 간접 신호는 부반송파 $l+1$상에서 생성된 ICI에 의해 상당부분 제거되는 것을 알 수 있다.

$X(1)=-X(0), X(3)=-X(2), \dots, X(N-1)=X(N-2)$와 같이 제한된 전송 신호를 가정할 때 부반송파 k와 $k+1$상에 수신된 복소 계수는 다음과 같다.

$$Y'(k)=\sum_{l=0\,even}^{N-2} X(l)\,[S(l-k)-S(l+1-k]+n_k \tag{3.19}$$

$$Y'(k+1)=\sum_{l=0\,even}^{N-2} X(l)\,[S(l-1-k)-S(l-k)]+n_{k+1} \tag{3.20}$$

$$S'(l-k)=S(l-k)-S(l+1-k) \tag{3.21}$$

ICI 제거 변조에 의해 각각의 부반송파 쌍은 오직 하나의 데이터 심볼만을 전송하며 신호의 중복(redundancy)은 수신기에서 시스템 성능을 향상 시킬 수 있다. 또한 ICI를 더욱 감소시키기 위하여 ICI 제거 복조 기법을 이용한다.

$k+1$번째 부반송파에서 신호는(k는 짝수) -1를 곱하고 이후 k번째 부반송파와 결합하며,

이후에 도출된 데이터 열은 심볼 결정에 사용된다. 도출된 데이터 열과 간섭 신호는 복소 계수는 다음과 같다.

$$Y'(k) = Y'(k) - Y'(k+1) \tag{3.22}$$
$$= \sum_{l=0\,even}^{N-2} \{X(l)[-S(l-1-k)+2S(l+1-k)]\} + n_k - n_{k+1}$$

$$S''(l-k) = 2S(l-k) - S(l+1-k) - S(l-1-k) \tag{3.23}$$

이때 신호 품질 결정의 중요한 변수가 되는 CIR은 다음과 같다.

$$CIR = \frac{|-S(-1)+2S(0)-S(1)^2|}{\sum_{\substack{l=0 \\ l=even}}^{N-1} |-S(l-1)+2S(l)-S(l+1)|^2} \tag{3.24}$$

OFDM 시스템은 여러 개의 부 반송파를 사용하므로 단일 반송파 전송 방식보다 주파수 오프셋 보정이 중요하다. 주파수 오프셋으로 인해 부 반송파간의 직교성을 유지할 수 없게 되면 인접 부 반송파간의 간섭(ICI)이 발생되어 이로 인해 수신단의 신호 대 잡음비가 약화되게 된다. 그러므로 수신단에서는 FFT하기 전에 주파수 오프셋을 추정하여 주파수 동기화를 이루어야한다.

송수신단 주파수 발생기의 주파수 차이가 생기거나 도플러 현상에 의해 전송 신호의 반송파 주파수 값이 변하게 되면 송신 주파수와 수신 주파수의 동기화가 이루어지지 않는데 이때 송수신단의 반송파 주파수 차이를 주파수 오프셋이라고 한다.

주파수의 오프셋을 추정하는 방법으로는 OFDM 심볼간 보호 구간(guard interval)으로 덧붙여지는 CP를 이용하는 것과 Pilot 심볼을 이용하는 것이 있다. CP를 이용하는 경우 트레이닝 심볼의 위치를 찾는데 어려움이 있어 다중 경로 채널의 경우 성능이 많이 떨어진다.

3.3.2 주파수 오프셋과 주파수 오프셋 예측

3.3.2.1 프리앰블 구조

그림 3.5는 IEEE802.11a와 IEEE802.11p 표준에서 제시된 프리앰블 구조를 나타내고 있다.

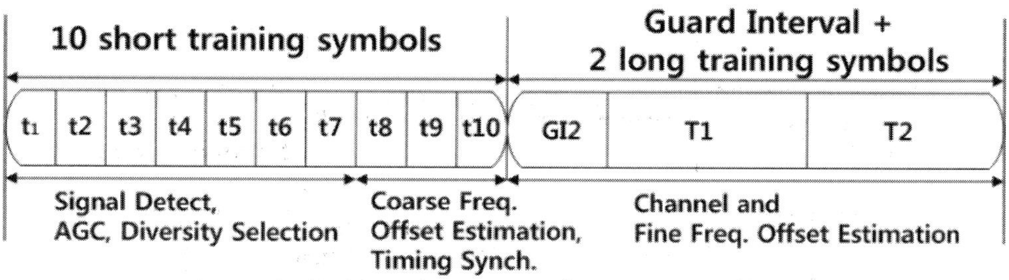

그림 3.5 IEEE802.11a/p 표준에서 제시된 프리앰블 구조

프리앰블은 동일한 10개의 짧은 훈련심볼과 2개의 긴 훈련심볼로 구성되며, GI2는 64개의 샘플길이를 갖는 T1 또는 T2의 뒷부분의 32개의 샘플길이를 갖는 Cyclic Prefix이다.

3.3.2.2 주파수 오프셋 예측 알고리즘

본 절에서는 위 그림 3.5의 프리앰블을 이용하여 주파수 오프셋을 예측하는 알고리즘에 대해 간단히 소개한다. 그림 3.5의 프리앰블 신호는 아래와 같은 수식으로 표현된다.

$$x(n) = \begin{cases} x_{xhort}(n),\ n = 1, 2, ..., 160 \\ x_{long}(n),\ n = 161, 162, ..., 320 \end{cases} \tag{3.25}$$

식 (3.25)에서 $x_{short}(n)$은 짧은 훈련심볼의 시간영역 이산신호, $x_{long}(n)$은 GI2와 긴 훈련심볼의 시간영역 이산신호를 나타내고 있다. 이 프리앰블 신호가 주파수 오프셋이 존재하는 환경에서, AWGN(Additive White Gaussian Noise)이 존재하는 다중경로를 통해 수신되어 AGC(Automatic Gain Control)와 신호검출과정을 거치게 되면 다음과 같은 이산신호로 표현된다.

$$r(n) = \sum_{l=1}^{N_h} h_l x(n-1) e^{\frac{j2\pi n\epsilon n}{N}} + v(n) \tag{3.26}$$

수식 (2)에서 h_l은 다중경로 채널의 임펄스 응답을 나타내고, N_h은 다중경로 채널의 길이를 나타낸다. $v(n)$은 AWGN, N은 IFFT/FFT 포인트 수이며 ϵ는 부반송파 간의 간격에 따라 정규화된 주파수 오프셋이다.

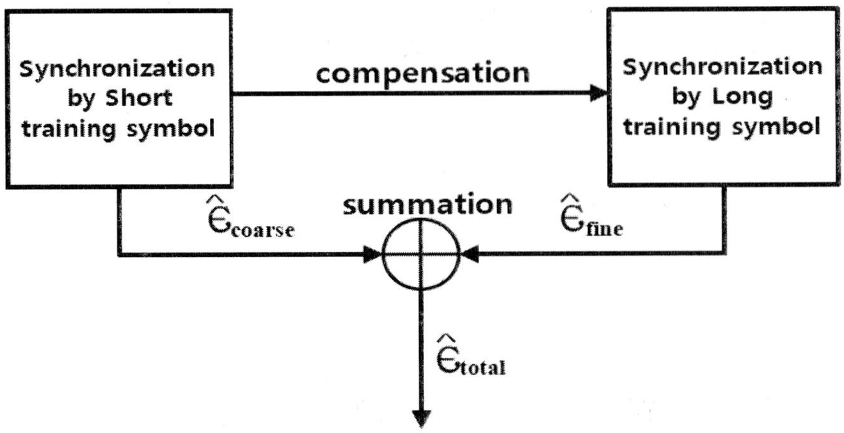

그림 3.6 기존의 주파수 오프셋 예측 과정

$r(n)$에 대한 주파수 오프셋 예측은 그림 3.6과 같은 과정을 통해 이루어진다. 먼저 짧은 훈련심볼에서 대략적인 주파수 오프셋($\hat{\epsilon}_{coarse}$)을 예측하고, 이 예측 값을 수신신호에 보상한 후 긴 훈련심볼을 이용하여 보다 세밀한 주파수 오프셋 ($\hat{\epsilon}_{fine}$)을 예측하고, 이 둘을 더하여 최종 주파수 오프셋 ($\hat{\epsilon}_{total}$)을 예측한다.

짧은 훈련심볼(t8, t9, t10)을 이용한 대략적인 주파수 오프셋 예측은 다음과 같이 수행된다.

$$\hat{\epsilon}_{coarse} = \frac{N}{2\pi \times 16 \times 2}\left[\arg\left(\sum_{n=113}^{128} r^*(n)r(n+16)\right] + \arg\left[\sum_{n=129}^{144} r^*(n)r(n+16)\right]\right. \tag{3.27}$$

식 (3.27)에 의해 예측한 주파수 오프셋을 수신신호에 보상한 후, 긴 훈련심볼(T1, T2)을 이용한 세밀한 주파수 오프셋 예측은 다음과 같이 수행된다.

$$\hat{\epsilon}_{fine} = \frac{1}{2\pi}\arg\left[\left(\sum_{n=193}^{256} r^*(n)r(n+64)\right)\right] \tag{3.28}$$

식 (3.27)과 식 (3.28)에 의해 예측한 주파수 오프셋을 이용하여 최종 주파수 오프셋은 다음과 같이 예측된다.

$$\hat{\epsilon}_{total} = \hat{\epsilon}_{coarse} + \hat{\epsilon}_{fine} \tag{3.29}$$

여기서 주파수 오프셋에 의한 위상 회전량을 계산하기 위해 아크탄젠트 연산을 수행하게 되므로, 주파수 오프셋 예측 범위는 다음과 같다.

$$-\pi < \frac{2\pi\epsilon N_D}{N} < \pi \tag{3.30}$$

식 (3.30)의 N_D가 짧은 훈련심볼은 16이고 긴 훈련심볼에서는 64이므로, 짧은 훈련심볼과 긴 훈련심볼이 예측할 수 있는 주파수 오프셋 의 범위가 서로 다르다. 수식 (3.30)에 의해 짧은 훈련심볼에 의해 예측할 수 있는 주파수 오프셋의 범위는 $|\epsilon| < 2$ 이고, 긴 훈련심볼에 의해 예측할 수 있는 범위는 $|\epsilon| < 0.5$가 된다. 따라서 짧은 훈련심볼에 의한 주파수 오프셋 예측오차가 긴 훈련심볼의 예측가능 범위를 벗어나는 경우(FCFO : Failure of Coarse Frequency Offset estimation)에 긴 훈련심볼에서는 이를 보상할 수 없으므로 최종적인 주파수 오프셋은 그 만큼의 오차가 발생하게 된다.

3.3.2.3 주파수 오프셋

주파수 오프셋은 수신기와 송신기 사이의 발진기(Oscillator)의 동작 주파수 불일치와 송·수신기의 움직임으로 인한 도플러(Doppler) 천이현상에 의해 발생한다. 따라서 주파수 오프셋은 매 시간 다른 값을 가지게 되며 이를 보상하기 위해 계속해서 주파수 오프셋을 예측하고 이를 보상해 주어야 한다. IEEE802.11a 표준에서는 수신기와 송신기 발진기 주파수 오차를 20ppm으로 규정하고 있으므로 반송파의 주파수를 5.805GHz로 가정하면 발진기 동작 주파수의 불일치로 나타나는 주파수 오프셋의 최대값은 다음과 같다.

$$f_{oscillator} = \frac{5.805 \times 10^9 \times 20}{10^6} = 116.1kHz \tag{3.31}$$

하나의 발진기에서 동작 주파수 불일치에 의한 최대 주파수 오프셋이 116.1kHz이기 때문에 송신기와 수신기 각각의 발진기로 인해 발생할 수 있는 최대 주파수 오프셋은 2배인 232.2kHz이다. IEEE802.11a에서 부반송파 간의 간격을 0.3125MHz (=20MHz/64)로 규정하고 있기 때문에 발진기의 동작 불일치로 인한 정규화된 주파수 오프셋의 최대값은 $\epsilon_{oscillator} = 0.74304$ 이다.

그리고 도플러 천이효과에 의해 발생하는 주파수 오프셋은 다음과 같다.

$$f_{doppler} = \frac{v \times f_c}{c} = \frac{200km/h \times 5.805\,GHz}{3 \times 10^8 m/s} \\ = 1.075kHz \tag{3.32}$$

자동차가 AP(Access Point)가 설치되어 있는 도로를 다라 주행하고, 상수인 빛의 속도는 $c = 3 \times 10^8 m/s$, 반송파의 주파수는 $f_c = 5.805\,GHz$, 자동차의 속도는 $v = 200km/h$라 가정한다면 도플러 천이효과에 의해 발생하는 주파수 오차의 최대값은 $1.075kHz$다. 따라서 도플러 천이효과에 의해 발생하는 정규화 주파수 오프셋의 최대값은 $\epsilon_{doppler} = 0.0032$이다.

위의 두 식 (3.31), (3.32)에 예측한 결과 값을 보면 도플러 천이에 의한 주파수 오프셋은 전체 주파수 오프셋의 0.4% 정도로 아주 작다. 따라서 송신기나 수신기의 객체가 바뀌지 않는 조건하에서는 시간에 따른 주파수 오프셋의 변화량이 아주 적음을 예상할 수 있다.

3.3.2 하향링크 셀 간 반송파 주파수 오프셋 추정 기법

국내에서는 OFDM 전송방식이 휴대인터넷 시스템의 물리계층 무선 전송기술로 채택되었다. 주파수 재사용률이 1인 OFDM 기반의 셀룰러시스템(Cellular system)에서 셀 경계에 위치한 이동국은 열악한 환경 하에서도 타겟 기지국의 신호를 안정적으로 수신해야 하며, 또한 핸드오버(Handover) 등의 과정에서 접속 성공률을 높이기 위해서는 인접 셀의 반송파 주파수 오프셋을 추정할 필요가 있다. OFDM 기반의 셀룰러 시스템에서 기지국의 발진기 주파수의 오차나 이동국의 이동에 의한 도플러 천이(Doppler shift) 등의 영향으로 이동국과 다수의 기지국 사이에 반송파 주파수 오프셋이 발생된다. 이동국의 초기 진입이나 핸드오버(Handover)를 위한 인접 기지국의 탐색과정에서 일반적인 기존의 방식대로 타겟 기지국의 반송파 주파수 오프셋을 기준으로 이를 보상하면 인접 기지국 신호는 보상되지 않기 때문에 인접 부반송파 간 간섭의 영향으로 셀 탐색의 성능이 열하되는 문제점이 있다. 응용분야는 다르지만 이와 유사한 OFDMA(OFDM/FDMA) 시스템의 상향링크 환경에서 다수 사용자의 반송파 주파수 오프셋을 추정하는 방식이 제안되었다. 기존에 제안된 방식은 기본적으로 상향링크 다수 사용자를 위한 반송파 주파수 오프셋 추정 방식으로 특히, 정규화된 반송파 주파수 오프셋이 0.5이하인 경우만 추정이 가능한 단점이 있다.

본 절에서는 각 기지국와 이동국 사이에 발생되는 셀 간 반송파 주파수 오프셋의 추정기법을 제안한다. 그림 3.7에서 보는 바와 같이 N_c개의 인접 셀을 고려할 때, 서로 다른 반송파 주파수 오프셋으로 수신되는 시간 영역 신호는 다음과 같이 표현된다.

$$z(n) = \sum_{i=0}^{N_c - 1} y_i(n) e^{j2\pi\epsilon_i n/N} + v(n) \tag{3.33}$$

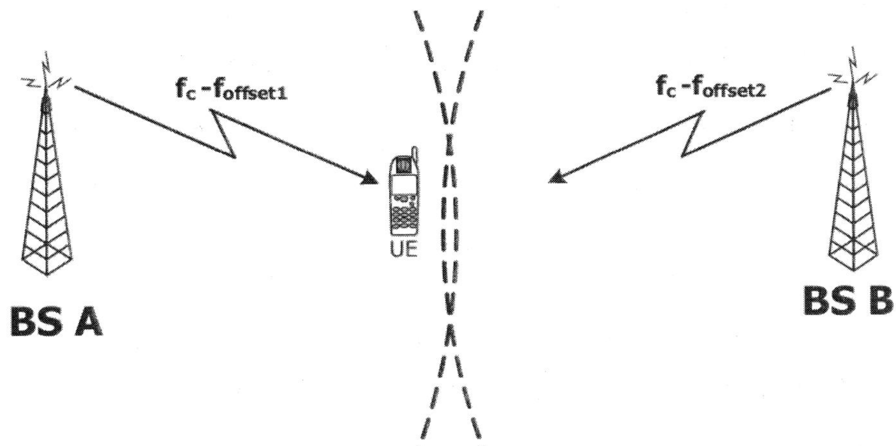

그림 3.7 두 인접 셀 경계에서 하향링크 셀 간 반송파 주파수 오프셋($N_c = 2$)

여기서 $y_0(n)$과 $i \neq 0$인 $y_i(n)$는 각각 반송파 주파수 오프셋이 발생되지 않은 경우에 자신의 셀 신호와 인접 셀 신호를 나타내며, $v(n)$는 분산이 σ_n^2인 가산성 백색 가우시안 잡음(AWGN: Additive White Gaussian Noise)을 의미한다. 또한, ϵ_o와 $i \neq 0$에 대한 ϵ_i는 각각 부반송파 간 간격 Δf로 정규화된 타겟 기지국과의 반송파 주파수 오프셋과 인접 기지국과의 반송파 주파수 오프셋을 나타낸다. 제안된 기법은 초기 위상의 영향을 받지 않기 때문에 위 식에서 이를 무시하였다.

그림 3.8(a)에서 보는 바와 같이 하향링크 프리앰블(downlink preamble)이 주파수 영역 $M = N/D$개의 파일럿 심볼을 D만큼 간격으로 배치된 부반송파에 할당되는 경우에 i번째 기지국을 위한 프리앰블의 부반송파 인덱스는 다음과 같이 주어진다.

$$k = D \cdot m + d_i, \quad m = 0, 1, \cdots, M-1; \quad 0 \le d_i \le D \tag{3.34}$$

여기서 d_i는 i번째 기지국의 하향링크 프리앰블에 대한 0번째 부반송파로부터의 환형이동(circular shift)된 부반송파의 수를 나타낸다. 또한, D는 2의 거듭 제곱으로 주어진다. 이와 같은 방식으로 생성된 프리앰블은 시간 영역에서 D회 반복되며, 여기에 $d_i = 0$인 경우에 프리앰블은 그림 3.8(b)와 같이 시간영역에서 동일한 신호가 D회 반복된다. 반송파 주파수 오프셋이 발생하면 시간 영역에서 반복되는 신호의 위상 증가량으로부터 반송파 주파수 오프셋을 추정할 수 있다. 하지만 $d_i \neq 0$인 경우에는 반송파 주파수 오프셋에 의한 위상회전과 d_i에 의한 위상회전이 결합되어 발생되기 때문에 이를 고려하여야 한다. 모든 기지국이 주파수 영역에서 M 부반송파에 동일한 신호를 전송할 필요는 없다. 만일 M 부반송파에 직교코드 등으로 기지국간에 독립적인 정보가 전송된다면 기지국을 구분하는 정보로 이용될 수 있다.

그림 3.8(a)와 같은 방식으로 생성된 각 기지국의 프리앰블 수신신호를 하나의 벡터로 표현하면 위의 식 (3.34)의 시간 영역 프리앰블 신호는 다음과 같이 벡터 형태로 수정된다.

$$z(m) = Ey(m) + n(m), \quad m \in \{0, 1, \cdots, M-1\} \tag{3.35}$$

여기서 M은 $M = N/D$이고 수신신호 벡터 $z(m)$, 반송파 주파수 오프셋에 의한 위상회전 행렬 E, 반송파 주파수 오프셋이 없는 경우의 수신신호 벡터 $y(m)$은 각각 다음과 같이 주어진다.

$$\begin{aligned} z(m) &= [z(m), z(m+M), \cdots, z((D-1)M+m]^T \\ E &= \left[e(\gamma_0), e(\gamma_1), \cdots, e(\gamma_{N_c-1})\right] \\ y(m) &= \left[y_0(m)e^{j2\pi\gamma_1 m/N}, \cdots, y_{N_c-1}(m)e^{j2\pi\gamma_{N_c-1}m/N}\right]^T \end{aligned} \tag{3.36}$$

여기서 γ_i는 반송파 주파수 오프셋과 주파수 영역의 환현이동이 결합된 $\gamma_i = \epsilon_i + d_i$로 정의된다. 위의 식에서 $\epsilon(\gamma_i)$는 $\gamma_i M$에 의하여 발생되는 D회 반복되는 $y_i(m)$ 신호의 위상회전 벡터를 의미하며 다음과 같이 표현된다.

$$e(\gamma_i) = \left[1, e^{j2\pi\gamma_i M/N}, \cdots, e^{j2\pi\gamma_i (D-1)M/N}\right]^T \tag{3.37}$$

수신신호 벡터 $z(m)$에 대한 자기 상관행렬은 다음과 같이 주어진다.

$$\begin{aligned} R &= E\left[z(m)z^H(m)\right] \\ &= ER_yE^H + \sigma_n^2 I_D \end{aligned} \tag{3.38}$$

여기서 R_y은 반송파 주파수 오프셋이 발생하지 않은 경우의 수신신호인 $y(m)$의 자기 상관행렬을 나타낸다.

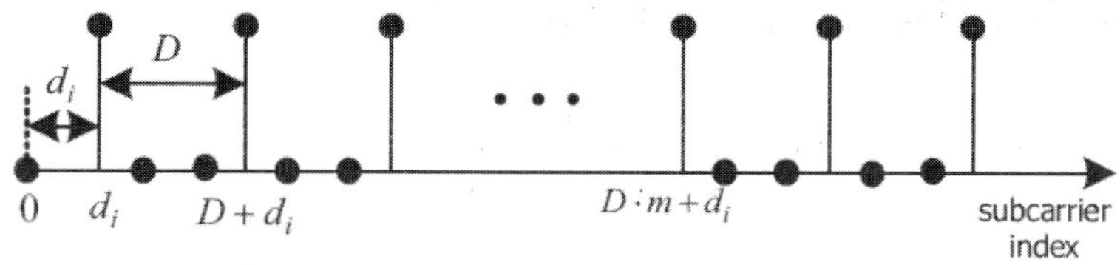

(a) 주파수 영역 데이터 할당

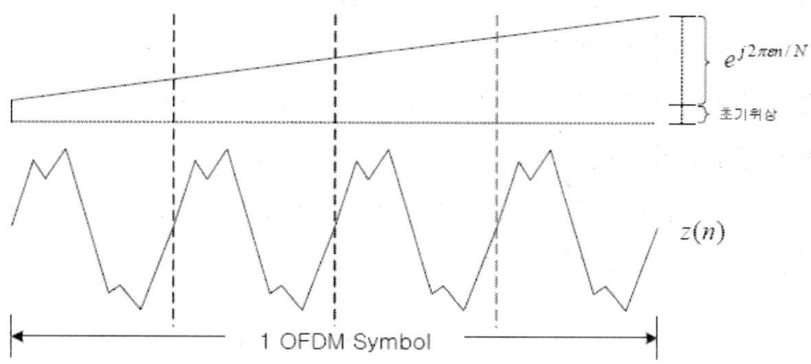

(b) 시간 영역 반복 신호 ($D=4, d_i=0$)

그림 3.8 하향링크 프리앰블 구조

수신신호의 상관행렬 R은 신호 부공간(Signal subspace)과 잡음 부공간(Noise subspace)으로 구성되며 이들 두 부공간은 서로 직교한다. 이러한 두 부공간 사이의 직교성을 이용하는 기존의 MUSIC(Multiple Signal Classification) 기법과 같이 잡음 부공간에 직교하는 반송파 주파수 오프셋에 의한 위상회전 벡터 $e(\gamma_i)$를 찾음으로써 인접 셀의 반송파 주파수 오프셋 γ_i를 추정할 수 있다. 반송파 주파수 오프셋을 추정하기 위하여 먼저, 가산성 백색 잡음의 분산 σ_n^2에 가까운 상관행렬 R의 고유치(Eigenvalue)에 대응되는 잡음 고유 벡터(Eigenvector)를 다음과 같이 행렬로 구성한다.

$$V=\left[q_{N_c}, 1_{N_c+1}, \cdots, q_{G-1}\right] \tag{3.39}$$

여기서 q_i는 자기상관 행렬 R의 i번째 고유치에 대응하는 고유벡터를 의미한다. 위상회전 벡터 $e(\gamma_i)$와 잡음 부공간 벡터로 구성된 행렬 V은 직교하기 때문에 신호가 존재하는 반송파 주파수 오프셋에서는 $e^H(\gamma_i)V=0$의 조건을 만족한다. 일반적으로 행렬 V은 추정된 상관행렬로부터 계산되기 때문에 최소치를 탐색하는 것보다 다음과 같이 MUSIC 스펙트럼을 구성하여 피크치를 탐색하는 것이 보다 효율적이다.

$$P(\epsilon) = \frac{e^H(\epsilon)e(\epsilon)}{e^H(\epsilon)VV^He(\epsilon)} \tag{3.40}$$

위의 식 (3.40)의 MUSIC 스펙트럼 $P(\epsilon)$은 수신신호의 반송파 주파수 오프셋과 일치하는 주파수 즉, $\epsilon = \gamma_i$에서 피크치를 가지기 때문에 OFDM 기반의 셀룰러 환경에서 각 기지국으로부터 수신되는 신호들의 반송파 주파수 오프셋을 추정할 수 있다. 그러나 수신신호 벡터 $z(m)$ 내에서 2π 이상의 위상변화가 발생할 경우에 반송파 주파수 오프셋의 추정이 불가능하기 때문에 제안된 반송파 주파수 오프셋 추정기의 최대 추정범위는 $|\gamma_i| < D/2$로 제한된다. 식 (3.40)의 추정방식을 사용하기 위해서는 간섭신호의 수 N_c를 미리 알고 있어야 하는데, 이는 자기상관 행렬 R로 보통 AIC(Akaike Information criterion)나 MDL(Minimum Descriptive Length) 알고리듬을 통하여 추정될 수 있다.

각 기지국의 반송파 주파수 오프셋의 추정범위는 프리앰블 구성방법에 따라 가변된다. 먼저, $d_0 \neq d_i \neq \cdots \neq d_{N_c-1}$로 모든 기지국의 프리앰블의 부반송파들이 서로 중첩되지 않고 반송파 주파수 오프셋의 절대값 $|\epsilon_i|$이 0.5보다 작다면, 각 수신신호의 반송파 주파수 오프셋은 $d_i - 0.5 \leq \epsilon_i + d_i \leq d_i + 0.5$ 범위에서 개별적으로 추정될 수 있다. 그러나 주파수 영역에서 환형이동(circular shift)은 시간 영역에서 위상회전 항으로 나타나 정수배 반송파 주파수 오프셋에 의한 위상회전과 동일한 영향을 준다. 이러한 이유로 정규화된 반송파 주파수 오프셋이 $0.5 \leq |\epsilon_i| < D/2$이면 식 (7)로부터 추정된 반송파 주파수 오프셋이 d_i에 의한 영향인지 정수배 반송파 주파수 오프셋에 의한 영향인지 판단할 수 없는 문제점이 발생된다. 이러한 문제점을 해결하기 위해서는 동일한 각 기지국의 반송파 주파수 오프셋을 구별 할 수 있는 셀 탐색기법이 요구된다. 반면에, 각 기지국의 프리앰블을 구성하는 부반송파의 셀 간 중첩을 허용할 경우에 반송파 주파수 오프셋의 추정범위는 $|\gamma_i| < D/2$로 주어지며, d_i가 클수록 실제 반송파 주파수 오프셋의 추정범위는 줄어든다. 이러한 경우에도 역시 추정된 반송파 주파수 오프셋이 어느 기지국의 오프셋인지를 탐색해야 한다. 이를 취한 셀 탐색 기법은 다음 절에서 다룬다.

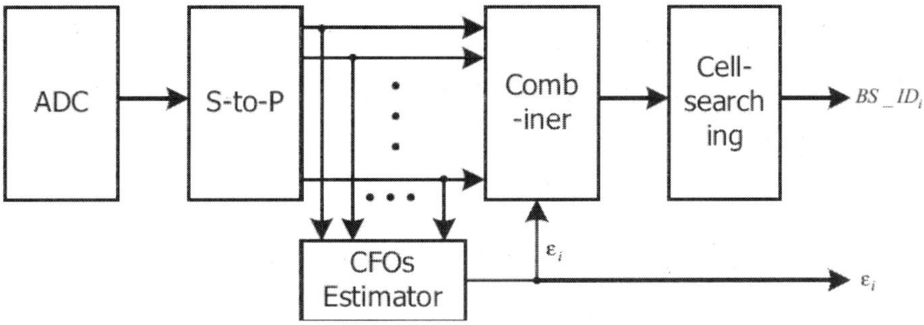

그림 3.9 제안된 반송파 주파수 오프셋 및 셀 탐색 기법의 블록도

3.3.3. 셀 탐색 기법

만일 $d_0 \neq d_i \neq \cdots \neq d_{N_c - 1}$이고 반송파 주파수 오프셋의 절대값 $|\epsilon_i|$이 0.5보다 작다면, 각 기지국은 오프셋 d_i를 찾음으로써 각 기지국의 반송파 주파수 오프셋을 쉽게 구별될 수 있다. 하지만 반송파 주파수 오프셋이 $0.5 \leq |\epsilon_i| < D/2$인 경우에는 주파수 영역의 환형이동에 의한 d_i의 불명확성 때문에 셀탐색 및 반송파 주파수 오프셋 추정이 실패하는 단점이 있다. 본 절에서는 앞 절에서 추정된 정규화된 반송파 주파수 오프셋을 이용한 셀 탐색 기법을 설명한다. 그림 3.9와 같은 제안된 셀 탐색 기법은 반송파 주파수 오프셋 영역에서 가상의 빔을 조정함으로써 인접 셀의 간섭신호를 제거하고 원하는 셀의 신호를 수신하여 셀 탐색 및 반송파 주파수 오프셋을 동시에 추정할 수 있다. 제안된 방식에서 결합기(combiner)의 출력은 다음과 같이 주어진다.

$$\hat{y}_i(m) = w_i^H(m) z(m) \tag{3.41}$$

여기서 가중치 벡터 $w_i(m)$은 추정된 반송파 주파수 오프셋이 동일하지 않다면 null-steering 기법이나 MVDR 기법을 통하여 구할 수 있다. MVDR 기법의 경우에 가중치 벡터는 다음과 같이 주어진다.

$$w_i(m) = \frac{R^{-1} e(\gamma_i)}{e^H(\gamma_i) R^{-1} e(\gamma_i)} e^{j2\pi\gamma_i Mm/N} \tag{3.42}$$

할당된 부반송파에 각 기지국에 독립적으로 PN(Pseudo-random Noise) 혹은 Hadamard 시퀀스를 전송함을 가정하면 각 기지국은 M 크기의 DFT(Discrete Fourier Transform)나

FFT(Fast Fourier Transform)를 이용하여 주파수 영역에서 상호상관의 피크치를 찾음으로써 탐색될 수 있다. 이때, d_i도 동시에 검출할 수 있기 위해서는 서로 다른 d_i에 다른 시퀀스 그룹이 할당되어야 한다. 이러한 경우에 그림 3의 결합기(combiner) 출력은 주파수 영역에서 다음과 같이 표현된다.

$$\hat{Y}_i(k) = \frac{D}{M}\sum_{m=0}^{M-1}\hat{y}_i(m)e^{-j2\pi mk/N}, \qquad k=0,1,\cdots,M-1 \tag{3.43}$$

3.4 채널 추정

무선 통신 시스템에서 다중 경로 감쇠로 인한 심볼의 크기와 위상의 왜곡이 일어나는데 이를 추정하여 보상하기 위해 채널 추정 기법이 사용된다. OFDM 시스템에서의 채널 추정 기법에는 훈련 심볼이나 파일럿을 사용하여 채널을 추정하는 기법과 파일럿을 사용하지 않는 Blind 채널 추정 기법 등이 있다. OFDM은 고속 데이터 전송을 위해 다중 반송파를 이용하는 통신 방식이다. 광대역 신호를 서로 직교성을 갖는 여러 개의 부반송파로 나누어 병렬로 전송하는 방식으로써 광대역의 주파수 선택적 감쇠(frequency selective fading) 채널 특성이 부반송 파별로 협대역의 주파수 비선택적 감쇠(frequency flat fading) 채널 특성으로 바뀌는 효과가 있다. 또한 서로 다른 주파수를 가지는 여러 개의 직교 부반송파로 변조시켜서 동시에 전송함으로써 전송 심볼은 원래 데이터의 주기보다 FFT 크기만큼 길어지게 된다. 따라서 ISI의 영향을 크게 줄일 수 있다.

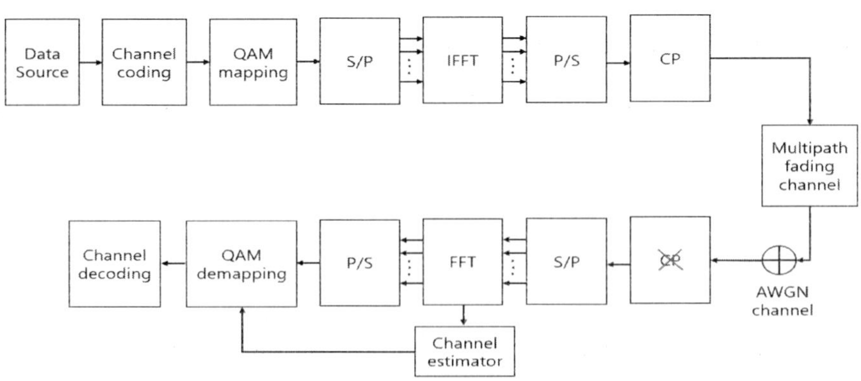

그림 3.10 OFDM Baseband Model

이와 같이 OFDM이 주파수 선택적 감쇠에 강건한 특징을 갖지만 M-ary QAM 변조된 심볼은 채널의 통과에 의한 크기와 위상의 감쇠를 겪게 되므로 채널에서 겪는 감쇠를 추정하여 보상해주어야 한다.

정확한 채널 추정과 보상이 OFDM 시스템의 전체 시스템 성능을 높이는 데 중요한 역할을 한다. 그림 3.10은 일반적인 OFDM 시스템을 블록도로 나타낸 것이고 FFT 후에 채널 추정기에서 채널을 추정하여 그 추정된 채널값을 보상하여 demapping하게 된다. OFDM 채널을 추정하는 기법을 훈련심볼을 이용한 채널 추정 기법과 PSAM 채널 추정 기법으로 나누어 분석하였다. 먼저 훈련 심볼을 이용한 채널 추정 기법은 패킷의 프리앰블의 훈련심볼에서 LS 또는 LMMSE 알고리듬을 이용하여 채널 추정을 한다. LS 채널 추정은 복잡도가 낮고 구현이 간단한 장점이 있지만 MSE 관점에서 성능이 떨어진다. 반면 LMMSE 채널 추정은 MSE 관점에서 좋은 성능을 나타내지만 너무 많은 연산량을 처리해야 하는 단점이 있다. 이 단점을 극복하기 위해 SVD를 이용하여 랭크(rank)를 줄여 좋은 성능을 유지하면서 복잡도를 줄이는 Low rank LMMSE가 1998년 Ove Edfors에 의해 제안되었다. PSAM 채널 추정 기법은 1997년 Peter Hoeher에 의해서 제안되었다. Wiener filtering을 이용한 PSAM 채널 추정 기법은 파일럿을 주파수와 시간축의 격자점에 분산하여 배치함으로써 주파수와 시간에 따라 빠르게 변화하는 채널환경에서 주파수와 시간의 상관관계를 이용하여 더욱 정확하게 채널을 추정하는 기법이다. PSAM 채널 추정 기법의 성능은 파일럿의 개수와 배치에 따라 결정된다. 복잡도와 구현의 용이를 위해 2차원 필터를 주파수와 시간축의 Separable 필터, 즉 1차원 필터 2개를 주파수와 시간 축으로 나누어 구현하는 기법이 사용된다. 이외에 다른 OFDM 채널 추정 기법으로는 이전의 추정된 값을 함께 사용하는 ESAE 채널 추정 기법과 파일럿을 쓰지 않고 신호의 특성을 이용하는 Blind 채널 추정 기법이 있다.

3.4.1 OFDM 송신기 모델

OFDM 시스템의 기저대역 블록도는 그림 3.10과 같다. 송신단에서 전송되는 데이터가 N개의 부반송파을 갖는 병렬 데이터로 변환되고 각 부반송파로 전송되는 데이터는 QPSK(Quadrature Phases Shift Keying)로 변조된다. 즉 l번째 OFDM 블록은 다음과 같다.

$$X_{l,k} = \{d_{l,0}, d_{l,1}, d_{l,2}, \cdots, d_{l,N-1}, d_{l,n}\} = d_{l,n} + jb_{l,n} \tag{3.44}$$

변조된 $X_{l,k}$는 IDFT를 통하여 각각의 부반송파로 변조된다.

$$x_{l,n} = IDFT_N X_{l,k} = \sum_{k=0}^{N-1} X_{l,k} e^{j\frac{2\pi kn}{N}} \tag{3.45}$$

그리고 개의 N 데이터로 구성되는l번째 송신 블록은 식 (3.46)과 같은 시퀀스로 나타낼 수 있다.

$$\{x_{l,0}, x_{l,1}, x_{l,2}, \cdots, x_{l,N-1}\} \tag{3.46}$$

부반송파의 직교성을 유지하고, ISI를 제거하기 위하여 보호구간을 삽입하면 실제 전송되는 OFDM 블록은 뒷부분의 N_G개의 심볼의 그대로 앞부분으로 복사한 $N_T(= N + N_G)$개의 데이터로 구성되는 다음의 시퀀스가 된다.

$$\{x_{l,N-N_G}, \cdots, x_{l,N-1}, x_{l,0}, x_{l,1}, x_{l,2}, \cdots, x_{l,N-1}\} \tag{3.47}$$

3.4.2 OFDM 수신기 모델

송신기에서 전송된 신호는 채널의 영향으로 크기와 위상의 변화로 왜곡된다. 이와 같은채널 환경에 대해 살펴보면 다음과 같다. 심볼 간격이 채널의 동기 시간 (Coherence Time) 보다 길면 고속 페이딩 (Fast Fading), 느리면 저속 페이딩(Slow Fading)이 일어나고, 전송신호의 대역폭이 채널의 동기 대역폭(Coherence Bandwidth) 보다 크면 주파수 선택적 페이딩 (Frequency Selective Fading), 작으면 주파수 비선택적 페이딩 (Flat Fading)이 일어난다. 저속 비선택적 페이딩의 경우 여러 개의 심볼 구간에 걸쳐 신호 진폭의 감쇠와 위상변화가 일어나므로 채널의 상태 변화를 충분히 추정할 수 있지만, 고속 주파수 선택적 페이딩 채널 환경에서는 채널의 상태 변화를 추정하는데 많은 어려움이 있다.

시불변 레일레이 페이딩 채널의 임펄스 응답은 식 (3.48)과 같이 표현할 수 있다.

$$h_k = \sum_{i=0}^{L-1} h_i \delta(n - \tau_i) \tag{3.48}$$

여기서 L은 채널의 경로 수이고, h_i는 다중 경로의 진폭과 위상값을 포함한 채널경로이다. 함수 $\delta(\bullet)$ 는 델타 함수이고, τ_i는 i번째 경로에서의 시간 지연으로 동일 경로인 경우 모든 반송파에 대한 시간 지연을 같다고 가정한다. 페이딩 채널 모의실험 장치로부터 발생되는 신호의 동위상 성분 $v^I(t)$는 식 (3.49)으로 표현되고, 직교 성분 $v^Q(t)$는 식 (3.50)으로 표현된다.

$$v_f(t) = 2\sum_{n=1}^{N_0} \cos\theta_{n,j} \cos(\omega_n + \pi j/2) \tag{3.49}$$

$$v^Q(t) = 2\sum_{n=1}^{N_0} \sin\theta_{n,j} \cos(\omega_n + \pi j/2) \tag{3.50}$$

여기서 $w_n = w_m \cos(2\pi(n-0.5)/4(N_0+1), w_m = 2\pi V/\lambda,\ \theta = \pi nj/N_0\ (j = 1, 2, \cdots, N_0 - 1)$이며 V, λ, N_0 는 각각 수신기의 속도, 전송 신호의 파장, 발진기(Oscillator)의 개수이다.

OFDM 시스템의 수신단에서는 우선 보호구간을 제거하는데 수신된 l번째 OFDM 블록의 n번째 데이터는 다음과 같이 나타낼 수 있다.

$$r_{i,n} = \sum_{i=0}^{L-1} h_i x_{l,n-1} + w_{l,n} = \sum_{k=0}^{N-1}\sum_{i=0}^{L-1}\left[X_{l,k} h_l (n + (l-1)N_T) e^{j\frac{2\Pi k(n-i)}{N}}\right] + w_{l,n} \tag{3.51}$$

여기서 $w_{l,n}$은 백색가우시안 잡음이다. l번째 OFDM 블록에 대한 k번째 DFT 출력을 $R_{l,k}$로 표시하면, 이는 다음과 같이 주어진다.

$$R_{l,k} = DFT_N r_{l,n} = \frac{1}{N}\sum_{n=0}^{N-1} r_{l,n} e^{-j\frac{2\pi kn}{N}} = X_{l,k} H_{l,k} + W_{l,k} \tag{3.52}$$

여기서 $H_{l,k}$와 $W_{l,k}$은 l번째 OFDM 블록의 k번째 DFT 출력으로 다음과 같이 나타낼 수 있다.

$$H_{l,k} = \frac{1}{N}\sum_{k=0}^{N-1}\sum_{i=0}^{L-1} h_i (n + (l-1)N_T) e^{j\frac{2\pi k(n-1)}{N}} \tag{3.53}$$

$$W_{l,k} = \frac{1}{N}\sum_{n=0}^{N-1} w_{l,n} e^{-j\frac{2\pi kn}{N}} \tag{3.54}$$

3.4.3 훈련 심볼을 이용한 채널 추정

훈련 심볼을 이용한 채널 추정 기법은 WPAN과 WLAN과 같은 패킷타입 방식에 사용된다. 한 개의 패킷의 길이 동안 시간에 따라 채널이 변하지 않을 만큼 일정하기 때문이다.

Multi-Band OFDM 기반의 HR-WPAN의 표준 프리앰블은 그림 3.11과 같고 채널 추정을 위해 6개의 OFDM 심볼에 훈련심볼을 사용하고 LS, LMMSE 또는 Low rank LMMSE 알고리듬을 이용하여 패킷의 채널을 추정한다.

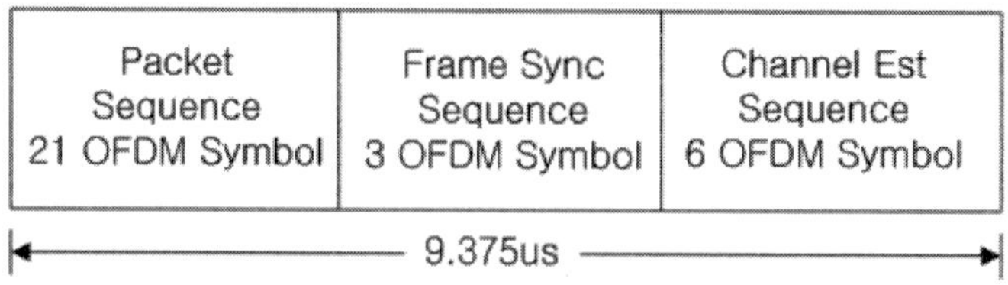

그림 3.11 PLCP Standard Preamble

또한 OFDM 기반의 WLAN(802.11a, HiperLAN/2)의 경우 한 개의 패킷은 그림 3.12와 같이 구성된다. WLAN 패킷의 훈련 심볼 중 긴 훈련심볼을 이용하여 채널을 추정한다. 긴 훈련심볼은 식 (3.55)와 같은 시퀀스(sequence)를 IFFT하여 사용한다.

$$\begin{aligned} L_{-26,26} = {} & 1,1,-1,-1,1,1,-1,1,-1,1,1,1,1,1,1,-1,-1,1,1,-1,1,-1,1,-1,1,1,1,1,0,1, \\ & -1,-1,1,1,-1,1,-1,1,-1,-1,-1,-1,-1,1,1,-1,1,-1,1,-1,1,1,1,1 \end{aligned} \tag{3.55}$$

WLAN과 같은 패킷 전송에서는 하나의 패킷동안 채널이 변하지 않는다는 가정 하에 채널 추정을 한다. 따라서 수신된 긴 훈련심볼에서 LS 알고리듬을 통해 부반송파의 채널을 추정하고 그 추정된 채널값을 패킷 끝까지 이용하여 전체의 채널을 추정하고 보상한다. 시간축의 3,4번째와 모든 주파수축이긴 훈련심볼을 나타내고 수신된 긴 훈련 심볼은 (3.56)과 같이 표현된다.

$$Y_{c,k}(f) = H_{c,k}(f)X_{c,k}(f) + N_{c,k}(f), \tag{3.56}$$

$$\begin{cases} C = -26\ldots, -1, 1, \ldots 26 \\ k = 3,4 \end{cases}$$

잡음의 통계적 특성을 고려하지 않고 수신된 심볼을 이미 아는 심볼, 즉 파일럿 심볼로 일대일로 나누어 추정하는 기법인 LS 채널 추정을 했을 때 $\widehat{H_{c,k}} = \frac{Y_{c,k}}{X_{c,k}}$ 로 긴 훈련심볼의 채널값을 간단히 추정 할 수 있고 긴 훈련심볼의 채널값을 간단히 추정할 수 있고 긴 훈련심볼이 두 개의 심볼구간에 존재하므로 첫 번째와 두 번째 긴 훈련심볼의 평균으로 식 (3.57)과 같고 3dB과 SNR 이득을 얻을 수 있다.

$$\widehat{H_c^{LT}} = \frac{\widehat{H_{c,3}} + \widehat{H_{c,4}}}{2}, \quad c = -26, \ldots, -1, 1, \ldots, 26 \tag{3.57}$$

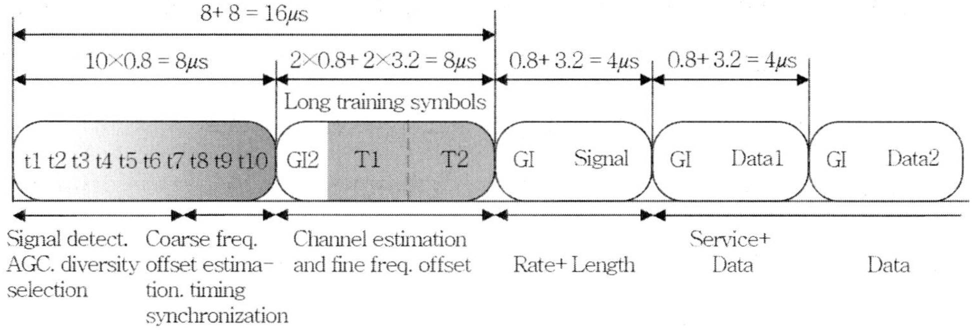

그림 3.12 WLAN 패킷

마찬가지로 훈련 심볼에 LMMSE 채널 추정 알고리듬과 Low rank LMMSE 채널 추정 알고리듬을 적용하여 채널을 추정할 수 있다. 표 3.1은 훈련 심볼에서 사용하는 알고리듬 3 종류의 특징, 알고리듬 수식 및 연산량을 비교한 표이다.

| **표 3.1** | 채널 추정 알고리듬 비교표

알고리듬	특징	수식	MSE	연산량
LS	• MSE 관점에서 성능 떨어짐 • 복잡도 적음	$\hat{h}_{LS} = (X^H X)^{-1} X^H y = X^{-1} y$ $= \left[\frac{y_0}{x_0}, \frac{y_1}{x_1}, \dots, \frac{y_{N-1}}{x_{N-1}}\right]^T$	$\frac{\beta}{SNR}$	$N/N=1$
LMMSE	• MSE 관점에서 성능 최적임 • 복잡도 큼	$\hat{h}_{LMMSE} = R_{hy} R_{yy}^{-1} y$ $= R_{hh}(R_{hh} + \sigma_n^2 (XX^H)^{-1})^{-1} \hat{h}_{LS}$ $= R_{hh}(R_{hh} + \frac{\beta}{SNR} I)^{-1} \hat{h}_{LS}$ $\beta = E\{\lvert x_k \rvert^2\} E\{\lvert 1/x_k \rvert^2\}$	$\frac{1}{N}\left(R_{hh}\left(I - \frac{R_{hh}}{\left(R_{hh} + \frac{\beta}{SNR} I\right)}\right)\right)$	$(N^2+N)/N$ $=N+1$
Low rank LMMSE	• Rank에 따라 MSE 성능 결정됨 • SVD를 이용하여 복잡도 줄임	$\hat{h}_p = W_{mmse} \hat{h}_{LS}$ $= U\Lambda U^H \{U(\Lambda + \frac{\beta}{SNR} I)^{-1} U^H\} \hat{h}_{LS}$ $= U\Lambda(\Lambda + \frac{\beta}{SNR} I)^{-1} U^H = U\Delta U^H \hat{h}_{LS}$ $\hat{h}_p = W_{mmse}^p \hat{h}_{LS} = U \begin{bmatrix} \Delta_p & 0 \\ 0 & 0 \end{bmatrix} U^H \hat{h}_{LS}$ $\Delta_p = diag\left(\frac{\lambda_1}{\lambda_1 + \frac{\beta}{SNR}}, \frac{\lambda_2}{\lambda_2 + \frac{\beta}{SNR}}, \dots, \frac{\lambda_p}{\lambda_p + \frac{\beta}{SNR}}, 0, \dots, 0\right)$	$\frac{1}{N}\sum_{k=0}^{p-1}\left(\lambda_k (1-\delta_k)^2 + \frac{\beta}{SNR}\delta_k^2\right)$ $+\frac{1}{N}\sum_{k=0}^{N-1}\lambda_k$	$(2Np+N)/N$ $= 2p+1$

1-D LMMSE 알고리듬은 실제 채널값과 추정된 채널값 사이에 MSE를 최소로 하는 채널 추정이다. σ_n^2는 채널잡음의 분산, R_{hh}는 채널의 자기상관행렬, $\beta = E|x_k|^2 E|1/x_k|^2$, 16QAM일 경우 $\beta = \frac{17}{9}$이 된다. R_{hh}와 SNR을 채널의 통계적인 특성에 의해 미리 안다면 $W_{MMSE} = R_{hh}(R_{hh} + \frac{\beta}{SNR}I)^{-1}$ 행렬값은 단지 한 번의 계산이 필요하고 그 값이 고정되어 사용되므로 매 심볼 톤 당 부반송파 만큼의 곱이 필요하다. 또한 $SNR = \frac{XX^H}{\sigma_n^2}$ 이므로 파일럿의 파워를 높여서 에러의 분산을 줄이는 bootsted 파일럿 기법이 있다.

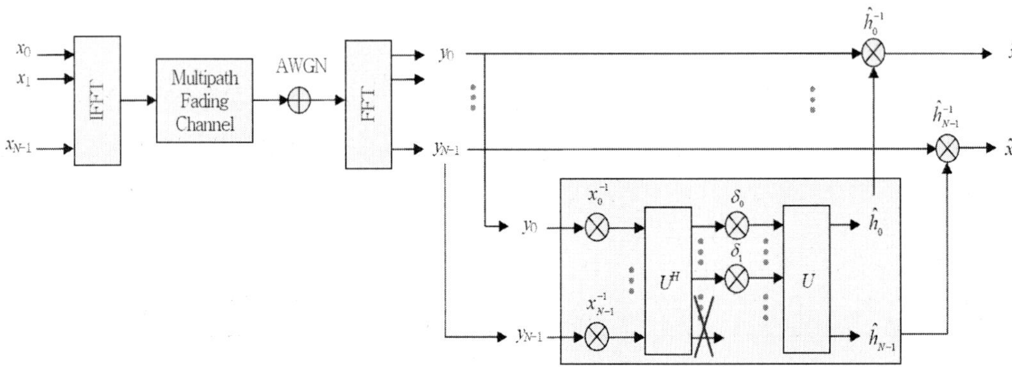

그림 3.13 1-D Low Rank LMMSE 채널 추정

앞에서 살펴본 1-D LMMSE는 MSE의 관점에서 최적의 성능을 보이지만 채널과 잡음의 통계적 특성을 얻기 위해 많은 연산량을 요구한다. 연산량의 대부분은 R_{hh} 행렬을 구하고 그것과 SNR의 연산을 거친 결과에 역행렬을 구하는 데 쓰인다. 1-D LOW rank LMMSE 알고리듬은 SVD를 이용하여 R_{hh}의 랭크를 줄이고 자신이 원하는 경계점(threshold) p를 정하여 연산량을 크게 줄일 수 있다. 그림 3.13 블록도는 대략적인 OFDM 시스템과 1-D Low rank LMMSE 채널추정기를 나타낸 것이다. 채널을 통과하고 잡음이 더해진 수신 심볼을 FFT한 후 수신된 부반송파는 먼저 LS 추정되고 Low rank LMMSE 채널 추정을 거쳐 추정된 채널값을 보상해줌으로써 송신 데이터 값을 구할 수 있다. 그림 3.14는 지금까지 설명한 LS, LMMSE, Low rank LMMSE 채널 추정을 MSE 관점에서 성능을 비교한 결과이다. LMMSE 채널 추정은 LS 채널 추정보다 대략 3~5dB 성능이 좋음을 볼 수 있고 Low rank LMMSE 채널 추정은 낮은 SNR 구간에서는 채널 추정 오차가 잡음에 감춰지는 반면 잡음이 적은 SNR 구간, 즉 높은 SNR 구간에서는 랭크가 줄어 subspace의 dimension이 줄어 나타나는 현상 때문에 채널 추정 오차로 인한 MSE 성능의 저하가 나타남을 볼 수 있다.

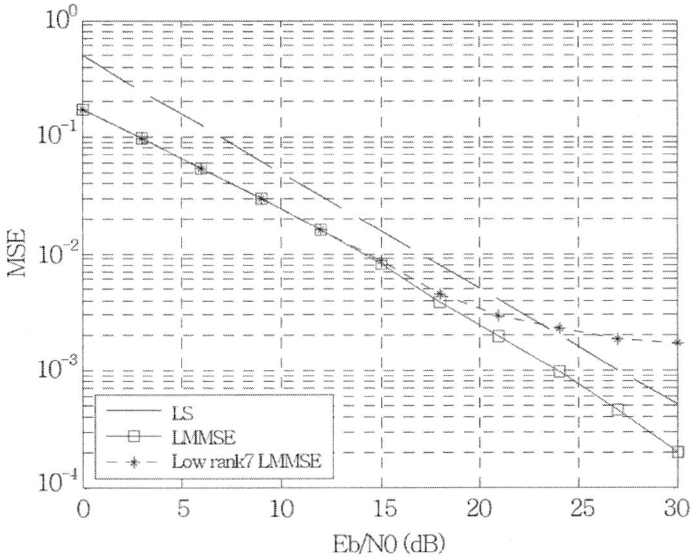

그림 3.14 LS, LMMSE, Low Rank LMMSE MSE 비교

3.4.4 PSAM 채널 추정

PSAM 기법은 1980년대 단일 반송파(single carrier) 시스템용으로 제안되었으며 1997년에 Peter Hoeher는 2-D Wiener filtering을 이용한 PSAM 채널 추정 기법과 Separable Wiener filtering 기법을 제안했고 같은 해에 Rickard Nilsson은 이를 분석했다. PSAM 채널 추정은 시간과 주파수 축에서 빠르게 변화하는 채널 환경에서 채널값을 추정하는데 사용된다. 채널의 감쇠는 시간과 주파수에서 높은 상관관계(correlation)를 갖기 때문에 급변하는 채널 환경에서 채널을 추정하기 위해 시간과 주파수축 상에서 파일럿을 일정한 간격으로 배치하여 시간과 주파수의 상관관계를 이용하여 채널의 변화를 추정하는 기법이 PSAM 채널 추정 기법이다. 따라서 PSAM 채널 추정 기법의 성능은 파일럿의 배치와 간격에 따라 큰 영향을 끼치게 된다.

3.4.4.1 Block and Comb 타입 채널 추정

PSAM 채널 추정 기법 중에 그림 3.15와 같이 block 타입과 comb 타입의 1-D PSAM 채널 추정 기법이 있다. Block 타입은 slow fading 채널환경에서 적합한 채널 추정 기법으로 모든 부반송파에 파일럿을 배치하고 주파수축에서 LS 또는 LMMSE 채널 추정을 하고 시간축으로 여러 가지 보간법 (linear, second order, low-pass, spline cubic, time domain interpolation 등)

으로 데이터가 위치한 부채널을 추정하는 기법이다. 반면 comb 타입 채널 추정은 fast fading 채널환경에서 적합한 채널 추정 기법으로 특정한 주파수의 모든 심볼에 파일럿을 배치하여 LS, LMMSE 채널 추정을 하고 주파수 축으로 보간법을 이용하여 채널을 추정하는 기법이다.

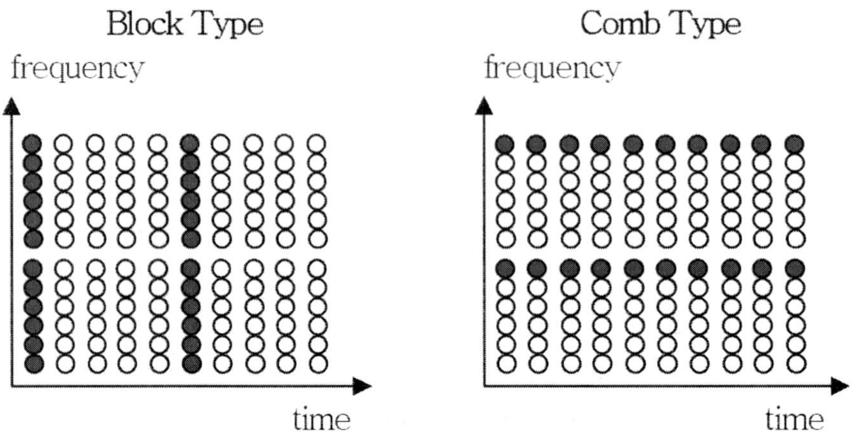

그림 3.15 Block and Comb Pilot Arrangement

3.4.4.2 2차원 PSAM 파일럿 패턴

채널 추정을 위해 쓰는 파일럿의 개수는 SNR과 채널 추정 성능 사이의 trade-off의 관계에 있다. 파일럿의 개수를 많이 사용하여 파일럿 사이의 거리를 가깝게 할수록 채널추정의 오차가 줄어들어 성능이 좋아지지만 SNR이 줄어드는 단점이 있다. 그림 3.16은 3가지 파일럿 패턴을 보여준다.

빠르게 변화하는 채널값을 추정하기 위해 파일럿의 배치는 나이퀴스트(Nyquist) 샘플링 이론을 만족해야 한다. 시간축의 파일럿 배치는 식 (3.58)와 같이 도플러 확산의 역수인 동기 시간(coherence time)보다 작아야 하고 주파수축의 파일럿 배치는 식 (3.59)와 같이 최대 다중경로 지연 확산(maximum multipath delay spread)의 역수인 동기 대역폭(coherence bandwidth)보다 작아야 한다.

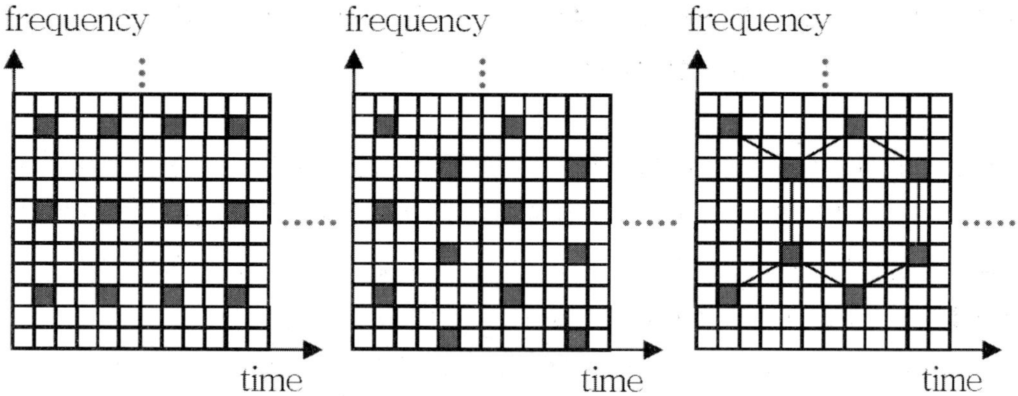

그림 3.16 2-D PSAM 파일럿 패턴

$$N_t < (N+L)T_s \frac{1}{B_d} = \frac{(N+L)T_s}{\frac{2f_{D,\max}}{NT_s}} = \frac{1}{2(1+\frac{L}{N})F_{D,\max}} \tag{3.58}$$

$$N_f < NT_s \frac{1}{\tau_{\max}} = \frac{NT_s}{LT_s} = \frac{N}{L} \tag{3.59}$$

여기서 $\tau_{\max}$는 최대 다중 경로 지연 확산, B_d는 도플러 확산, $f_{D,\max}$는 최대 도플러 주파수, N은 부반송파 개수, L은 cyclic prefix의 부반송파 개수, 전체데이터 신호 대비 파일럿의 밀도는 $\epsilon = \frac{1}{N_t N_f}$, 한 개의 OFDM 심볼구간은 $(N+L)T_s$, 부반송파간의 간격은 $\frac{1}{NT_s}$이다.

3.4.4.3 2-D Wiener Filtering

2-D Wiener filter를 사용한 2-D LMMSE 채널 추정기는 MSE의 관점에서 최적의 성능을 보인다. 2-D LMMSE 채널 추정 절차는

<1단계> LS 채널 추정을 통해 파일럿이 위치한 부채널의 채널값을 추정한다.

<2단계> 그 추정된 파일럿 채널값을 IFFT하여 채널 충격 응답을 추정하고 지연 확산을 계산한다. 또한 이동체의 최대 속도와 중심주파수를 이용하여 최대 도플러 주파수를구한다.

<3단계> 지연 확산을 이용하여 주파수 상관함수를 구하고 최대 도플러 주파수를 이용하여 시간 상관함수를 구하여 데이터의 채널값과 파일럿의 채널값과의 상호상관함수 h_{hp}를 구하고 파일럿 채널값의 자기상관함수 R_{pp}를 구한다.

<4단계> 마지막으로 이를 토대로 파일럿 채널값 p를 곱하면 2-D LMMSE 채널 추정값 $\hat{h}=R_{hp}R_{pp}^{-1}p$ 를 구할 수 있다.

Wiener filtering을 이용한 2-D LMMSE는 추정하고자 하는 채널과 가까운 몇 개의 파일럿의 추정된 채널만을 골라 상관관계를 구하게 된다. 왜냐하면 파일럿과의 떨어진 정도가 가까울수록 높은 상관관계를 갖고 멀수록 낮은 상관관계를 갖기 때문이다. 표 3.2는 2-D 채널추정기별로 연산량을 비교한 표이다. 2-D LMMSE 채널추정기는 이를 수행하기 위해 너무 많은 연산량이 필요하므로 복잡도가 커서 실제적으로 구현하기에는 많은 어려움이 있다. 따라서 Low rank LMMSE와 Separable Wiener filtering 기법이 제안되었다.

- Separable Wiener filtering

채널이 복잡하다면 연산량을 줄이기 위해 1-D Wiener filter 두 개를 주파수축과 시간축에 각각 사용하여 채널을 추정하는 기법이 사용되고 실제로 2-D Wiener filter를 사용했을 때와 비슷한 성능을 보인다. 복잡도를 고정했을 때 오히려 성능은 1-D×2 Separable LMMSE 채널 추정기가 2-D Wiener filter를 사용했을 때보다 좋다. 1-D×2 Separable LMMSE estimator의 채널을 추정하는 과정은 그림 3.17과 같다.

①과정은 단지 주파수축으로 1-D Wiener filtering을 하여 주파수축의 행렬 계수 식 (3.60)을 구하고 식 (3.61)을 이용하여 ①주파수축의 채널을 추정하게 된다.

| 표 3.2 | 2차원 PSAM 채널추정 연산량 비교표

채널추정기	원리	연산량	파일럿 개수
2-D LMMSE	K_p개의 가까운 파일럿 사용함	K_p	K_p
Low rank 2-D LMMSE	K_p개의 파일럿과 rank p를 이용하여 K_h개의 채널값 추정함	$p\left(1+\frac{K_p}{K_h}\right)$	K_p
Separable Wiener filter	주파수축의 K_f개의 탭과 시간축의 K_t개의 탭을 2개의 필터로 나누어 추정함	$\frac{K_f}{K_t}+K_t$	K_fK_t
Low rank Separable Wiener filter	Rank p를 갖는 주파수축의 K_p개의 탭과 시간축의 K_t개의 탭을 2개의 필터로 나누어 추정함	$\frac{p}{N_t}\left(1+\frac{K_p}{K_h}\right)+K_t$	K_pK_t

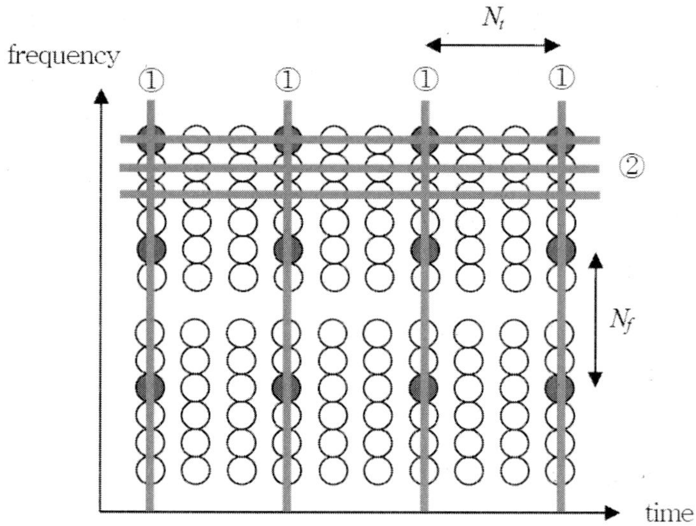

그림 3.17 1-D×2 Separable Wiener Filtering

$$W_k = R_{H\hat{H}_{Ls,k}} R^{-1}_{\hat{H}_{LS}\hat{H}_{LS}} \tag{3.60}$$

$$\hat{h}_k = \sum_{m-1}^{P} W_k^m \times \hat{h}_{LS} \tag{3.61}$$

②과정은 ①과정을 통해 추정한 채널값을 가지고 시간축에서 채널을 추정한다. 파일럿이 위치한 채널값뿐만 아니라 ①과정을 통해 추정한 데이터가 위치해 있는 채널값도 파일럿처럼 사용하여 행렬 계수 식 (3.62)을 구하고 식 (3.63)를 이용하여 시간축상의 모든 채널을 추정한다.

$$W_t = R_{H\hat{H}_{LS,l}} R^{-1}_{\hat{H}_{LS}\hat{H}_{LS}} \tag{3.62}$$

$$\hat{h}_l = \sum_{m=1}^{P} W_l^m \times \hat{h}_{LS} \tag{3.63}$$

최종적으로 Wiener filter의 행렬 계수값 $W_{k,l}$을 구할 수 있고 1-D×2 Separable LMMSE 채널추정 $\hat{h}_{k,l} = \sum_{m=1}^{P} W_{k,l}^m \times \hat{h}_{LS}$ 를 계산하여 시간축과 주파수축의 모든 채널을 추정한다.

3.4.4.4 채널 추정 기법의 선택

OFDM 시스템에서 다중 경로 감쇠로 인한 채널의 왜곡을 추정하고 보상하기 위해 훈련심볼을 이용한 채널 추정 기법을 쓸 것인가? 아니면 PSAM 채널 추정 기법을 쓸 것인가? 하는 문제는 결국 무선통신 시스템이 속한 채널의 특성에 의해 결정된다. WPAN이나 WLAN과 같은 패킷 타입의 근거리 통신의 경우 지연 확산과 도플러 확산이 작기 때문에 프리앰블에서의 훈련 심볼만을 이용한 채널 추정기법을 사용한다. 반면 이동통신 시스템과 같이 큰 넓은 지역의 셀을 갖는 경우 도플러 확산과 지연 확산이 크고 시간과 주파수축에서 급격하게 채널값이 변하기 때문에 데이터값 사이에 파일럿을 나이퀴스트 샘플링 이론에 따라 배치하고 2-D LMMSE 알고리듬 또는 2-D Low rank LMMSE와 Separable Wiener 필터를 이용한 기법을 사용하여 채널을 추정한다.

3.4.5 ESAE & Blind 채널 추정

1997년에 Le-hai Nam에 의해 제안된 ESAE 채널 추정 기법은 채널 추정을 위해 파일럿 심볼만 이용하는 것이 아니라, 그림 3.18과 같이 이전의 프레임에서 추정된 채널값도 마치 파일럿과 같이 사용하여 채널을 추정한다. ESAE 기법은 PSAM 기법보다 높은 SNR 구간과 fast fading 채널 환경에서 더 낮은 BER 성능을 보인다. 그러나 PSAM 기법에 비해 연산량이 증가하고 이전 추정된 채널값의 오차가 쌓일수록 오차가 커지므로 안전성(stability)에 문제가 있는 단점이 있다.

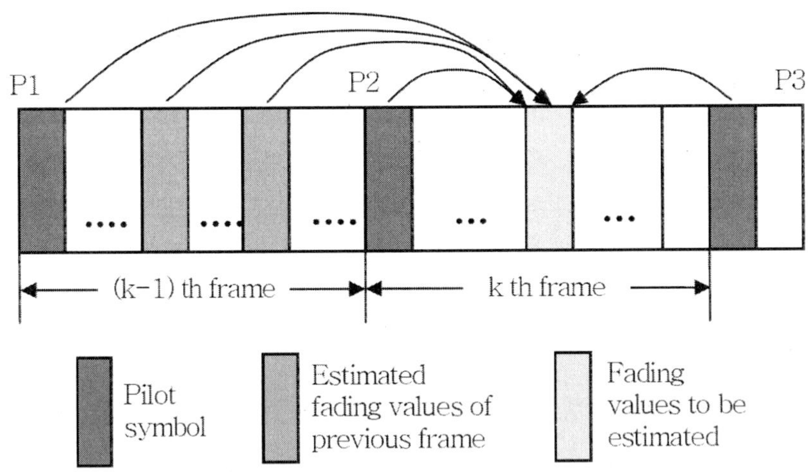

그림 3.18 ESAE 채널 추정

지금까지 OFDM 시스템에서 적지 않은 블라인드(Blind) 채널 추정 기법이 제안되었는데 그 중에서 한 가지 방법을 간략히 소개한다. 블라인드 채널 추정은 파일럿을 사용하지 않고 순수하게 OFDM 신호의 특성을 이용하여 채널을 추정하는 기법이다. OFDM 시스템에 서는 각 심볼의 일부를 복사하여 이를 심볼의 앞에 CP로 만들어 전송하는 특성을 이용한다. 다중 경로 채널을 통과한 수신신호는 전송신호와 채널의 컨볼루션 결과에 잡음이 더하여지는 Toeplitz 행렬의 형태로 표현된다. 여기서 전송 신호 행렬이 full rank라고 가정한다면 하나의 심볼이 전송되었을 때 한 개의 심볼의 처음과 뒷부분은 CP에 의해 같으므로 서로 빼면 CP의 subspace만 제거되어 채널을 추정 할 수 있다.

3.5 OFDM-CDMA 시스테에서의 채널 추정

3.5.1 OFDM-CDMA 송신기 모델

OFDM-CDMA 송신기는 주파수 영역에서 주어진 확산 코드를 사용하여 정보 신호를 확산시킨다. 즉 확산 코드에 의해 확산된 심볼의 일부가 다른 부반송파를 통해 전송된다. 신호는 주파수 영역에 걸쳐 확산되기 전에 먼저 직렬/병렬 변환되어야 한다. OFDM-CDMA 시스템의 기본적인 송신기 구조는 일반적인 OFDM 시스템과 유사하다. 주요 차이는 OFDM-CDMA 시스템에서는 많은 부반송파를 통해 동일한 심볼을 병렬로 전송하지만, OFDM 시스템에서는 동일 심볼이 아닌 다수의 다른 심볼을 전송한다는 것이다. 그림 3.19는 OFDM-CDMA 시스템의 기저대역 블록도를 나타내고 있다. OFDM-CDMA 시스템에서 송신과정을 자세히 알아보면, 송신만으로 입력되는 비트 열은 심볼 열 QPSK 심볼 열 $X_{l,k}$ 로 변조한 후 직렬/병렬 변환을 거쳐 파일럿 심볼과 함께 주파수 영역으로 확산 부호의 수 N_{SF}만큼 확산시켜 각 부반송파로 전송될 $X_{l,m}$를 구하고 IDFT 연산을 수행한다. 부반송파간의 직교성을 유지하고 ISI를 제거하기 위해 최대의 다중 경로 지연시간보다 긴 보호구간을 삽입한 후, 시변 페이딩 채널을 통하여 전송한다. 수신기에서는 우선 보호구간을 제거한 다음, 수신된 신호 $r_{l,m}$을 직렬/병렬 변환을 거쳐 DFT 연산을 수행하여 $R_{l,m}$로 변환시키고, 역확산한 후 $R_{l,k}$ 신호를 파일럿 심볼을 이용한 채널 추정값을 적용하여 보상한다. 이 과정을 자세히 보면, 발생된 데이터는 QPSK 심볼로 변조하고 직렬/병렬 변환을 거친 후 식 (3.64)와 같이 확산 부호 $C_{i,j}$를 사용하여 확산시킨다.

$$X_{l,m} = \frac{1}{\sqrt{N_{SF}}} \sum_{i=0}^{k} \sum_{j=0}^{N_{SF}-1} C_{l,m} X_{l,j} \tag{3.64}$$

l번째 블록에서 m번째 부반송파에 의해 변조된 데이터를 $x_{l,m}$로 나타낼 때, l번째 소인 블록의 n번째 시퀀스는 다음과 같이 표현된다.

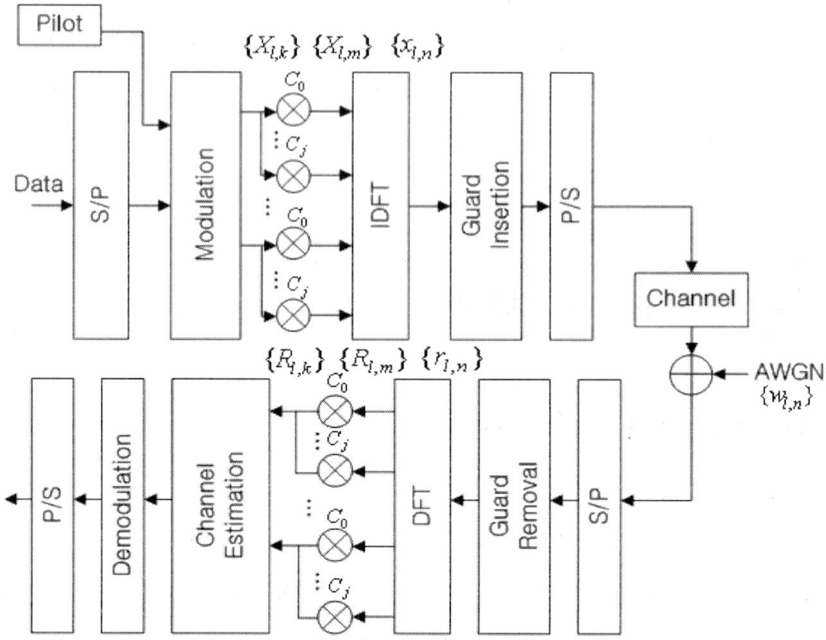

그림 3.19 OFDM-CDMA 기저대역 블록도

$$x_{l,m} = IDFT_N X_{l,m} = \sum_{m=0}^{N-1} X_{l,m} e^{j\frac{2\pi mn}{N}} \tag{3.65}$$

그리고 N개의 데이터로 구성되는 l번째 소인 블록은 식 (3.66)과 같은 시퀀스로 나타낼 수 있다.

$$\{x_{l,0}, x_{l,1}, x_{l,2}, \cdots, x_{l,N-1}\} \tag{3.66}$$

한편 OFDM 시스템과 같이 보호구간을 고려하면 실제 전송되는 블록은 뒷부분의 N_G개의 심볼을 그대로 앞부분으로 복사한 $N_T(=N+N_G)$개의 데이터로 구성되는 다음의 시퀀스가 된다.

$$\{x_{l,N-N_G}, \cdots, x_{l,N-1}, x_{l,0}, x_{l,1}, \cdots, x_{l,N-1}\} \tag{3.67}$$

3.5.2 OFDM-CDMA 수신기 모델

사용된 채널 모델은 앞에서 언급하였던 OFDM 시스템에서와 동일한 채널 환경으로 설정하였다. Jakes 모델을 적용한 L개의 경로를 가지는 레일레이 페이딩 채널로 다음과 같은 임펄스 응답을 갖는다.

$$h_k = \sum_{i=0}^{L-1} h_i \delta(n - \tau_i) \tag{3.68}$$

수신단에서는 우선 보호구간을 제거하는데, 수신된 l번째 블록의 n번째 시퀀스는 다음과 같이 나타낼 수 있다.

$$\begin{aligned} r_{l,n} &= \sum_{i=0}^{L-1} h_i x_{i,n-i} + w_{l,n} \\ &= \sum_{m=0}^{N-1}\sum_{i=0}^{L-1}\left[X_{i,m} h_i(n+(l-1)N_T) e^{j\frac{2\pi m(n-1)}{N}}\right] + w_{l,n} \end{aligned} \tag{3.69}$$

여기서 $w_{l,n}$은 백색가우시안 잡음이다. l번째 블록에 대한 m번째 DFT 출력을 $R_{l,m}$로 효시하면, 다음과 같이 주어진다.

$$\begin{aligned} R_{l,m} &= DFT_N\{r_{l,n}\} \\ &= \frac{1}{N}\sum_{n=0}^{N-1} r_{l,n} e^{-j\frac{2\pi mn}{N}} = X_{l,m} H_{l,m} + W_{l,m} \end{aligned} \tag{3.70}$$

여기서 $H_{l,m}$와 $R_{l,m}$은 l번째 블록의 m번째 DFT 출력으로 다음과 같이 나타낼 수 있다.

$$H_{l,m} = \frac{1}{N}\sum_{i=0}^{L-1}\sum_{n=0}^{N-1} h_i(n+(l-1)N_T) e^{-j\frac{2\pi \ni}{N}} \tag{3.71}$$

$$W_{l,m} = \frac{1}{N}\sum_{n=0}^{N-1} w_{l,n} e^{-j\frac{2\pi i}{N}} \tag{3.72}$$

최종적으로 수신된 신호에 확산 부호 $C_{l,j}$을 사용하여 역확산하면 다음과 같이 나타낼 수 있다.

$$R_{l,k} = \sum_{j=0}^{N_{SF}-1} R_{l,kN_{SF}+j} C_{l,j} \tag{3.73}$$

여기에서는 OFDM-CDMA 시스템에서는 다중신호를 결합하기 위하여 MRC(Maximum Ratio

Combining)을 사용한다.

3.5.3 OFDM-CDMA 시스템을 위한 채널 추정 알고리즘

OFDM 시스템에서 제안된 알고리즘과 같이 선형 보간 알고리즘을 이용하여 예비적인 채널 추정값을 구하고 데이터를 결성한 후 데이러 심볼의 채널 정보를 이용하여 새로운 채널 추정값을 구한다.

이 과정을 자세히 알아보면 다음과 같다. 수신된 신호 $R_{l,k}$로부터 식 (3.74)과 같이 데이터 정보를 제거하고 새로운 채널 추정 값 $\widetilde{H}_{l,k}$ 구한다.

$$\widetilde{H}_{l,k} = R_{l,k}\hat{X}^{*}_{l,k} \tag{3.74}$$

선형 보간기의 출력단에서 얻어진 채널 추정값 $\hat{H}_{l,k}$와 식 (3.74)으로부터 얻어진 채널 추정값 $\widetilde{H}_{l,k}$를 그림 3.20과 같은 필터에 통과시켜 최종적인 채널 추정값을 얻는다. 앞에서 제안된 k개의 필터를 병렬 연결 형태로 구현된 채널추정 필터는 시간 영역으로 채널을 추정하는 Block-Type과 Hybrid-Type의 파일럿 배치 형태에 적용하였다. 각각의 필터는 전체 탭 수가 l이고, 모든 필터계수는 $1/l$로 설정하였다. 필터의 인덱스가 0인 경우에만 $\hat{H}_{l,k}$를 입력으로 선택하고, 나머지 인덱스에 대해서는 $\widetilde{H}_{l,k}$를 입력으로 선택한다. 제안된 필터의 출력을 수식으로 나타내면 다음과 같다.

$$Y_{l,k} = \sum_{i=l/2}^{-1} w_{i-1}\widetilde{H}_{l-1,k} + w_0\hat{H}_{l,k} + \sum_{i=1}^{l/2} w_{i-1}\widetilde{H}_{l-1,k} \tag{3.75}$$

여기서 w_i는 필터의 계수이다.

OFDM-CDMA 시스템에서도 앞에서 설명한 Comb-Type의 파일럿 배치에서 적용한 알고리즘이 적용 가능하다. 또한 Hybrid-Type의 파일럿 배치는 Comb-Type에 적용한 필터 형태를 적용할 수도 있으며 Block-Type에 적용한 필터 형태를 적용할 수 있다.

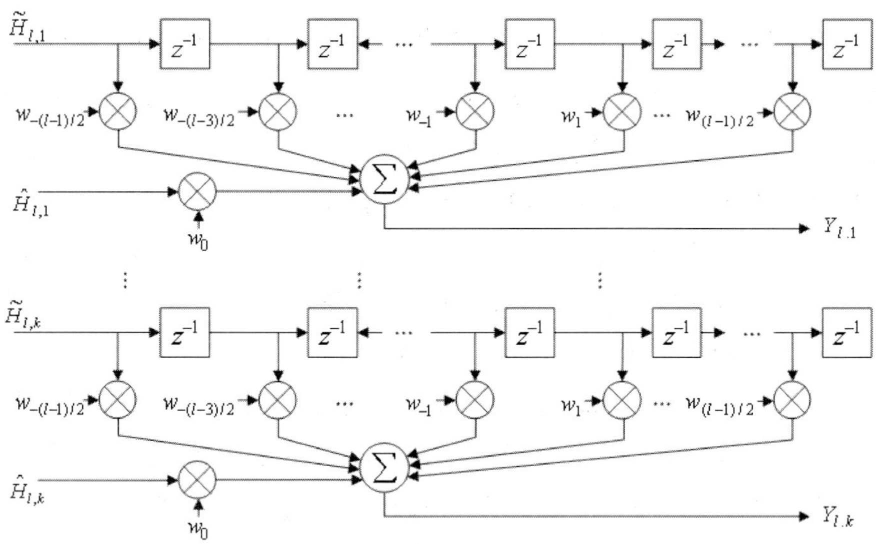

그림 3.20 OFDM-CDMA 시스템을 위한 채널 추정 필터의 구조

3.6 Coded OFDM

OFDM 전송 방식을 사용함으로써 다중경로 채널에 의한 심볼 간 간섭을 극복할 수 있으나, 특정 부반송파의 감쇄가 심한 경우에는 수신 SNR이 낮아져 그 부반송파로 전송된 데이터의 오류 확률이 증가하기 때문에 전체 BER에서 오차 마루가 발생할 수 있다. 그림 3.21은 무선 채널의 주파수 응답 예로서 일부 부반송파에서 감쇄가 심한 페이딩(deep fading)을 겪는 것을 보여준다. 이 그림에서는 주파수 축에서 감쇄가 심한 페이딩 현상을 보여주나, 시간 축에서도 동일한 페이딩 현상이 발생된다. 본 절에서는 주파수 축에서 발생하는 페이딩 현상과 극복 방안에 대해서마나 기술하나 그 결과는 시간 축에서도 동일하게 적용된다.

만약 모든 부반송파에 동일한 M 비트를 할당할 경우 비록 평균 SNR은 오류가 발생하지 않을 최소 SNR 이상이 되어도 일부 부반송파에서는 최소 SNR보다 낮은 SNR을 갖게 될 수 있다. 이러한 경우 그 부반송파에서 오류가 발생하여 전체 BER 성능이 크게 저하될 수 있다. OFDM 방식에서는 일반적으로 전방오류정정 부호(forward error correction code)를 함께 사용하여 다중경로 채널의 주파수 선택적 페이딩 현상을 효과적으로 극복한다. 오류정정 부호로는 블록 코드(block code)의 일종인 RS(Reed-Solomon) 코드와 컨볼루션 코드가 널리 사용되며, 대역폭 효율을 향상시킨 TCM(Trellis Coded Modulation), 두 개의 서로 다른 부호를 직렬 결합하여 사용하는 concatenated 코드, 터보(turbo) 코드, LDPC 코드 등이 사용된다.

부호화를 사용하면 랜덤 오류가 발생한 경우 정정 능력 범위 내에서 오류를 정정할 수 이Twlks 오류가 연집으로 발생한 경우에는 오류 정정에 실패할 수 있다. 예를 들어, 연속된 몇 개의 부반송파에서 오류가 발생하면 블록 코드인 RS 코드가 정정할 수 있는 심볼의 수를 초과하게 되어 오류 정정에 실패할 수 있다. 또한 컨볼루션 코드의 경우에도 연속된 오류로 인해 비터비 알고리즘에서 잘못된 경로를 선택할 확률이 높아지게 된다 .이와 같은 연집 오류(burst error) 현상을 극복하기 위하여 인터리빙(interleaving) 기법이 사용되며 이 기법을 사용하여 수신단에서 디코딩(decoding) 전에 오류를 분산시킨다. 이와 같이 인터리빙 기법은 연집 오류를 랜덤 오류로 바꾸는 역할을 한다. 인터리빙은 블록 인터리빙과 컨볼루션 인터리빙의 두 가지 형태가 있으며, 블록 인터리빙에서는 비트 단위와 데이터 심볼 단위, 드리고 OFDM 심볼 단위의 인터리빙이 모두 가능하다. 인터리빙의 종류와 크기를 결정하기 위해서는 사용하는 오류정정 부호와 무선 채널의 주파수와 시간의 페이딩 정도, 그리고 인터리빙에 따른 지연을 모두 고려하여야 한다.

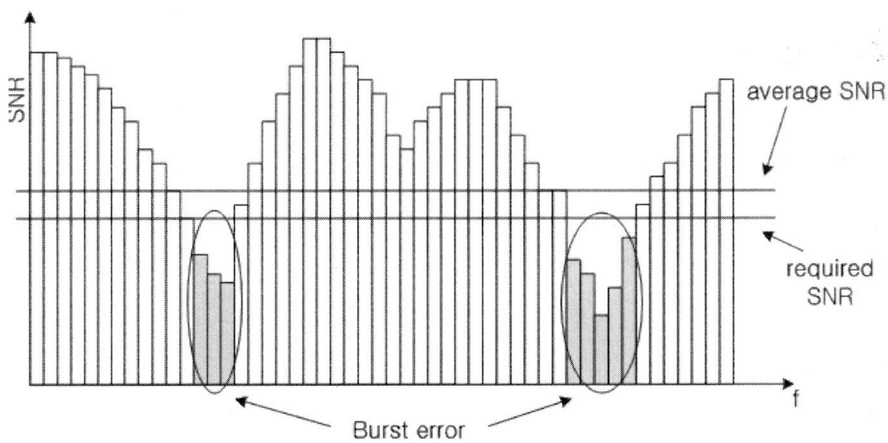

그림 3.21 주파수 선택적 채널에서 부반송파의 수신 SNR

3.6.1 시·공간 부호화된 OFDM 시스템

시·공간 부호화된 OFDM 시스템의 복호기에서는 복호를 위해 채널의 특성을 필요로 하기 때문에 정확한 채널의 추정이 필요하다. 일반적인 OFDM 방식에서는 채널추정에 관해서는 이미 많은 연구결과가 발표되었다. OFDM 방식에서의 채널추정은 사용하는 기준에 따라 최소제곱오차(Minimum Mean-Square Error : MMSE) 방식과 최소제곱(Least Square : LS) 방식으로 구분할 수 있으며, 훈련심볼이나 파일럿 톤 또는 결정된 수신심볼을 이용하여 구현되고 있다. 또한 수신 다이버시티 구조의 OFDM에서 채널의 변화에 강건한 채널추정 기법이 제안되었다. 그러나 이러한 기법들을 전송 다이버시티 구조를 갖는 시·공간 부호화된 OFDM에 적용할 수 없는데 그 이유는 다른 안테나에서 전송된 신호가 서로 간섭신호로 작용하기 때문이다. 시·공간 부호화된 OFDM에서의 채널추정을 위해 최근에 MMSE 기준에 의한 채널 추정기법이 제안되었다. 이 기법에서는 채널추정을 위해 주파수영역-시간영역-주파수영역의 변환이 필요하며 이 과정에서 이상적으로는 FFT 크기에 해당하는 역 행렬 연산을 수행해야 하는데 역행렬의 크기를 감소시키기 위해 채널의 시간영역 임펄스 응답의 전력 분포를 고려하여 역행렬의 크기를 줄이는 방법을 사용하였다. 그러나 역행렬의 크기는 채널의 지연확산에 비례하여 증가하므로 고속의 무선 채널에서는 여전히 큰 크기의 역행렬 연산을 수행해야 하며 추가의 FFT와 IFFT이 필요하다는 단점이 있다.

3.7 셀 간 간섭 완화 기법

OFDM (orthogonal frequency division multiplexing) 방식은 하나의 고속 데이터 스트림을 다수의 저속 데이터 스트림으로 나누고 상호 직교하는 부반송파들을 사용하여 동시에 전송함으로써, 지연확산으로 인한 주파수 선택적 페이딩을 효과적으로 극복할 수 있는 전송방식이다. 따라서, 차세대 이동통신에서 요구하는 고속 무선 인터넷 서비스를 위한 후보 전송방식으로 많은 연구가 진행 중에 있다. OFDM 방식에 기반을 둔 대표적인 다중 접속방식들 중의 하나인 OFDMA (orthogonal frequency division multiple access) 방식은 사용자 요구에 따라 각 사용자마다 하나 이상의 부반송파들을 독립적으로 할당할 수 있다. 또한, 부반송파 그룹핑을 통한 부채널 구성 방법 및 부채널 할당 방식에 따라 다양한 시스템 환경에 유연하게 대처할 수 있으며, 송신단에서 채널상태정보를 이용하는 경우에는 다중 사용자 다이버시티 기법이나 적응적 전송 제어를 통하여 시스템 용량을 최대한 이용할 수 있다. 이 이외에도, 이 방식을 사용하면 사용자마다 물리적으로 독립적인 부채널들을 할당함으로써 동일한 셀 내 사용자간 간섭이 발생하지 않는다. 그러나 OFDMA 하향링크 멀티 셀 시스템에서는 원하는 셀(이하, 중심셀이라고 함)에 인접한 기지국들이 중심 셀 사용자에게 미치는 간섭(이하, 셀간 간섭(ICI: inter-cell interference)이라고 함)이 시스템 성능에 큰 영향을 준다. 셀간 간섭은 채널상태, 사용자 분포, 부채널 할당 방식뿐만 아니라 인접 셀에서의 부하율에 의해 크게 좌우된다. 특히, 셀 가장자리 사용자들은 셀간 간섭에 더 많은 영향을 받는다. 일반적으로 셀룰러 시스템에서는 사용자의 위치에 관계없이 일정한 품질의 서비스를 제공할 수 있어야 하므로 셀 가장자리에서의 셀간 간섭을 극복하는 방법에 대한 연구는 필수적이다.

ICI 제어를 위하여 개별 사용자들의 신호 대 간섭-잡음비 (SINR: signal-to- interference-plus-noise ratio)에 바탕을 둔 전력제어를 고려할 수 있다. 그러나 OFDMA 기반 멀티 셀 시스템에서 특정 셀에서의 전력제어는 인접한 모든 셀들에 위치하는 사용자들의 SINR 분포에 영향을 주기 때문에, 모든 셀들의 모든 사용자들의 전력제어가 상호 영향을 받게 된다. 따라서 복잡도 증대로 인하여 전력 제어를 통한 ICI 제어는 실제 시스템에 적용하기에는 적합하지 않다.

또 다른 접근방법으로, ICI 의 영향을 가능한 모든 사용자들에게 고르게 분산시킴으로써 셀간 간섭을 평균화하는 방법이 있다. 한 가지 예로서, OFDMA 에 기반을 둔 광대역 무선 MAN(Metropolitan Area Network) 방식인 IEEE 802.16e 표준과 WiBro 표준에서는 ICI 문제를 해결하기 위하여 각 셀마다 부채널 구성 방법을 다르게 설정하는 방식으로 ICI 평균화를 유도하여 추가적인 부채널 할당에 따른 특정 부채널에서의 성능 열화를 완화시키고있다. 또한, 3GPP-LTE 표준에서는 셀마다 서로 다른 스크램블링 방식과 인터리빙 방식을 이용한 IDMA(Interleaving Division Multiple Access)을 통해 ICI 평균화를 도모하고 있다. 부채널 구성 단계에서의 ICI 평균화 방식은 ICI 의 특별한 제어가 없이도 부하율에 따라 안정적인 성능을 보장할 수 있다는 측면에서는 장점이 있으나, 모든 부채널들에 ICI 가 항상 존재하므로 최적의 시스템 성능을 기대하기는 어렵다.

또 다른 한 가지 접근방법으로, ICI 회피를 통한 ICI 제어를 고려해 볼 수 있다. 가장 기본적인 방식으로 주파수재사용 계수 (FRF: Frequency Reuse Factor) 가 K $(K \geq 3)$ 인 일반적인 셀룰러 시스템을 고려할 수 있다. 주파수 재사용 계수가 증가할수록 동일한 주파수 대역을 사용하는 셀들 상호 간의 거리가 멀어져 ICI 를 줄일 수 있으나, 각 셀당 전체 주파수 대역을 1/K 만큼만 분할하여 사용하기 때문에 전체적인 셀룰러 시스템의 주파수 효율성이 크게 떨어진다. 이러한 주파수 효율성 저하는 각 셀에 우선적으로 할당된 주파수 대역 이외에 추가적으로 다른 셀들에서 우선적으로 사용하는 주파수 대역을 이용할 수 있다면 크게 개선될 수 있을 것이다. 3GPP-LTE 표준에서 는 FRF 1 을 사용하여 주파수 효율성을 높였지만 전체 셀들이 모두 동일한 주파수 대역을 사용하는 경우의 자원관리 방식은 매우 다양한 형태가 가능하므로 구체적 방법의 제시없이 단순히 접근방식만을 제시하고 있다.
따라서, 본 절에서는 OFDMA 하향링크 셀룰러 시스템에서 효과적인 인접셀 간섭제어를 위한 멀티 셀 자원관리 방식을 설명하고, 이를 바탕으로 한 OFDMA 하향링크 멀티 셀 시스템

프레임워크를 설명한다. 설명된 자원관리 방식은 전체 주파수 대역을 FRF K 에 해당하는 개수의 대역으로 나누고, 원하는 셀을 중심으로 원하는 셀과 K-1 개의 인접셀들에 차례로 중심대역으로 할당하며, 이 방식에서는, 부하율이 할당된 중심대역의 용량을 초과하는 경우에는 인접셀들 중의 하나에서 중심대역으로 사용하는 대역을 추가적으로 사용하고, 점차 부하율이 증가하게 되면 또 다른 인접셀이 사용하는 중심대역을 추가로 사용한다. 이 과정에서 추가적 대역 할당으로 인한 셀 간 간섭을 제어하기 위하여 셀들 상호간의 자원 할당 규칙을 정하는 멀티 셀 자원 관리 방식이 필수적이다. 따라서, 모든 셀들에서 부하가 중심대역의 용량을 초과하지 않는 경우에는 일반적인 주파수 재사용 계수가 K 인 셀룰러 시스템의 성능과 동일하게 되며 부하가 중심대역의 용량을 초과하는 경우에도 셀 간 간섭이 발생할 수 있는 인접셀들이 줄어들기 때문에 간섭을 효과적으로 줄일 수 있다. 따라서, 기존 주파수 재사용 방식의 가장 큰 문제점인 낮은 주파수 효율성을 크게 개선시킬 수 있다. 이때, 각 셀에서 추가적 대역 할당으로 인한 셀들 상호간의 주파수 대역 할당 패턴에 따라 하나의 셀 내에서 사용자의 기지국으로부터의 각도에 따른 간섭분포가 크게 달라질 수 있다. 이를 위하여, 셀 가장자리에서의 성능을 균일하게 맞출 수 있는 부하율에 따른 가변 부하할당 패턴을 정의한다. 성능평가 지표로 서비스 불능율과 주파수 효율을 사용한다.

3.7.1 인접셀 간섭 모델

본 절에서는 OFDMA 기반 멀티 셀 시스템들의 성능분석을 위하여 인접셀 간섭 모델에 대해 논의한다. 먼저, 셀룰러 환경을 위한 인접셀 간섭 모델을 위한 가정은 다음과 같다.

- 원하는 셀을 중심셀, 중심셀에 인접한 셀들은 인접셀이라 정의한다.
- 셀내 사용자 분포는 균일분포를 갖는다.
- 모든 사용자들은 자신과 가장 가까운 기지국과 통신한다.
- 안테나는 전방향 안테나이다.
- 셀 모양은 정육각형이다.
- 채널모델은 경로감쇄, 전파음영, 페이딩을 고려한다.
- 중심셀에 간섭을 야기하는 인접셀들의 개수는 총 36개이다.
- 부채널 구성 방식은 모든 셀들에 동일하게 적용한다.
- 전력제어는 고려하지 않으며, 모든 기지국은 최대 전송전력을 사용한다.

그림 3.22는 37개의 정육각형 셀로 구성된 멀티 셀 셀룰러 환경에서의 셀 배치도를 나타낸

다. 기본적으로 OFDMA 는 서로 다른 사용자에게 서로 다른 부채널을 할당하므로 인접 셀에서 같은 부채널을 사용하는 사용자가 존재하는 경우 심각한 간섭이 발생하게 된다.

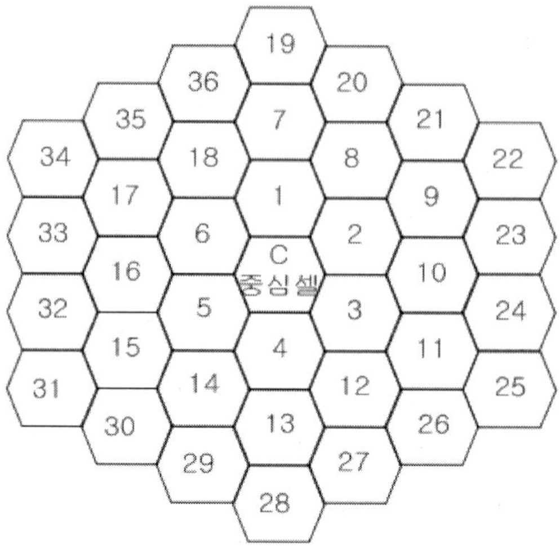

그림 3.22 37개의 정육각형 셀로 구성된 멀티 셀 셀룰러 환경

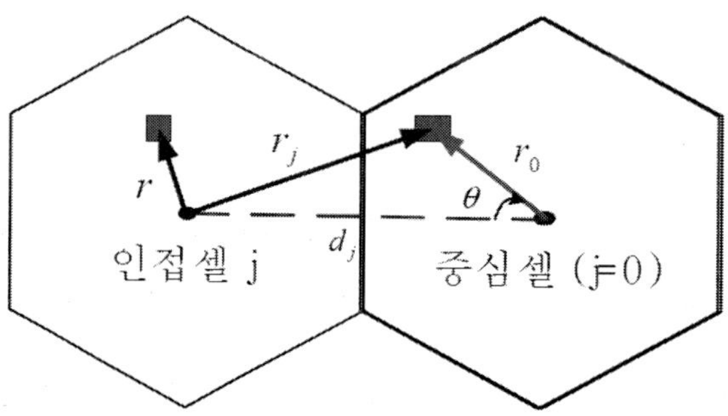

그림 3.23 j-번째 인접셀에 의한 인접셀 간섭 형태

그림 3.23은 중심셀 기지국으로부터 (r_0, θ) 위치에 존재하는 이동국이 j-번째 인접셀 기지국으로부터 받는 간섭의 형태를 나타낸다. 이 경우, 인접셀 간섭은 인접셀 기지국으로부터의 거리에 따른 경로감쇄와 전파경로를 통한 전파음영에 의하여 결정된다.

인접셀 간섭을 계산하기 위한 중심셀 이동국과 j-번째 인접셀 기지국으로부터의 거리는 다음과 같이 계산한다.

$$r_j = \sqrt{d_j^2 + r_0^2 - d_j r_0 \cos(\theta)} \tag{3.76}$$

여기서, $j=0$은 중심셀을 나타내며, j가 1보다 같거나 큰 경우는 그림 1의 인접셀 번호를 나타낸다. r_0는 중심셀 기지국과 이동국 사이의 거리이며, θ는 중심셀 기지국과 j-번째 인접셀 기지국을 연결하는 방향으로부터 시계방향으로의 이동국이 위치하는 각도를 나타낸다. 또한, d_j는 중심셀 기지국과 j-번째 셀 기지국과의 거리를 나타낸다. 다음으로 인접셀 기지국으로부터 중심셀 이동국에 미치는 경로감쇄와 그 경로에 따른 전파음영의 효과 X_j는 다음과 같다.

$$X_j = \left(\frac{1}{r_j}\right)^{\beta} e^{\xi_j} \tag{3.77}$$

여기서, 경로감쇄는 r_j와 경로감쇄상수 β에 의하여 결정되며, 전파음영은 j-번째 인접셀로부터의 음영지수 ξ_j 는 평균이 0인 가우시안 분포를 갖는 랜덤변수로 나타낸다. 따라서, 중심셀 이동국이 j-번째 셀 기지국으로부터 받는 간섭 신호 S_j는 다음과 같이 표현할 수 있다.

$$S_j(t) = \sum_{l=1}^{L} \alpha_j^l X_j s_j(t) \tag{3.78}$$

여기서, α_j^l는 총 L 개의 다중경로 중에서 l번째 다중경로의 페이딩 계수이고, $s_j(t)$는 j번째 셀 기지국으로부터의 송신 신호이다.

따라서, 중심셀 이동국이 주변의 모든 인접셀들로부터 받는 간섭 신호의 합은 다음과 같다.

$$\sum_{j=1}^{N} Br_j S_j(t) = \sum_{j=1}^{N}\sum_{l=1}^{L} Br_j \alpha_j^l X_j s_j(t) \tag{3.79}$$

여기서, Br_j는 j-번째 셀에서 같은 부채널을 사용하고 있을 경우 1의 값을 가지며, 그 이외의 경우에는 0의 값을 갖는다. 인접셀 간섭 신호의 전력은 다음과 같다.

$$I_{tot} = \left| \sum_{j=1}^{N} Br_j S_j(t) \right|^2 \tag{3.80}$$

3.7.2 멀티 셀 자원 관리 방식 및 시스템 프레임워크

본 절에서는 OFDMA 하향링크 셀룰러 시스템에서 효과적인 인접셀 간섭제어를 위한 멀티 셀 자원 관리 방식에 대해 설명하고, 이를 바탕으로 한 OFDMA 하향링크 멀티 셀 시스템 프레임워크에 대해 설명한다. 멀티 셀 자원 관리 방식은 그림 3.24와 같이 전체 주파수대역을 FRF (K 개를 가정함)에 해당하는 개수의 대역으로 나누고, 중심셀을 중심으로 중심셀과 K-1 개의 인접셀들에 차례로 중심대역으로 할당한다. 부하율이 할당된 중심대역을 초과하는 경우에는 새로운 대역의 추가로 인하여 인접셀들에 간섭을 발생시키는 셀들의 개수를 최소화하는 형태로 인접셀들 중의 하나가 사용하는 중심대역을 추가로 할당하여 사용하며, 점차 부하율이 증가하게 되면 또 다른 인접셀이 사용하는 중심대역을 추가로 사용해 나가는 방식이다. 따라서, 모든 셀들에서 부하가 중심대역의 용량을 초과하지 않는 경우에는 일반적인 FRF 가 K인 셀룰러 시스템의 성능과 동일하게 되며, 부하가 중심대역의 용량을 초과하는 경우에는 그림 3.25와 같이 기하학적으로는 모든 셀들 상호간 간섭을 발생시키지만, 실제로는 C1 패턴을 사용하는 셀이 중심셀이라고 가정할 때, C1셀에서 제 1 추가 대역을 사용하는 경우, 추가 대역을 사용함으로써, C2 패턴을 사용하는 3 개의 인접셀들에만 간섭을 야기시킨다는 것을 볼 수 있다. 결과적으로 인접셀 간섭을 발생시키는 셀들의 개수가 줄어들게 되므로 인접셀 간섭을 효과적으로 줄일 수 있다. 따라서, 제안된 방법을 사용하게 되면, 기존 주파수 재사용 방식의 가장 큰 문제점인 낮은 주파수 효율성을 크게 개선시킬 수 있다.

멀티 셀 자원 관리 방식을 OFDMA 방식에 적용한 제안된 하향링크 OFDMA 멀티 셀 시스템 프레임워크는 부하할당 위치를 결정하는 주파수 재사용 계수와 부채널 구성방법 및 부채널 할당방식의 다양한 조합이 가능하다. 우선 부채널 구성방식은 그림 3.26(a)와 같이 연속적인 부반송파를 할당하는 밴드 형태와 그림 3.26(b)와 같이 전 대역에 걸쳐 일정한 부반송파 개수만큼 떨어진 부반송파를 선택하는 방식의 분산형태를 고려한다.

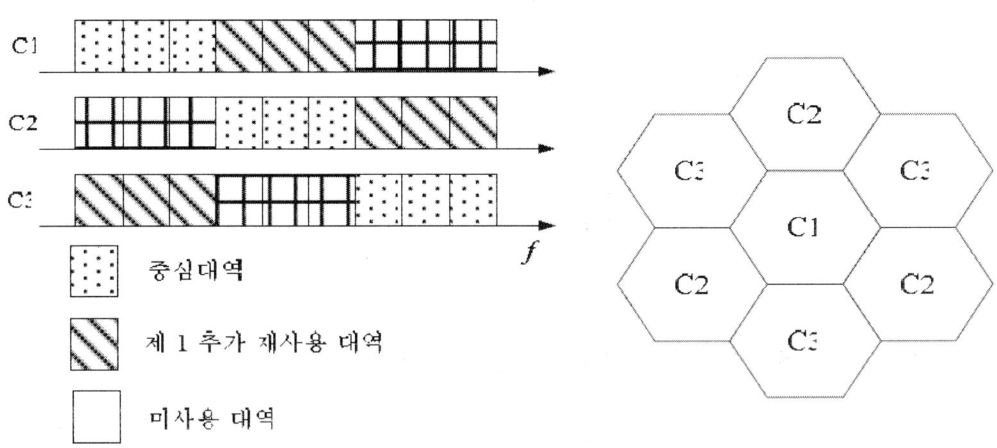

그림 3.24 멀티 셀 자원 관리 방식 개념도 (K=3)

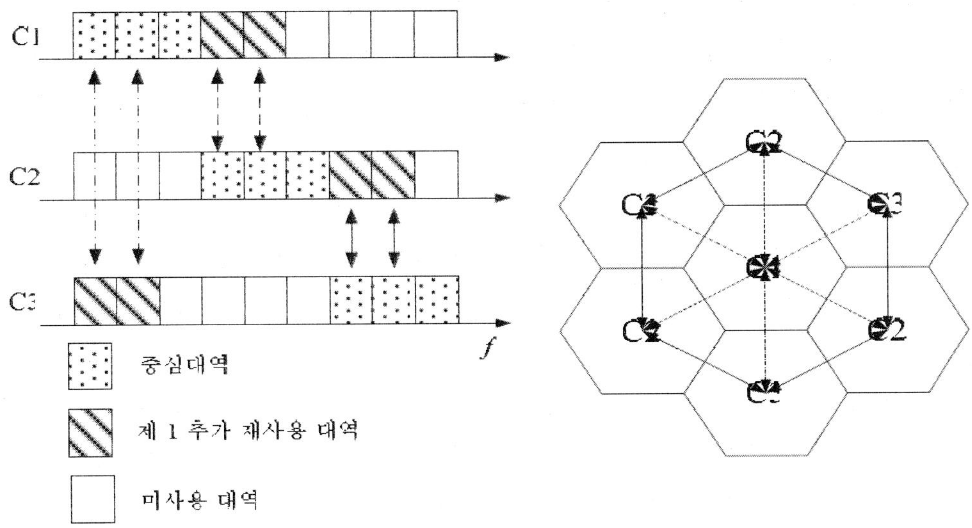

그림 3.25 멀티 셀 자원 관리 적용 시 인접셀 간섭 개념도 (K=3)

여기서 각 셀마다 부채널 구성방식을 다르게 설정할 수도 있으나 앞 절에서 구성한 인접셀 간섭모델에서와 같이 문제를 간단히 하기 위해 모든 셀에서의 부채널 구성방식은 동일한 경우만을 고려한다.

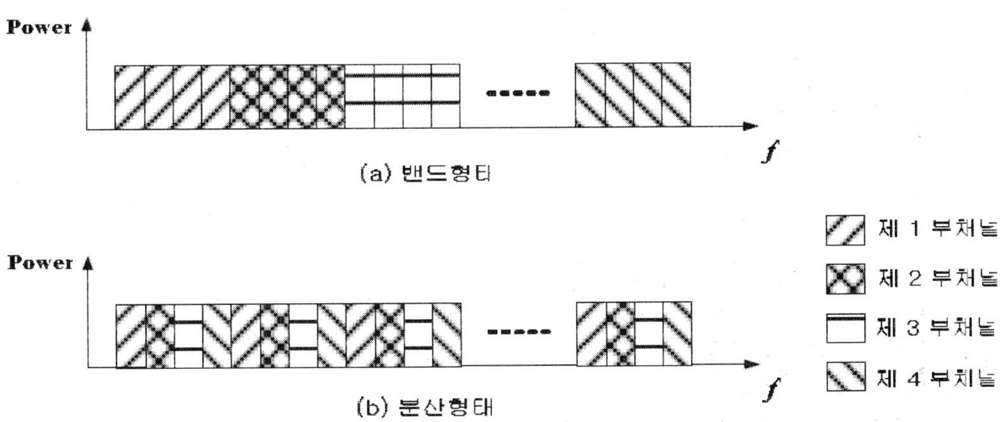

그림 3.26 부채널 구성 방식 개념도

부하할당 패턴은 그림 3.27의 (a)와 같이 부하율이 증가함에 따라 연속적인 부채널을 할당하는 밴드할당 방식을 기본적으로 사용한다. 이 때, FRF 가 큰 시스템에서는 제안된 방식을 사용하는 경우, 그림 3.28과 같이 추가로 할당하는 트래픽 부하의 위치에 따라 같은 부하율이라도 중심셀에 인접하여 인접셀 간섭을 주는 셀들이 이동국의 위치에 따라 불균등하게 존재하게 된다. 따라서, 셀내에서 사용자의 기지국으로부터의 각도에 따라 SINR 성능차이가 나타나게 된다. 이를 위하여, 각도에 따른 성능을 균일하게 맞출 수 있는 부하율에 따른 가변 부하할당 패턴을 정의한다. 본 논문에서는 가변 부하할당 패턴으로 그림 3.27의 (b)와 같이 중심대역내에서 사용가능한 부하율인 경우에는 밴드할당 방식을 사용하고 그 이상의 부하율인 경우에 사용되는 부하할당 패턴으로 각 코드마다 다른 기울기를 가지며 서로 다른 코드마다 충돌은 단 한 번씩 발생하는 Latin-square (LS) 코드를 사용하는 부하할당 패턴을 제안한다. 예를 들면, 그림 3.27(b)와 같이 추가 재사용 대역에 대해 C1 패턴에서는 기울기가 1 인 코드들 중 하나, C2 패턴에서는 기울기가 3 인 코드들 중 하나, C3 패턴에서는 기울기가 4 인 코드들 중 하나를 각각 할당한 것이다. 이처럼 각 부하할당 패턴마다 독립적인 LS코드를 할당해 줌으로서 LS 코드의 특성인 충돌 횟수의 최소화 및 평균화로 인해 멀티 셀 자원관리 방식의 인접셀 간섭을 줄이는 효과는 유지하면서 각 부채널이 겪는 인접셀 간섭 셀들의 조합은 가능한 조합 모두가 평균적으로 균일하게 발생하게 된다. 그러므로 일부 인접셀들에 의해 집중적 발생하는 인접셀 간섭전력으로 인한 간섭분포 불균일 현상이 제거된다.

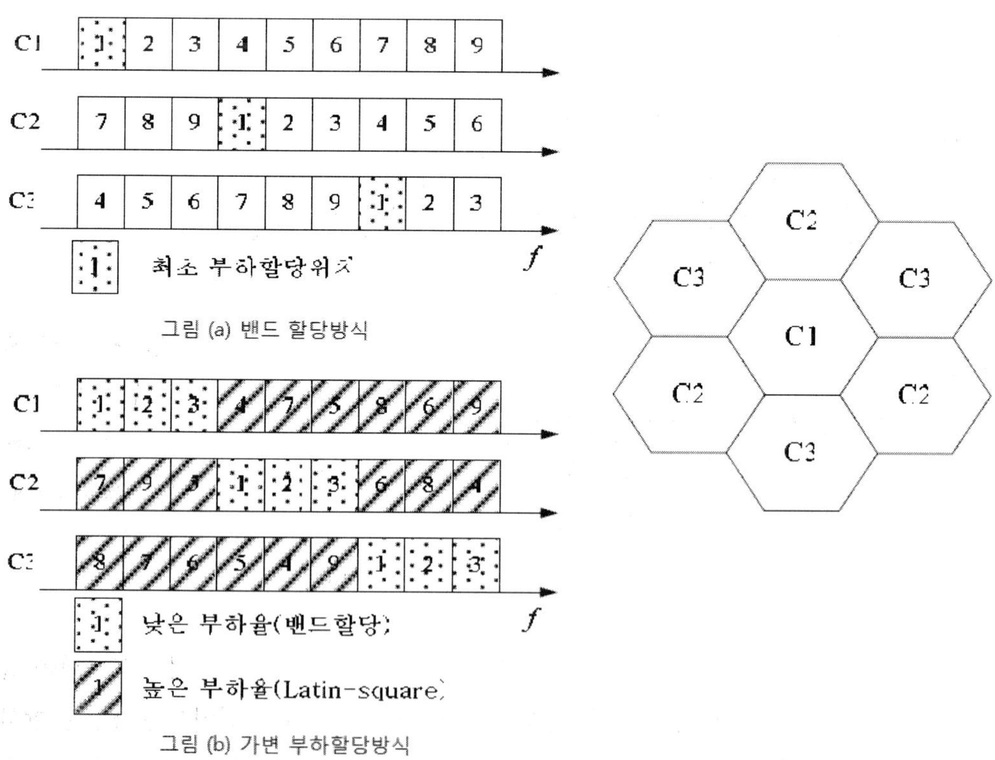

그림 3.27 부하할당 채턴 개념도 (K=3)

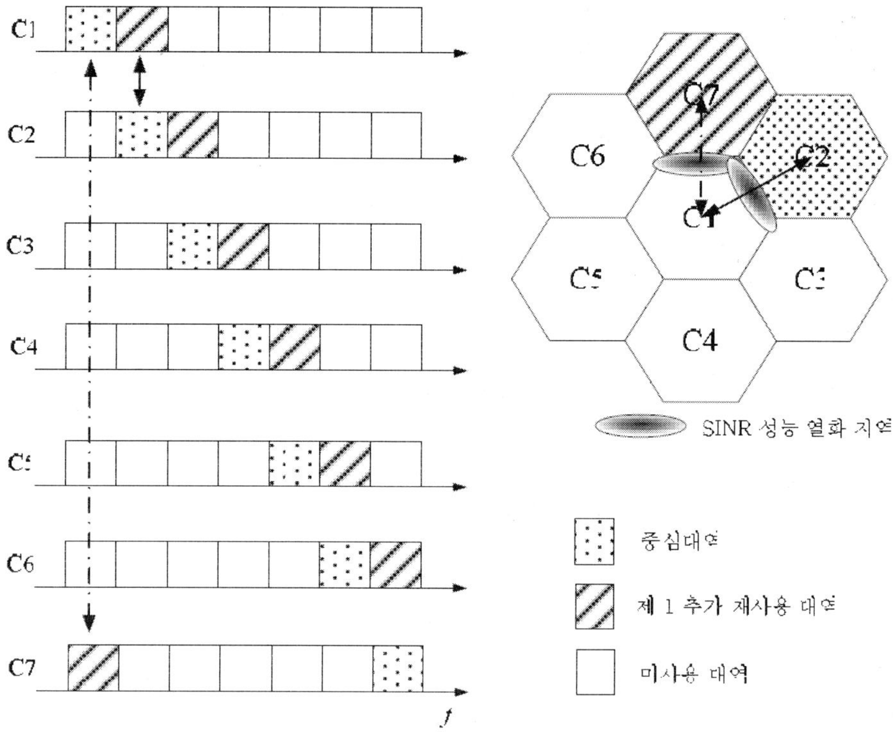

그림 3.28 멀티 셀 자원 관리 방식 적용 시 인접셀 간섭 개념도 (K=7)

〈MATLAB 프로그램〉

3.8.1 Synchronization

```
clc
clear
Data_Len = 5000;

Fs = 9600;                    % Sampling Frequency
Fd = 2400;                    % Symbol Frequency
SNR = 30;
RolloffCoef = 0.25;           % Roll Off 계수
T_Gain = 0.02;
```

```
Ratio = Fs/Fd/2;
Offset = 32;

timing_error = 0;
datalen = Fs / Fd * (Data_Len - Offset);
displaysize  = 128;
ted_out = zeros(1,displaysize);
Interp_Pos = 2*Ratio + Ratio;
Rec_out = zeros(1,displaysize);

disp('1 Data Send');

disp('  1.1 Data Source');
x = (-1).^(rand(1,Data_Len)>0.5) + j * (-1).^(rand(1,Data_Len)>0.5);

figure(1)
plot(x,'r*');
xlabel('real')
ylabel('image')
xlim([-2.0 2.0]);
ylim([-2.0 2.0]);
title('Sending Conset')
grid on

disp('  1.2 Pulse Shaping');
x_t=rcosflt(x,Fd,Fs,'sqrt',RolloffCoef);

disp('2 Channel Simulation');
c_t = awgn(x_t,SNR,'measured');

disp('3 Receive');

disp('  3.1 Matching Filter');

r_t=rcosflt(c_t,Fd,Fs,'sqrt/Fs',RolloffCoef);
matched_data=[r_t(Offset+1:end-Offset)];

disp('  3.2 Timing Recovery');
C_2 = inline('0.5*u^2-0.5*u');
```

```
C_1 = inline('-0.5*u^2+1.5*u');
C0  = inline('-0.5*u^2-0.5*u+1');
C1  = inline('0.5*u^2+0.5*u');

ted_data1 = matched_data(Offset);
ted_data2 = matched_data(Offset+Ratio);

k = 1;
count = 0;

while(  Interp_Pos < ( datalen - 6 ) )

    mk = round(Interp_Pos);
    uk = Interp_Pos-mk;

    C_2u = C_2(uk);
    C_1u = C_1(uk);
    C0u  = C0(uk);
    C1u  = C1(uk);

    data1 = matched_data(mk);
    data2 = matched_data(mk+1);
    data3 = matched_data(mk+2);
    data4 = matched_data(mk+3);

    Interp_data = C_2u * data4 + C_1u * data3 + C0u * data2 + C1u * data1;
    Rec_out(k) = Interp_data;
    ted_data3 = Interp_data;

 Interp_Pos = Interp_Pos + Ratio + timing_error;

    temp = ( ted_data1 - ted_data3 ) * conj(ted_data2);

    timing_error = real(temp) * T_Gain;

    ted_out(k) = timing_error;

 mk = round(Interp_Pos);
    uk = Interp_Pos-mk;
```

```
    C_2u  =  C_2(uk);
    C_1u  =  C_1(uk);
    C0u   =  C0(uk);
    C1u   =  C1(uk);

    data1 = matched_data(mk);
    data2 = matched_data(mk+1);
    data3 = matched_data(mk+2);
    data4 = matched_data(mk+3);

 Interp_data = C_2u * data4 + C_1u * data3 + C0u * data2 + C1u * data1;

    Interp_Pos = Interp_Pos + Ratio + timing_error;

    ted_data1 = ted_data3;
    ted_data2 = Interp_data;
k = k + 1;
    count = count + 1;
    if count==displaysize
        count = 0;
        k = 1;
        figure(2);
        plot(Rec_out,'r*');
        xlabel('real')
        ylabel('image')
 xlim([-2.0 2.0]);
        ylim([-2.0 2.0]);
        title('Receiving Conset')
        grid on

        figure(3);
        plot(ted_out,'r+');
        ylim([-0.2 0.2]);
  title('TED Error')
        grid on
        pause(0.1);
    end
end
```

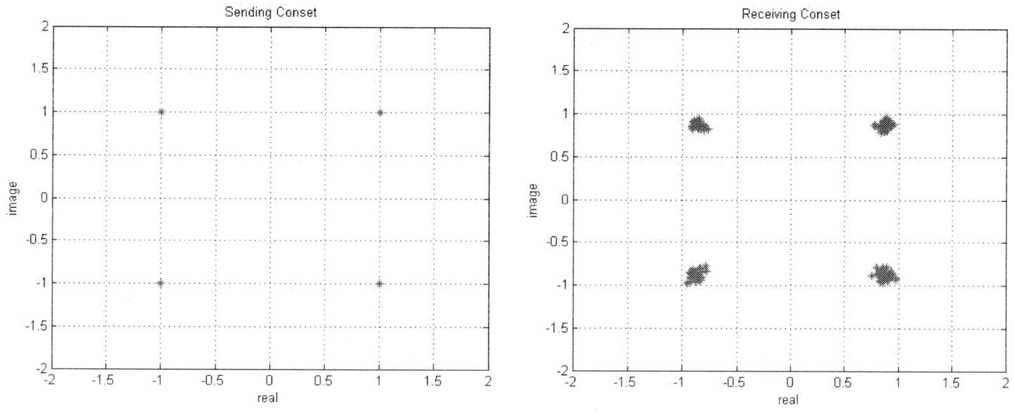

그림 3.29 반송파 주파수 옵셋 존재 시 수신 신호의 성상도

옵셋의 크기가 작은 경우 진폭과 위상왜곡은 회전하면서 그 크기가 변화하며 시간이 지남에 따라 회전이 일정하게 지속되는 것을 확인 할 수 있다.

3.8.2 Frequency Offset

```
clear all
nFFT = 64; % fft 크기
nDSC = 52; % 데이터 부반송파의 수
nBitPerSym = 52; % number of bits per OFDM symbol 당 bit 수
nSym = 1; % symbol 수

freqOffsetkHz_v = [-200:10:200];
EbN0dB = 30;
EsN0dB = EbN0dB + 10*log10(nDSC/nFFT) + 10*log10(64/80);

for ii = 1:length(freqOffsetkHz_v)
 % 송신부
   ipBit = ones(1,nBitPerSym*nSym) > 0.5;
   ipMod = 2*ipBit-1; % BPSK 변조0 --> -1, 1 --> +1
   ipMod = reshape(ipMod,nBitPerSym,nSym).';

   xF = [zeros(nSym,6) ipMod(:,[1:nBitPerSym/2]) zeros(nSym,1)
ipMod(:,[nBitPerSym/2+1:nBitPerSym]) zeros(nSym,5)] ;
```

```
    xt = (nFFT/sqrt(nDSC))*ifft(fftshift(xF.')).';

% cylic prefix 추가
    xt = [xt(:,[49:64]) xt];

    xt = reshape(xt.',1,nSym*80);

    % frequency offset 추가
    xt = xt.*exp(j*2*pi*freqOffsetkHz_v(ii)*(1e3/20e6)*[0:length(xt)-1]);

    nt = 1/sqrt(2)*[randn(1,nSym*80) + j*randn(1,nSym*80)];

    yt = sqrt(80/64)*xt + 10^(-EsN0dB/20)*nt;

    % 수신부
    yt = reshape(yt.',80,nSym).';
    yt = yt(:,[17:80]); % cyclic prefix 제거

    yF = sqrt(64/80)*(sqrt(nDSC)/nFFT)*fftshift(fft(yt.')).';
    yMod = yF(:,[6+[1:nBitPerSym/2] 7+[nBitPerSym/2+1:nBitPerSym] ]);

    err = (yMod - ipMod) ;
    err = err(:).';
    errdB = 10*log10(err*err'/length(err));
    errdB_v(ii) = errdB;

    delta = freqOffsetkHz_v(ii)/312.5;

  theoryErr =sum(1./(j*2*pi*([-5:5]+delta)).*(exp(j*2*pi*([5:5]+delta))-1));
    theoryErr = (theoryErr-1);
    theoryErr_v(ii) = theoryErr;
    theoryErrdB(ii)    = 10*log10(theoryErr*theoryErr'/length(theoryErr));
    theoryErrdB(21) = -EbN0dB;

end

close all figure
plot(freqOffsetkHz_v./312.5,theoryErrdB,'bs-','LineWidth',2);
```

```
hold on
plot(freqOffsetkHz_v./312.5,errdB_v,'mx-','LineWidth',2);
axis([-0.7 0.7 -30 10])
grid on
legend('theory','simulation');
xlabel('freqency offset/subcarrier spacing')
ylabel('Error, dB')

title('Error magnitude with frequency offset')
```

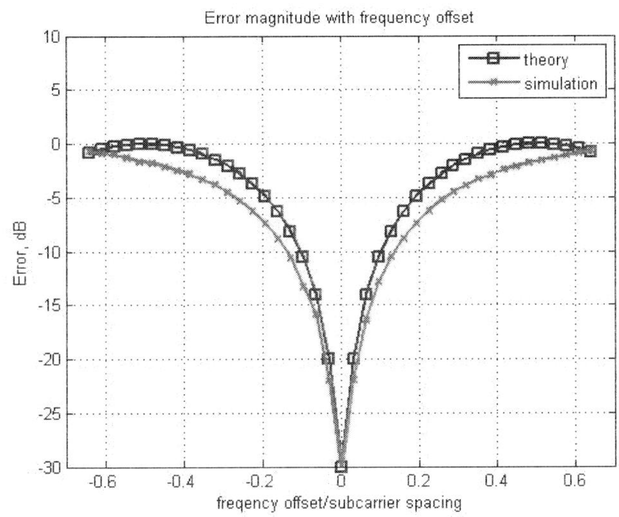

그림 3.30 OFDM 시스템에서 주파수 옵셋의 영향으로 인한 error 크기

주파수 옵셋은 부반송파의 간격만큼 옵셋이 발생한 것을 의미하기 때문에 주파수영역에서 수신신호는 송신신호가 순환 이동되어 나타난다. 주파수 옵셋이 존재할 경우 주파수영역에서 순환 이동된 결과가 되어 이를 보상하지 않을 경우 심각한 error로 인한 BER 성능 열화를 발생하지만 직교성은 유지되므로 ICI는 발생하지 않는다.

3.8.3 Channel Estimation

```
clear;
clc;
% 파라미터 정의
N  = 256;
% 부반송파 총 수
P  = 256/8;
% 파일럿 총 수
S  = N-P;
% 데이터 부반송파 총 수
GI = N/4;
% 보호구간 길이
M  = 2;
% 변조
pilotInterval = 8;
L  = 16;
% 채널 길이
nIteration = 500;

SNR_V = [0:3:27];

ber = zeros(1,length(SNR_V));

% BER 초기화

Ip = [1:pilotInterval:N];
% 파일럿 위치
Is = setxor(1:N,Ip);
% 데이터 위치
Ep = 2;


% fft 행렬
F = exp(2*pi*sqrt(-1)/N .* meshgrid([0:N-1],[0:N-1])...
.* repmat([0:N-1]',[1,N]));

for( i = 1 : length(SNR_V))
SNR = SNR_V(i)
```

```
for(k = 1 : nIteration)

% 랜덤 채널 계수 생성
h(1:L,1) =
random('Normal',0,1,L,1) + ...
j * random('Normal',0,1,L,1);
h = h./sum(abs(h));

TrDataBit = randint(N,1,M);
TrDataMod = qammod(TrDataBit,M);
TrDataMod(Ip) = Ep * TrDataMod(Ip);
TrDataIfft = ifft(TrDataMod,N);
TrDataIfftGi = [TrDataIfft(N- GI + 1 : N);TrDataIfft];

TxDataIfftGi = filter(h,1,TrDataIfftGi);

% AWGN noise 추가
TxDataIfftGiNoise = awgn(TxDataIfftGi ...
, SNR - db(std(TxDataIfftGi)));

TxDataIfft = TxDataIfftGiNoise(GI+1:N+GI);
TxDataMod
= fft(TxDataIfft,N);

% 채널 추정
Spilot = TrDataMod(Ip); % 전송된 파일럿
Ypilot = TxDataMod(Ip); % 수신된 파일럿

G = (Ep * length(Ip))^-1 ...
* ctranspose(sqrt(Ep)*diag(Spilot)*ctranspose(F(1:L,Ip)));

hHat = G*Ypilot;
% estimated channel coefficient in time domain

TxDataBit
= qamdemod(TxDataMod./(fft(hHat,N)),M);

[nErr bErr(i,k)] = symerr(TxDataBit(Is),TrDataBit(Is));
end
```

```
end

f1 = figure(1);
set(f1,'color',[1 1 1]);
semilogy(SNR_V,mean(bErr'),'b->')
xlabel('SNR in dB');
ylabel('Bit Error Rate')
```

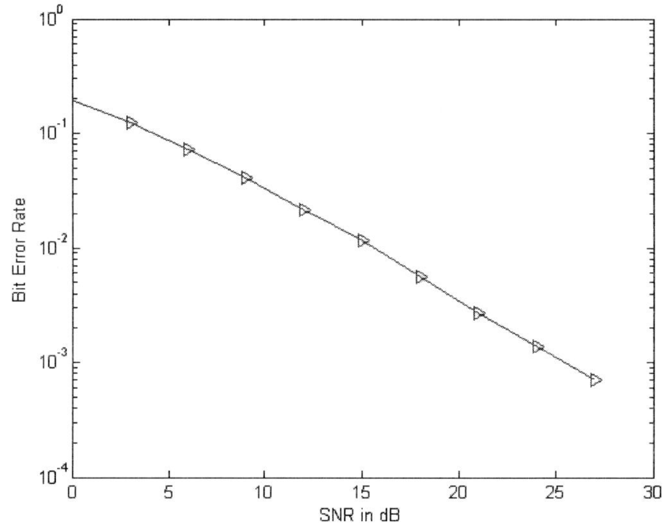

그림 3.31 채널 추정된 신호의 BER 성능

CHAPTER 04

PAPR 감쇄 기법

최근 들어 OFDM(Orthogonal Frequency Division Multiplexing) 시스템은 무선랜, 휴대인터넷, 차세대 이동통신 등의 고속 멀티미디어 무선 네트워크와 더불어 디지털 라디오, TV 방송에 이르기까지 폭넓은 분야에서 독보적인 무선 전송 방식으로 각광받고 있다. OFDM 시스템은 변조 신호들을 다수의 직교 부반송파를 이용하여 전송하는 방식으로서, 전체 전송 대역을 다수의 협대역 직교 부채널로 분할하여 데이터를 전송하게 된다. 이러한 OFDM 시스템은 인접 부반송파 간에 직교성을 유지함으로써 부채널들을 중첩하여 배치할 수 있으므로 높은 대역폭 효율을 가지며, 단일 반송파를 사용하는 시스템에 비해 주파수 선택적 페이딩에 강한 특성을 갖는다. OFDM을 포함한 대부분의 무선통신 시스템은 송신단에서 충분한 송신 전력을 얻기 위하여 고출력증폭기 (High Power Amplifier; HPA)를 사용하게 되는데, 이러한 HPA로부터 최대 출력 전력을 얻기 위해서는 일반적으로 포화 영역 근처에 동작점을 설정하여야 하며 이로 인해 발생되는 비선형 왜곡은 시스템 성능을 크게 저하시키는 요인이 된다. 이러한 HPA의 비선형 특성은 전송 신호의 진폭 변화에 매우 민감하기 때문에, 다수의 부반송파로 변조된 신호를 결합하여 전송하는 OFDM 시스템의 경우 전송 신호 진폭이 매우 크게 변하게 되어 결국 전송 신호에 대한 최대전력 대 평균전력비, 즉 PAPR(Peak-to-Average Power Ratio)이 단일 반송파 시스템에 비해 매우 큰 단점을 갖게 된다. OFDM 신호의 PAPR을 감소시키기 위해 가장 간단한 클리핑(Clipping) 기법을 비롯하여 Companding 기법, SLM (SeLective Mapping), PTS(Partial Transmit Sequence) 등의 다양한 PAPR 감소 기법이 제시되었다. Clipping 기법은 구조가 간단하고 PAPR를 감소시키는 측면에서는 효과적이지만, 전송 신호 가운데 일정 레벨 이상의 크기를 갖는 피크 신호를 잘라낸 후 전송하게 되므로 신호의 왜곡이 심해져서 시스템의 비트에러율(BER: Bit Error Rate) 성능이 상당히 열화된다. 한편, SLM과 PTS기법은 각각 고유의 원리가 존재하지만 기본적인접근은 위상 변화를 주어 IFFT (Inverse Fast Fourier Transform) 취함으로써 통계적으로 독립적인 시간 영역 시퀀스들을 생성하고 이중에서 가장 낮은 PAPR을 갖는 시퀀스를 선택하여 전송하는 방식이다. 따라서 SLM과 PTS 기법은 신호에 위상 변화만 있으므로 시스템의 BER 성능이 열화되지는 않지만, 선택된 위상 패턴 즉, 부가 정보 (Side Information)을 수신기로 추가적으로 전송해야 하고 다양한 위상 조합들을 모두 IFFT 연산 처리를 해야 되므로 송신단의 연산량이 기하급수적으로 증가하는 단점이 존재한다.

OFDM 신호는 PAPR이 크기 때문에 RF 단의 전력 증폭기에 의하여 비선형 왜곡이 발생할 수 있다. 실제로 모든 입력 신호의 크기에 대하여 선형적인 출력을 갖는 전력 증폭기는 존재하지 않고, 일반적으로 특정 레벨의 출력을 넘게 되면 증폭기는 포화(saturation)되어 비선형 왜곡이 발생된다. 이 때 비선형 구간이 시작하는 영역은 그림 4.1에 나타난 바와 같이 IBO(Input Back-Off)와 OBO(Out Back-Off)에 의하여 정의된다.

$$IBO = 10\log_{10}(P_{\in}^{\max}/P_{\in}) \tag{4.1}$$

$$OBO = 10\log_{10}(P_{out}^{\max}/P_{out}) \tag{4.2}$$

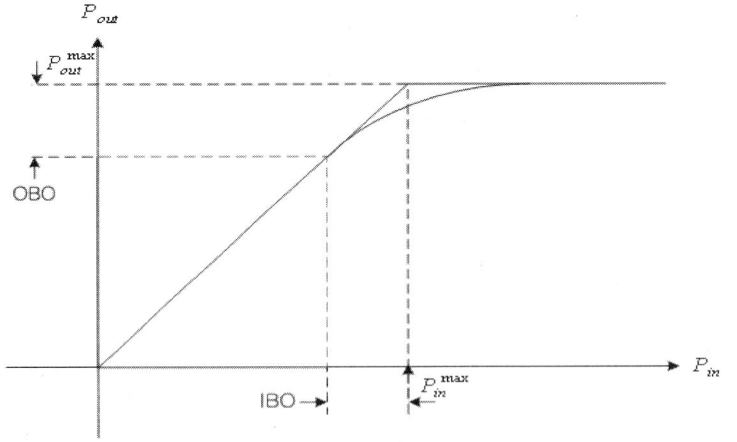

그림 4.1 고출력 증폭기의 입·출력 특성

이와 같은 고출력 증폭기(High Power Amplifier ; HPA)의 비선형 특성은 수신 신호의 성좌도에서 신호의 회전, 감쇄, 옵셋, 뒤틀림 등의 왜곡을 일으키고, 주파수영역에서 대역 밖으로 스펙트럼을 방사시킨다. 이러한 고출력 증폭기의 비선형 특성을 나타내는 지표로서 EVM(Error Vector Magnitude), ACPR(Adjacent Channel Power Ratio), IMD(Inter Modulation Distortion) 등이 있다. 대역 밖으로 방사되는 에너지를 타나내는 지표인 ACPR로부터 알 수 있듯이 고출력 증폭기의 비선형 특성으로 인하여 자기 대역에서 신호를 왜곡시킬 뿐만 아니라 다른 대역의 신호에까지 영향을 미치게 된다. 이러한 고출력 증폭기의 비선형 왜곡을 감소하기 위하여 일반적으로 송신 신호의 최대 전력은 제한된다. 신호의 비선형 왜곡을 피하기 위해서는 모든 입력 신호의 크기가 고출력 증폭기의 선형 동작 구간 내에서 존재해야 하는데, OFDM 신호는 많은 부분이 선형 동작 구간 내에서 존재하지만 피크 신호가 고출력 증폭기의 선형 동작 구간 되에 종종 존재한다. 넓은 범위의 선형 동작 구간을 갖는 고출력 증폭기는 크기가 크며 가격이 비싸고 발열이 높기 때문에 특히 단말기의 송신부에는 사용하기에는 어려움이 있다.

일반적으로 단일 반송파 전송방식에서는 송신 신호가 PSK, QAM과 같이 분포가 균일(uniform)하며 크기가 제한되어 있기 때문에 PAPR이 작게 나타난다. DS-CDMA의 신호의 경우에는 하향링크에서와 같이 다중 사용자의 신호가 더해진 곳에서도 PAPR이 증가하는 현상이 발생하나, 본 장에서는 다중 반송파를 사용하는 OFDM 신호의 PAPR에 대해서만 다루도록 한다.

4.1 PAPR 정의

본 절에서는 PAPR과 이와 유사한 정의에 대하여 설명한다. 그림 4.2는 통과대역(passband)에서의 PAM 송신기를 나타내고, 이 중 quadrature 변조기를 수식으로 표시하면 다음과 같다.

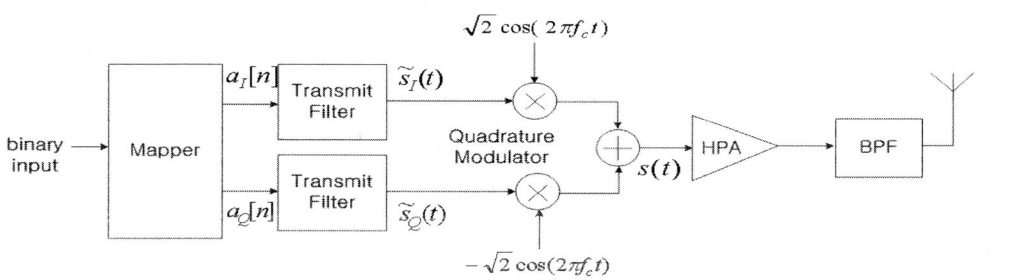

그림 4.2 통과대역 PAM 송신기

$$\tilde{s}(t) = \sum_k a[n]g(t-kT),\ \ T_s = 1/f_s \tag{4.3}$$

$$s(t) = \sqrt{2}\,Re\left\{\left(\widetilde{s_I}(t) + j\widetilde{s_Q}(t)\right)e^{j2\pi f_c t}\right\} \tag{4.4}$$

여기서 $(.)_I$와 $(.)_Q$는 각각 $(.)$의 in-phase와 quadrature 성분을 나타내고, T_s는 샘플링 주기를 나타낸다.

- PMEPR(Peak-to-Mean Envelop Power Ratio)

PMEPR은 기저대역의 복소 신호 $\tilde{s}(t)$의 포락선에 대해서 최대 전력과 평균 전력의 비를 나타낸다.

$$PMEPR\{\tilde{s}(t)\} = \frac{Max|\tilde{s}(t)|^2}{E\{|\tilde{s}(t)|^2\}} \tag{4.5}$$

PMEPR은 기저대역에서 연속시간 신호에 대하여 측정되는 값이며, 실제로 HPA의 입력 신호에 대한 측정치는 아니다.

- PEP(Peak Envelop Power)

PEP는 기저대역의 복소 신호 $\tilde{s}(t)$의 최대 전력치를 나타낸다.

$$PEP\{\tilde{s}(t)\} = Max|\tilde{s}(t)^2| \tag{4.6}$$

이때, 일반적으로 맵퍼에서는 변조 지수에 따른 정규화를 수행하기 때문에 맵퍼 출력 신호의 평균 전력 $E\{|\tilde{s}(t)|^2\}$은 1로 정규화 되었다고 가정할 수 있다. 이러한 경우에 PMEPR을 PEP와 같이 $Max|\tilde{s}(t)|^2$만으로 정의하기도 한다.

- PAPR(Peak-to-Average Power Ratio)

PAPR은 실제 비선형 왜곡을 발생시키는 고출력 증폭기의 입력 신호 $s(t)$에 대하여 최대 전력과 평균 전력의 비로 정의된다. PAPR은 통과대역에서 변조된 연속시간 신호 전력의 최대치와 평균치의 비로 주어진다.

$$PAPR\{s(t)\} = \frac{Max|Re(\tilde{s}(t)e^{jf_c t}|^2}{E\{|Re(\tilde{s}(t)e^{jf_c t}|^2\}} = \frac{Max|s(t)|^2}{E\{|s(t)|^2\}} \tag{4.7}$$

- CF(Crest Factor)

CF는 아래와 같이 RF와 기저대역에서 모두 정의되어 있으며, CF는 신호의 전력이 아닌 크기에 대하여 주어진다.

$$\text{RF condition : } CF = \sqrt{PAPR} \tag{4.8}$$

$$\text{Baseband condition : } CF = \sqrt{PMEPR}$$

이러한 이유로 많은 논문과 기고문에서는 PAPR과 CF를 혼용하여 사용하고 있다. CF는 다음에서 설명하는 CCDF(Complementary Cumulative Distribution Function)를 유도하는 과정에서 수학식을 간단하게 표현할 수 있기 때문에 종종 사용된다.

위에서 정의한 PMEPR, PEP, PAPR, CF 중에서 가장 널리 사용되는 지표는 PAPR과 CF이다. PSK 변조된 신호가 N개의 부반송파를 갖는 OFDM 시스템에서 전송될 경우에 최대 전력은 N개의 신호가 동일한 위상으로 더해질 때 발생하며, 이 때 최대 전력은 평균 전력의 N배가 된다. 만약 신호가 QAM 변조되었다면 이 값은 더욱 커진다. 그러나 실제로 부반송파의 수 N이 증가함에 따라 가장 큰 PAPR이 나타날 확률은 줄어든다. 예를 들어, M-ary PSK OFDM 시스템에서 가장 큰 PAPR을 가질 수 있는 신호는 M^2개 존재한다. 이러한 경우에 가장 큰 PAPR이 나타날 수 있는 확률은 $M^2/M^N = M^{2-N}$이 된다. 만약 $N = 32$이고 QPSK를 사용한다면 그 확률은 8.7×10^{-19}으로 OFDM 심볼 길이가 $100\mu s$인 경우 가장 큰 PAPR은 370만년에 한 번 나타나게 된다. 이와 같이 위에서 설명한 신호의 전력에 대한 정의들이 의미있는 정보로 사용되기 위해서는 값의 분포가 함께 고려되어야 한다. 이러한 이유로 신호의 전력이 고출력 증폭기의 선형 동작범위를 넘어설 가능성을 나타내는 전력 분포의 CDF(Cumulative Distribution Function)는 PAPR 관찰에 많이 사용된다. 특히 PAPR에서 관심이 있는 분포는 특정한 전력 레벨을 넘어서는 확률 분포이기 때문에 CCDF가 많이 사용된다.

- CCDF(Complementary Cumulative Distribution Function)

OFDM 시스템에서 IFFT의 입력신호는 QPSK 또는 QAM 등과 같이 크기가 제한되고 균일(uniform)한 분포를 갖지만, N-point를 갖는 IFFT의 출력은 N이 충분히 클 때 실수부와 허수부 신호가 중심 극한 정리(central limit theorem)에 의해 각각 Gaussian 분포를 갖게 된다. IFFT의 출력 신호의 크기는 Rayleigh 분포를 갖게 되고, 전력은 central Chi-square 분포를 갖게 된다. 이 경우 Rayleigh 랜덤 변수인 n번째 샘플의 크기 Z_n의 확률밀도함수는 다음과 같이 주어진다.

$$f_{Z_n}(z) 2ze^{-z^2} \tag{4.9}$$

곱셈 법칙에 의하여 CF의 누적분포함수는 다음과 같이 주어진다.

$$F_{Z_n}(z) = P(\max Z_n < z) = P(Z_0 < z)...P(Z_{N-1} < z) = (1 - e^{-z^2})^2 \tag{4.10}$$

PAPR 분석에서는 CF가 z보다 작은 경우의 CDF 보다는 z 보다 클 확률인 CCDF가 더욱 중요한 지표이기 때문에, Nyquist 샘플링된 하나의 OFDM 심볼에 대하여 CF가 z 보다 클 확률인 CCDF는 다음 식과 같이 주어진다.

$$\begin{aligned}\widetilde{F}_{Z_n}(z) &= P(CF > z) = 1 - P(CF \le z) \\ &= 1 - F_{Z_n}(z) = 1 - (1 - e^{-z^2})^N\end{aligned} \tag{4.11}$$

위 식은 부반송파의 수 N이 매우 크고 N개의 시간영역 신호가 상호 독립적이며 상관관계가 없다는 가정에서 유도되었기 때문에, 대역 제한된 신호와 L배 오버샘플링된 신호에 대해서는 성립하지 않는다. 그 이유는 위와 같이 Nyquist 샘플링된 신호는 실제 연속시간 영역의 최댓값을 항상 포함하지는 않기 때문이다. 그러나 실제로 오버샘플링이 적용된 신호에 대하여 정확하게 최대 전력 분호를 유도하는 것은 쉽지 않기 때문에 van Nee와 de Wild는 다음과 같이 간략화된 CDF를 유도하였다.

$$F_z(z) \approx (1 - e^{-z^2})^{\alpha N} \tag{4.12}$$

여기서 α는 모의실험에 의하여 약 2.8로 주어지지만 이론적인 뒷받침이 부족하여 큰 N의 경우에는 약간의 오차가 발생한다.

4.2 OFDM 전송 신호의 PAPR

OFDM 시스템에서는 전체 전송 대역을 다수의 협대역 직교 부채널로 분할하여 데이터 변조된 심볼들을 여러 개의 직교 부반송파를 이용하여 전송한다. 이러한 OFDM 시스템의 송신단에서는 먼저 입력 데이터 비트들이 PSK 또는 QAM 부호기에 의해 L 비트 단위로 묶여 심볼 간격이 T_s(sec)인 N개 변조 심볼 Xl(l=0,……, N-1)로 변환된다. 여기서 M진 변조 방식을 고려할 경우 $L = N\log_2 M$ 이다. 이러한 N 개 변조 심볼들은 주파수 간격이 ∆f=1/NTs (Hz)인 N개 직교 부반송파에 의해 변조된 후, 직병렬 변환기를 통해 직렬 신호로 변환되어 HPA의 입력이 된다. 따라서, N개 변조 심볼 길이인 NT_s(sec)동안 OFDM 변조된 기저대역 신호 x(t)는 적절한 크기 변환을 거쳐 다음 식과 같이 표현 할 수 있다.

$$x(t) = \frac{1}{N}\sum_{l=0}^{N-1} X_l e^{j2\pi f_l t/NT_s} \qquad (0 \le t < NT_s) \tag{4.13}$$

위 식에서 X_l은 l번째 변조 심볼이며, x_l은 X_l을 전송하기 위한 l번째 부반송파 주파수 성분으로서 $f_l \equiv l\triangle f = l/NT_s$(Hz)이다. 한편, x(t)를 변조 심볼 간격인 T_s 단위로 매 $t = NT_s$(n=0,……, N-1)마다 표본화한 이산시간 시스템에서 기저대역 전송 신호는 다음 식과 같이 표현될 수 있다.

$$x_n = x(nT_s) = \frac{1}{N}\sum_{l=0}^{N-1} X_l e^{j2\pi l n/N} \tag{4.14}$$
$$(n = 0, \cdots, N-1)$$

여기서 식 (4.14)는 N개 변조 심볼에 대한 IDFT(Inverse Discrete Fourier Transform) 후에 병렬-직렬 변환한 것과 동일함을 알 수 있고, 따라서 N-point IFFT를 이용하여 디지털 방식을 통해 효과적으로 구현될 수 있다. 또한 OFDM 시스템의 수신단에서는 송신단의 이러한 과정에 대한 역과정을 수행하게 되며, 특히 부반송파 복조는 N-point FFT로 수행된다.

변조 심볼 X_l이 통계적으로 서로 독립일 경우 전송 신호 x(t)의 진폭은 N이 커질수록 (복소) 가우시안 분포를 만족하게 되어 매우 큰 값을 가질 수 있는 가능성이 존재하게 된다.

한편 식 (4.14)와 같은 이산시간 신호를 이용하여 PAPR을 계산하는 경우, 전송 신호 x(t)를 충분히 빠르게 표본화하지 않으면 원래의 연속시간 신호에서 실제 최대순시전력을 나타내는 부분, 즉 피크값 들이 표본화된 신호 샘플에 포함되지 않게 되는 경우가 발생한다. 실제로 식 (4.14)에서는 이산시간 신호 xn 을 생성하기 위해 변조 심볼 간격인 Ts (sec) 단위로 표본화를 수행하게 되므로 이러한 문제가 발생할 가능성이 크다. 따라서 가급적 정확한 피크값을 표본화하기 위해 연속시간 신호 x(t)를 Ts (sec)가 아닌 Ts /Q(sec) 단위로 Q배 과표본화(Oversampling) 하게 되는데, 이렇게 과표본화된 시간영역 신호 샘플들은 길이 N 의 원래 데이터 심볼 블록에 (Q-1)N개 0을 삽입 (Zero-Padding)한 후 QN -point IDFT 연산을 적용하여 등가적으로 구할 수 있다. 대부분의 경우 Q = 4 정도면 충분히 원래 연속시간 신호에서의 실제 피크값들을 표본화할 수 있다고 알려져 있다.

4.3 PAPR 감쇄 기법

PAPR을 감쇄시키기 위한 기법들은 크게 다음의 네 가지로 분류될 수 있으며, 본 절에서는 이들 PAPR 감쇄 기법 중에서 많이 사용되는 기법에 대하여 설명한다.

첫 번째는 클리핑(clipping)을 통하여 PAPR을 감소시키는 기법이다. 이 기법에서는 OFDM 신호를 피크(peak) 또는 그 주변에서 클리핑 또는 비선형적으로 신호를 왜곡시켜 피크 크기를 감소시키는 간단한 방법이다. 이 경우 클리핑에 의하여 간단하게 피크 크기를 감소할 수 있으나 송신 신호의 비선형 왜곡으로 인하여 대역 내·외에 간섭이 발생하고, 부반송파간 직교성이 파괴되는 문제점이 있다. 클리핑을 통한 PAPR 감쇄 기법으로 블록 스케일링 기법, 클리핑과 필터링 기법, 피크 윈도윙(peak windowing) 기법, 피크 제거(peak cancellation) 기법, Fourier Projection 기법, Decision-Aided Reconstruction 기법 등이 있다.

두 번째는 부호화를 통한 PAPR 감쇄 기법이다. 이 기법은 전체 OFDM 심볼 중에서 일부만이 큰 PAPR을 갖기 때문에 OFDM의 PAPR 특성을 이용하여 원하는 레벨 이하의 PAPR을 갖는 OFDM 심볼을 생성하는 부호화 기법이다. 이 기법은 클리핑에 의한 비선형 왜곡이 발생하지 않으나, 원하는 PAPR 레벨이 작아질수록 일반적으로 부호율이 낮아진다. 현재까지 부반송파수 N이 작을 경우에 적합한 PAPR 감쇄 부호는 제안되었으나, N이 증가할 경우에 체계적으로 부호화와 복호화를 할 수 있는 PAPR 감쇄 부호화 기법은 발견되지 않았다. PAPR 감쇄 부호로 Golay 상보 시퀀스(complementary sequence), Reed Muller 부호, M 시퀀스 부호 등이 있다.

세 번째는 OFDM 심볼의 입력 시퀀스를 스크램블링(scrambling) 시퀀스로 스크램블링하여 그 중에서 가장 작은 PAPR을 갖는 출력신호를 전송함으로써 높은 PAPR이 발생할 확률을 감소시키는 확률적(probabilistic) 기법이다. 클리핑 기법과 PAPR 감쇄 부호 기법은 OFDM 신호의 PAPR 값을 임계값보다 절대적으로 작게 하는 것이나, 확률적 기법은 PAPR이 어떤 레벨 이하가 되도록 스크램블링하는 것이 아니라 높은 PAPR의 신호가 발생활 확률이 최소가 되도록 한다. 이 기법은 대역 밖으로 방출되는 전력이 존재하지 않는 장점이 있지만, 사용하는 반송파 수에 따라 복잡도가 증가하고, 임의의 부반송파 수에 대하여 특정 레벨 이하의 PAPR을 보장해주지 못하며, 수신기에서 스크램블링 부호에 대한 정보를 필요로 하기 때문에 주파수 효율을 감소시키는 단점이 있다. 스크램블링을 통한 PAPR 감쇄 기법으로 스크램블링을 모든 부반송파에 적용하여 위상을 독립적으로 회전시키는 SLM(Selective Mapping)

기법, 스크램블링을 부반송파 그룹별로 적용하여 위상을 회전시키는 PTS(Partial Transmit Sequence) 기법이 있다. 이 기법들은 PAPR을 감소시키기 위한 PAPR 감쇄 부호의 특수한 경우로 볼 수도 있다. 그러나 스크램블링 시퀀스는 상보 부호와는 달리 전방 오류 정정과 PAPR 감쇄 부호의 특수한 경우로 볼 수도 있다. 그러나 스크램블링 시퀀스는 상보 부호와는 달리 전방 오류 정정과 PAPR 감쇄를 결합하지는 않는다. 위의 SLM 기법과 PTS 기법은 왜곡 없는 PAPR 감쇄 기법 중 이산 파라미터 최적화(discrete parameter optimization)에 속하고, 연속 파라미터 최적화(continuous parameter optimization)에는 TR(Tone Reservation) 기법과 TI(Tone Injection) 기법이 있다.

네 번째는 송신기에서 IFFT 입력 신호를 DFT 확산하여 PAPR을 감소시키는 방법이 있다. 이 기법은 상향링크 전송시 단말기에서 PAPR을 단일 반송파 수준으로 감소 시킬수 있어 3GPP LTE의 상향링크 전송 표준으로 채택되었으며 SC-FDMA(Single Carrier FDMA)라고 불리운다. 이 외의 PAPR 감쇄 기법으로 Pre-distortion 기법, Compression and Expanding 기법 등이 있다.

4.3.1 클리핑 기법

PAPR을 감소시키는 간단한 방법 중에 하나는 신호의 최대 크기치를 일정 레벨로 제한시키는 클리핑이다. 클리핑 방법은 매우 간단한 방법이기는 하지만 관련된 몇 가지 문제가 있다. 첫 번째는, 신호의 크기를 왜곡시킴으로써 일종의 간섭이 발생하게 되어 BER이 저하될 수 있다는 것이다. 두 번째는, 클리핑은 비선형 왜곡에 해당하므로 대역 밖으로의 스펙트럼 방출이 굉장히 증가한다는 것이다. 클리핑에 의한 잡음은 필터링에 의하여 감소시킬 수 있으나 대역내에 간섭을 미치게 될 수 있다. 즉, 샘플링된 신호를 클리핑 하게 되면 대역 밖으로 방출된 스펙트럼의 전력이 대역 내로 중첩되는 현상(aliasing)을 발생시킨다. 만약 4배 이상의 샘플링된 신호에 클리핑을 하게 되면 대역간 간섭으로 인한 BER 성능을 완화시킬 수 있다. 또한 클리핑은 기저대역 또는 통과대역에서 수행될 수 있는데, 기저대역에서 수행되는 클리핑 기법은 SER에서 성능 열화가 발생하며, 통과대역에서 수행되는 클리핑 기법은 스펙트럼을 더욱 퍼지게 한다. 세 번째는, 대역 외로 방출된 스펙트럼을 필터링하게 되면, 클리핑 되었던 피크 값의 일부분이 증가하는 현상이 발생하게 된다. 결국, 신호의 비선형적인 왜곡은 BER 성능의 열화를 야기하나, OFDM 시스템에서는 채널 부호화를 통해서 어느 정도의 열화는 보상된다. 클리핑, 윈도윙 과 필터링 기법은 송신기에서 어느 정도의 조작만으로도 PAPR을 감소 시킬수 있고 수신기에서 요구하는 추가 정보가 없기 때문에 주파수 효율성이 떨어지지 않는 방법이다.

클리핑이나 윈도윙 방법에 의한 PAPR 감쇄 기법의 성능을 확인하기 위해 몇 가지 요소들을 확인 할 수 있다. 첫 번째로 대역외로 방출되는 전력을 전력 스펙트럼을 보는 방법이 있다. 두 번째로는 PAPR의 분포를 CCDF를 사용하여 확인한다. 세 번 째로는 BER을 사용하여 확인할 수 있다. 부호화 방식을 사용한 경우와 부호화 방식을 사용하지 않은 경우의 BER 방식을 각각 확인해보아야 한다.

실수 전송 신호를 갖는 OFDM 시스템을 고려해보자. 이러한 방식의 OFDM 시스템에서 IFFT 블록의 출력값이 실수가 되기 위해 다음과 같은 관계식을 만족해야 한다.

$$X_{N-K} \equiv X_k^*, \qquad (K=1,\ldots,N/2-1) \\ X_0 = X_{N/2} = 0 \tag{4.15}$$

일반적인 Clipping 기법에 의해 처리된 신호는 다음과 같이 나타낼 수 있다.

$$c(t) = \begin{cases} x(t), & \text{if} |s(t)| \leq A_{\max} \\ A_{\max} e^{j\psi(t)}, & \text{if} |s(t)| > A_{\max} \end{cases} \tag{4.16}$$

여기서 Ψ(t)=arg[x(t)]이며, Amax는 CR값 (γ)에 의해 결정되는데 그에 대한 등가식은 다음과 같다.

$$\gamma = \frac{A_{\max}}{\sqrt{\rho_s}} \tag{4.17}$$

여기에서 ρs는 입력신호 x(t)에 대해 평균 전력을 의미한다. 따라서 γ가 작을수록 작은 레벨의 피크까지도 심하게 클리핑하는 셈이 된다.

클리핑 기법의 PAPR 성능은 변조 방식에 관계없이 γ를 감소시킴에 따라 효과적으로 감소시킬 수 있는 반면, 시스템의 BER 성능은 QPSK를 제외한 16-QAM과 64-QAM에서 심각하게 열화된다. 따라서 다양한 변조 방식을 사용하는 통신 시스템에서는 단순히 일반적인 클리핑 기법만을 사용하여 PAPR을 감소시키기에는 시스템의 BER 성능 측면에서 심각한 열화가 나타나므로, 보다 상향된 기법이 필요하다.

4.3.1.1 시간 및 주파수 영역 클리핑

PAPR 감소 문제를 해결함에 있어서 계산의 복잡도를 낮추면서 PAPR을 최소화하기 위해 시간 및 주파수 영역 클리핑 기반의 준 최적의 방법을 사용한다. 준 최적의 감소기법은 상대적으로 간단하여 계산의 복잡도를 낮출 수 있는 방법을 의미한다. 표 4.1에 시간 및 주파수 영역 클리핑 알고리즘의 절차를 정리하였다.

| 표 4.1 | 시간 및 주파수 영역 클리핑 알고리즘

Step	Procedure
1	Generate the time-domain waveform $x_0 = IFFT_l(c_0)$
2	Apply time-domain clipping with a target PAPR to get the Clipped time-domain waveform $\tilde{x} = IFFT_l(\tilde{c})$
3	Find the constellation error $\Delta = \tilde{c} - c_0 = FFT(\tilde{x} - x_0)$
4	If $\lvert\Delta_k\rvert > \delta$ the then apply frequency-domain clipping $\widetilde{\Delta_k} = \Delta_k \frac{\delta}{\lvert\Delta_k\rvert}$
5	Apply frequency-domain filtering
6	Generate the time-domain waveform to be transmitted $\tilde{x}_t = IFFT_l(c_0 + \widetilde{\Delta})$

이 방법은 시간 영역 신호에 대하여 클리핑을 사용하여 원하는 PAPR을 갖는 신호를 발생시키고 이로 인해 발생하는 대역 내 왜곡 (in-band distortion)과 대역 외 왜곡 (out-of-band distortion)을 주파수 영역에서클리핑과 필터링을 사용하여 감소시킨다. 대역 내 왜곡은 성상도 오차를 초래한다. 이 오차는 성상도의 오차 벡터 크기 (Error Vector Magnitude; EVM)에 의해서 정해지는 오차 한계내로 강제적으로 제한한다. 대역 외 왜곡은 강제적으로 대역 외 밴드에 영을 삽입함으로써 제거한다. 이러한 방식의 PAPR 감소기법은 기존의 수신기 구조를 그대로 사용할 수 있으며 계산량이나 구현 방법이 간단하다는 장점이 있는 반면 전송신호 PAPR은 최적의 해보다 개선 정도가 떨어지는 단점이 존재한다.

4.3.1.2 첨두 윈도윙 기법

첨두 윈도윙 기법은 클리핑 기법과 비교하여 윈도윙 함수의 적용으로 스펙트럼 성능은 향상되나 신호 왜곡이 증가하여 수신 비트 오율 성능이 저하되는 단점을 가진다. 또한, 윈도우 길이 내에서 연속적으로 첨두가 발생하였을 경우, 과도한 PAPR 저감으로 인해 성능 저하가 발생한다. 이러한 단점을 극복하기 위해 두 가지 개선된 윈도우이 기법이 있다.

- 다단계 첨두 윈도윙 기법

기존의 첨두 윈도윙 기법에서 주변의 신호 크기에 비해 상대적으로 큰 첨두가 발생하였을 경우, 큰 윈도우 값에 의해 첨두 지점을 기준으로 윈도우 길이 이내 신호에 과도한 신호 왜곡이 발생한다. 이것은 결과적으로 수신 비트 오율 성능 저하를 유발한다. 만약, 여러 단계의 임계치를 순차적으로 적용하여 첨두 윈도윙을 수행할 경우, 각 단계에 해당하는 기준 임계치보다 큰 첨두들을 윈도윙을 통해 우선적으로 저감시킨 이후에 순차적으로 다음 임계치를 넘는 첨두에 대해 윈도윙을 적용시키므로 첨두가 밀집되어 있을 경우 각각의 첨두들에 대해 한번에 윈도윙 함수를 적용하였을 때 발생할 수있는 과도한 억압을 미연에 방지할 수 있다. 이와 같이 다단 임계치를 적용하여 순차적으로 첨두 윈도윙을 적용하는 기법을 "다단계 첨두 윈도윙"이라 명명한다. 다단계 첨두 윈도윙 기법의 동작은 다음과 같다. 총 M단계의 첨두 인도윙 기법을 적용될 때, i 번째 단계의 임계치는 $\alpha_i\Gamma$ 이며, α_i는 다음의 조건들을 만족한다.

$$\begin{aligned} &\alpha_i > \alpha_j, &&\text{for } \forall i < j \\ &\alpha_i = 1, &&\text{for } i = M \end{aligned} \quad (4.18$$

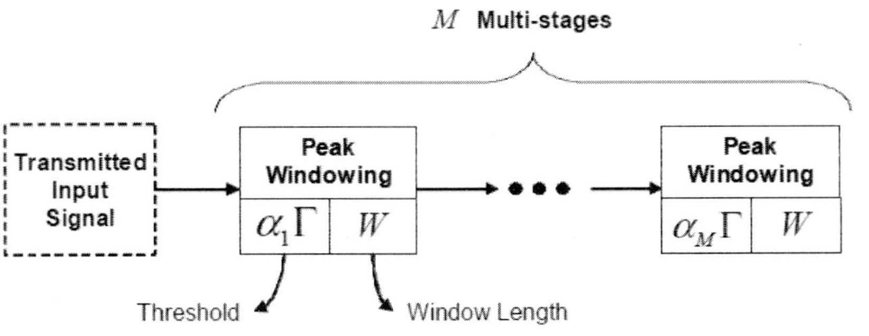

그림 4.3 다단계 첨두 윈도윙 기법

즉, 다단계 첨두 윈도윙 기법은, 큰 임계치부터 작은 임계치 순으로 순차적으로 첨두 윈도윙을 적용한다. 이로 인해서 주변의 신호에 비해 상대적으로 큰 첨두가 우선적으로 억제된 이후, 다시 첨두 윈도윙이 적용되므로, 윈도우 길이 이내에 연속적인 첨두들이 존재할 경우, 중복하여 과도하게 억제되는 경우를 방지할 수 있다. 다단계 첨두 윈도윙 기법의 간략화 된 블록도는 그림 4.3에 나타나 있다.

• 가변폭 첨두 윈도윙 기법

기존의 첨두 윈도윙의 경우, 윈도우의 길이의 절반보다 짧은 구간 내에서 연속적인 첨두가 발생하였을 경우, 그림 4.5에서와 같이 서로 다른 첨두의 윈도우가 중첩되게 되어서 최종적인 크기조정 함수의 크기가 증가하게 된다. 이로 인해 입력 신호는 과도하게 억제되어, 수신비트 오율의 성능 저하가 발생하게 된다. 이러한 현상을 방지하기 위해 본 논문에서는 윈도우의 길이를 가변적으로 적용하여 윈도우가 겹치게 되는 현상을 줄여서 과도한 신호 억제를 줄이는 기법을 제안하며, 이 기법을 "가변길이 첨두 윈도윙"이라 명명한다. 가변길이 첨두 윈도윙 기법은 임계치를 초과하는 첨두들의 위치를 확인한 후 인접 첨두들의 거리가 윈도우 길이보다 작을 경우 윈도우 크기를 반으로 줄여서 적용하는 기법이다. 따라서 기존 첨두 윈도윙이 윈도우 길이 이내의 첨두들이 인접하여 발생할 경우 윈도윙 함수의 중첩으로 인해 과도한 신호 왜곡이 발생할 수 있으나, 제안되는 기법은 인접 첨두들에 의해 윈도윙 함수가 중첩되는 현상을 감소시킨다. 여기서, 각 첨두에 따라 가변적으로 윈도윙 함수를 선택하는 기준은 서로 다른 첨두 index $\forall\, n_q \neq n_p$ 에 대해 아래와 같다.

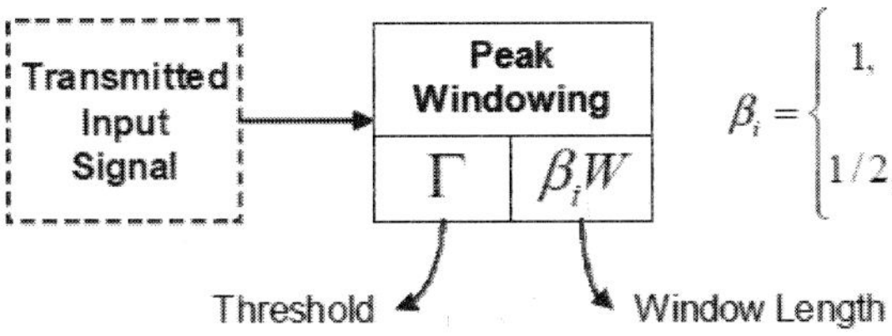

$$\beta_i = \begin{cases} 1, & |n_p - n_q| \le \dfrac{W}{2}, \ \forall n_q \neq n_p \\ 1/2, & |n_p - n_q| > \dfrac{W}{2}, \ \forall n_q \neq n_p \end{cases}$$

그림 4.4 가변길이 첨두 윈도윙 기법

$$w(n-n_p) = \begin{cases} w_f(n-n_p), & |n_p - n_q| \le \dfrac{w}{2} \\ w_h(n-n_p), & |n_p - n_q| > \dfrac{w}{2} \end{cases} \tag{4.19}$$

이 때, $w_f(n-n_p)$과 $w_h(n-n_p)$는 각각 윈도우 길이가 w. w/2인 윈도우를 뜻한다. 가변길이 첨두 윈도윙 기법의 간략화 된 블록도는 그림 4.4에 나타나 있다.

4.3.1.3 Square Clipping

PAPR 을 감소시키는 가장 간단한 방법은 신호의 피크 값을 특정레벨로 제한시키는 신호의 클리핑이다. 하지만 클리핑 기법은 시스템 적용 방법에 따라 시스템 성능에 차이가 발생하고 장단점을 가지게 된다. Square clipping의 경우를 살펴보면 먼저 IFFT 를 거친 신호는 레일리 분포를 따르게 되고 실수축과 허수축에 대하여 각각 다음과 같은 함수로 정의된다.

$$f(x,y)=\frac{1}{2\pi\sigma^2}e^{\frac{-x}{2\sigma^2}} \tag{4.20}$$

클리핑은 실수축과 허수축을 각각 수행하며 구현이 간단하다는 장점을 가지게 되고 저속의 D/A 변환기를 사용할 수 있다. 또한 신호의 흐름이 간단해서 저속의 ASIC을 사용할 수 있다. 하지만 vector modulation 하기위해 D/A 변화기를 두개 사용해야 하고 신호의 크기와 위상이 불안정하다는 단점을 가지게 된다. 그림 4.5는 square clipping 을 적용하기 위해 제안한 시스템이다. 제안한 시스템은 실수축과 허수축에 대하여 동일한 레벨로 신호의 피크값을 제한 한다. 따라서 그림 4.6은 제안한 시스템으로 OFDM 신호를 clipping 하였을 때의 성좌도이다. 성좌도는 실수축과 허수축 각각에 대한 레벨제한으로 인해 다음과 같이 정사각형의 형태를 가지게 된다.

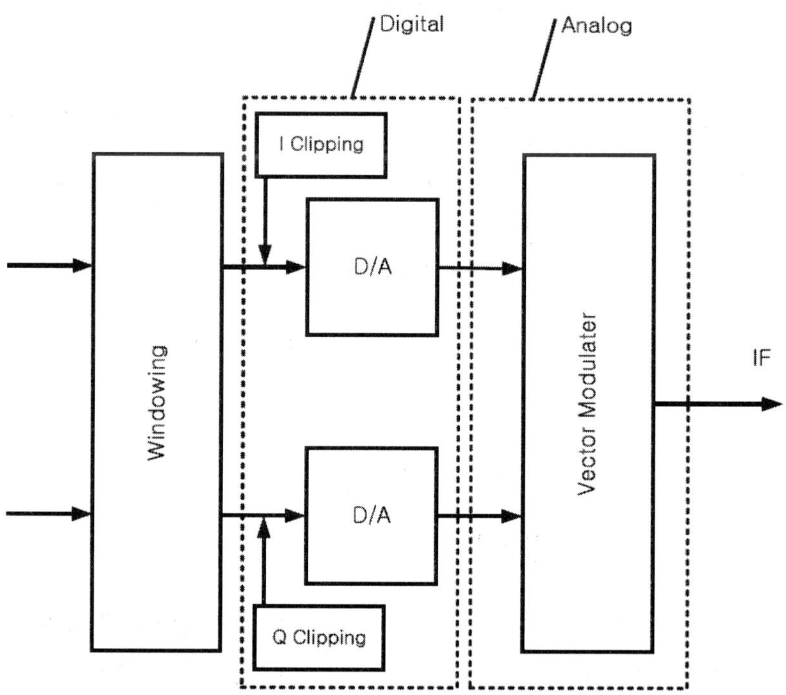

그림 4.5 Square clipping 기법 적용시 시스템 블록도

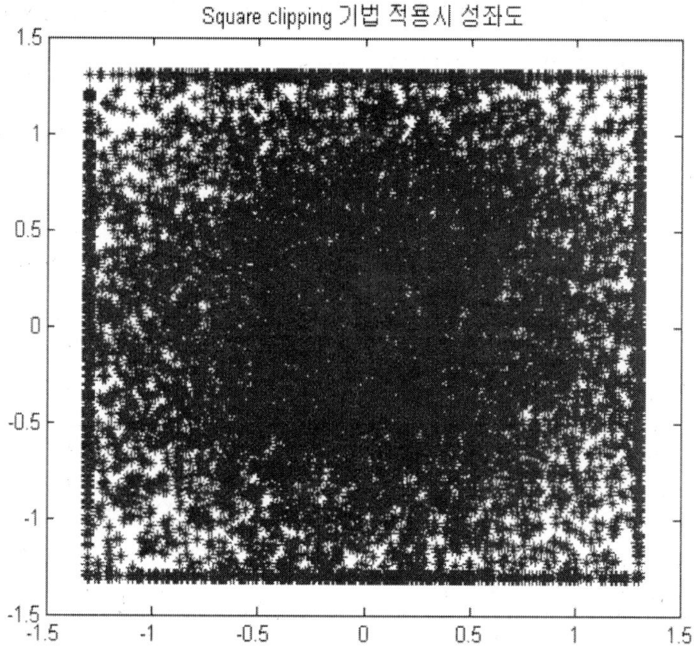

그림 4.6 Square clipping 기법 적용시 성좌도

4.3.1.4 Conventional Clipping

Conventional clipping은 square clipping 과 달리 실수축과 허수축에 각각 클리핑을 적용하지 않고 식 (4.21)에서 정의하고 있는 복소수 값을 가지는 $s(t)$에 클리핑을 적용하게 된다. 따라서 conventional clipping 기법을 적용하기 위한 신호는 레일리 분포를 따르고 함수는 다음과 같이 정의할 수 있다.

$$s(t)=\frac{1}{\sqrt{2}}d_I(t)\cos(2\pi f_c t)+\frac{1}{\sqrt{2}}d_Q(t)\sin(2\pi f_c t) \tag{4.21}$$

$$f(r)=\frac{r}{\sigma^2}e^{\frac{-r^2}{2\sigma^2}} \tag{4.22}$$

이렇게 $s(t)$에 클리핑을 적용할 경우 square clipping 기법 보다 우수한 성능을 얻을 수 있다. 그러나 conventional clipping 기법을 적용하기 위해서는 곱셈기, 제곱근, 나눗셈기등 복잡한 하드웨어를 구현해야 하므로 시스템을 운용하는데 있어 많은 문제점을 가지게 된다.

그림 4.7은 conventional clipping을 적용하기 위한 시스템 구조이다. 이 블록에서는 QPSK

맵핑되어 입력되는 각각의 신호를 복잡한 하드웨어를 거쳐 D/A와 vector modulator를 거치게 된다. 즉, 기저대역에서 클리핑을 수행해야 하므로 복잡한 시스템 구조를 갖게 된다.

실수축과 허수축으로 분류 되어있는 신호를 하나의 신호로 구성하여 클리핑을 수행함에 따라 그림 4.8과 같은 성좌도를 얻을 수 있다.

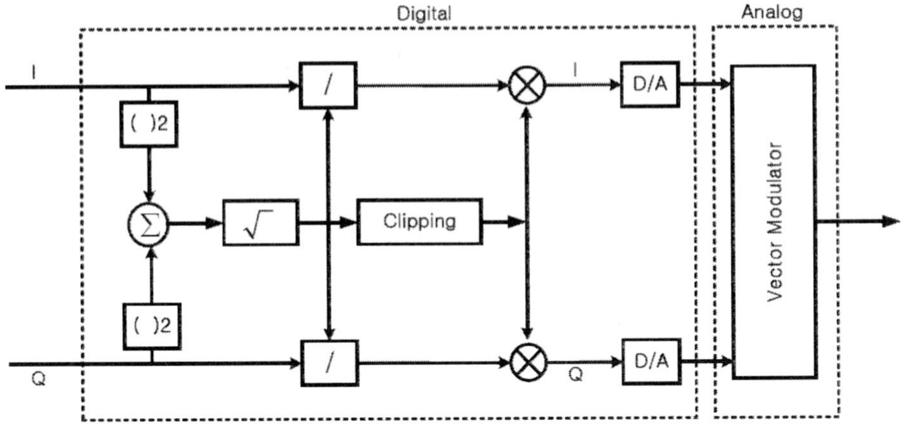

그림 4.7 Conventional clipping 시스템 구조

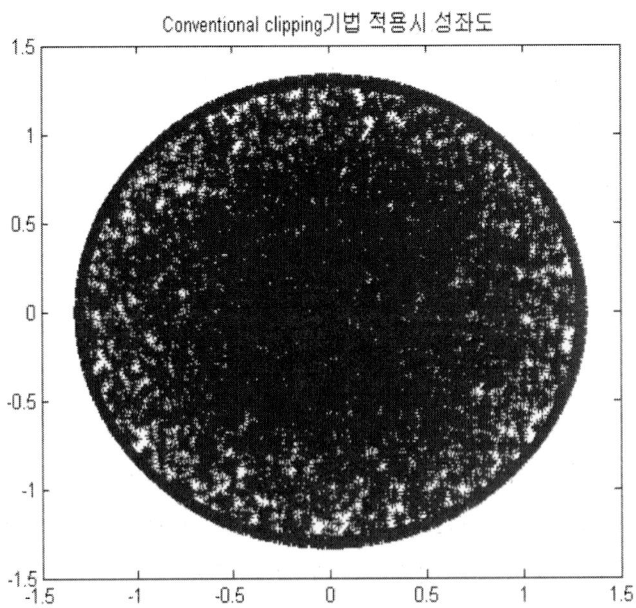

그림 4.8 Conventional clipping 기법 적용시 성좌도

4.3.2 스크램블링

스크램블링 기법은 기본적으로 서로 다른 여러 개의 스크램블링 시퀀스로 각 OFDM 심볼을 스크램블링하고 그 결과 중에서 가장 작은 PAPR을 갖는 시퀀스를 선택하는 방식으로, 선택적 매핑(SLM: Selected Mapping)기법과 부분 전송 시퀀스(PTS: Partial Transmit Sequence) 기법이 있다. SLM 기법은 스크램블링을 모든 부반송파에 적용하여 위상을 독립적으로 회전시키는 반면, PTS 기법은 스크램블링을 부반송파 그룹별로 적용하여 위상을 회전시키는 것에 그 차이점이 있다.

SLM과 PTS 기법 모두 훌륭한 PAPR 저감 효과가 있지만, 많은 수의 IFFT를 요구함으로써 연산량이 증가하는 문제점이 있다. 따라서 여기에 적응적 개념을 도입하면 PAPR의 연산량을 줄이면서 PAPR값도 줄일 수 있다. 그러나 기존의 PTS 기법은 부블록의 수에 따라 지수함수적으로 증가하는 PAPR의 연산량은 여전히 문제가 된다.

4.3.2.1 SLM(Selective mapping method)

SLM(Selective Mapping) 기법은 입력되는 병렬 데이터에 여러 가지의 위상 시퀀스들을 곱하고 이중 가장 낮은 PAPR을 나타내는 신호를 선택하여 전송하는 방법으로, 그림 4.9와 같이 표현된다.

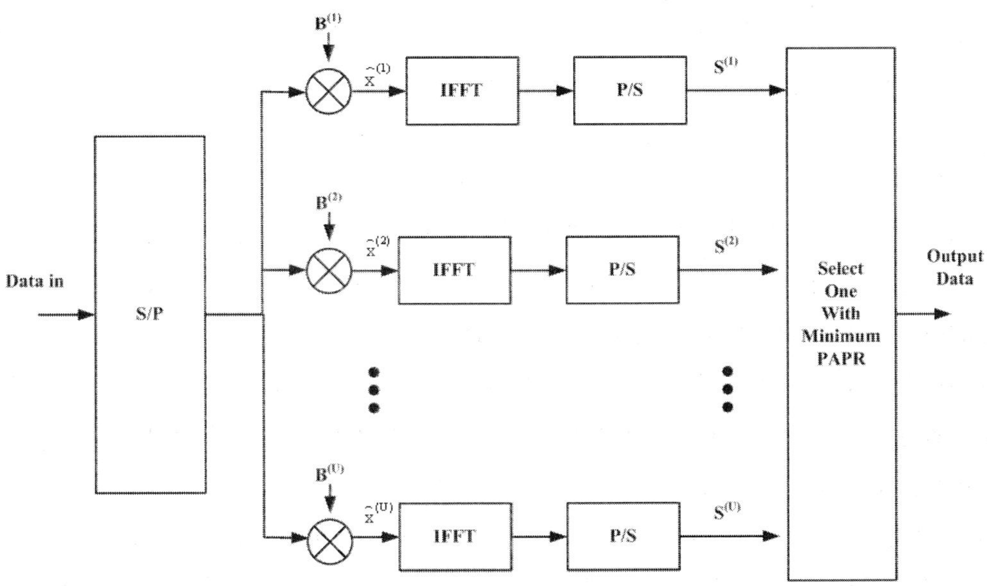

그림 4.9 Selective mapping 기법을 이용한 OFDM

최초 입력된 데이터가 S/P 변환을 거친 후 $X=[X_0, X_1, ..., X_{N-1}]^T$ 로 표현된다면 각 copy 브랜치에서 위상 회전 시퀀스 $B^{(u)}$ 에 의해 변환된 데이터는 $\widetilde{x^{(u)}}=[\widetilde{X_0^{(u)}}, \widetilde{X_2^{(u)}}, ..., \widetilde{X}_{N-1}^{(u)}]^T$ 로 표현되며 이때 각각의 $\widetilde{x_n^{(u)}}$ 는 다음과 같이 표현된다. (단, $1 \le u \le U$).

$$\widetilde{x_n^{(u)}}=X_n \cdot b_n^{(u)} \tag{4.23}$$

그리고 , 각각의 IFFT를 통과한 데이터는 다음과 같다.

$$s^{(u)}(t)=\frac{1}{\sqrt{N}}\sum_{k=0}^{N-1}\widetilde{x_k^{(u)}}e^{j2\pi k\triangle ft},\ 0 \le t \le NT \tag{4.24}$$

결국 최종 출력신호는 이들 중 가장 낮은 PAPR을 갖는 신호가 선택되어 전송된다. 여기서 PAPR 저감효과는 copy된 수 U가 커질수록, 즉 선택할 경우의 수가 많을수록 크게 나타난다. SLM 기법은 신호의 왜곡 없이 PAPR을 크게 저감할 수 있다는 장점을 갖는 반면, copy된 수와 동일한 수의 IFFT 블록이 사용되므로 시스템 복잡도가 크게 증가하며, 선택된 위상 sequence에 대한 정보를 별도의 부가 채널을 통해 반드시 전송해야만 한다는 큰 단점을 갖는다.

SLM(selective mapping)기법은 송신기는 먼저 정보 블록에 서로 충분히 다른 복수의 위상 시퀀스를 곱하여 후보 데이터 블록의 집합을 생성하고 IFFT를 취한 후 가장 낮은 PAPR을 보이는 데이터 블록을 선택하여 전송한다. 수신기는 원래의 정보 블록을 복원하기 위해 송신기에서 선택한 위상 시퀀스를 정확히 알아야 하므로, 송신기는 부가 정보(side information)를 반드시 전송해야 한다. 만일 부가 정보에 에러가 발생한다면 BER 성능은 상당히 저하될 것이다. 부가 정보의 전송 필요성을 제거하기 위해 스크램블링, 에러정정 부호, GS(Guided Scrambling) 부호등을 이용한 기법들이 제안되었다. 그러나 이들 기법은 레이블 비트의 삽입을 위해 부반송파를 낭비하거나, 에러정정 부호를 사용하였음에도 불구하고 채널에서 발생한 에러를 정정할 수 없는 문제점을 갖는다. 최근에 위상시퀀스를 곱하여 블록 부호의 체크 심볼들의 위상을 천이시키는 수정된 SLM 기법이 제안되었다. 이 기법에서 에러 정정 부호는 부가 정보의 전송으로 인한 데이터 율의 손실 없이 전송 에러를 정정하기 위해 사용된다. 이 기법은 위상 천이된 OFDM 데이터 블록에서 메시지 심볼들은 전혀 수정되지 않은 사실을 이용한다. 따라서 부호어의 메시지 심볼 중 일부가 채널 에러로 인해 오염될 경우 수신기에서 잘못된 위상 시퀀스가 추정될 수 있으며, 이에 따라서 BER 성능이 상당히 저하될 것이다. 또한 수신기에서 선택된 위상 시퀀스를 추정하기 위해 심볼 매핑, 재부호화 및 복소 나눗셈 등 과 같은 중복된 과정이 필요하고 이는 복잡도를 증가시킨다.

4.3.2.2 PTS (Partial Transmission Sequence)

PTS 기법은 부반송파들을 여러 개의 부블록으로 서로 중복되지 않게 나누고, 부블록별로 IFFT를 수행한 후 위상 가중치 요소를 곱하여 PAPR 값을 감소시키는 기법이다. 그림 4.10은 PTS 기법의 블록도이며 OFDM 심볼을 구성하는 N개의 부반송파를 M개의 부블록으로 나누고, PAPR 값이 최소가 되도록 최적의 위상 가중치 요소를 선택하여 가장 낮은 PAPR 값을 갖는 심볼을 전송하는 기법이다.

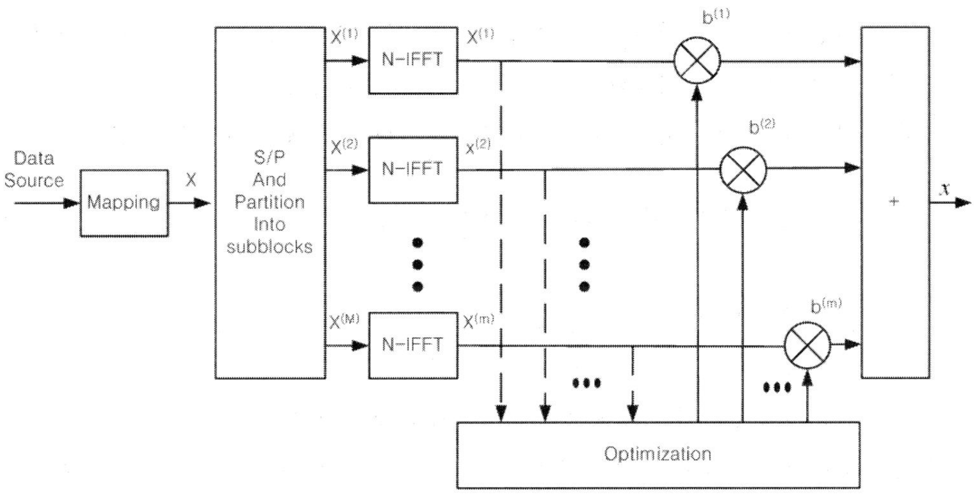

그림 4.10 PTS 기법의 블록도

PTS 기법에서 부반송파의 수가 N개일 때, 입력 신호를 M개의 부블록으로 나누면 분할된 블록 벡터는,

$$X^{(m)} = [X_1^{(m)}\ X_2^{(m)}\ \ldots\ X_N^{(m)}]^T \tag{4.25}$$

로 나타낼 수 있다. m은 부블록의 인덱스를 나타내며, $[.]^T$는 전치행렬을 나타낸다. 이때 m 번째 부블록의 μ번 째 원소 $X_\mu^{(m)}$은 OFDM 신호의 직교성을 유지하기 위하여 N개의 크기에 IFFT연산을 수행하게 되며 다음과 같이 구성된다.

$$X_\mu^{(m)} = \begin{cases} X_\mu, & \mu = \frac{(m-1)N}{M} + 1, \ldots, \frac{mN}{M} \\ 0, & otherwise \end{cases} \tag{4.26}$$

위 수식에서 N/M은 정수가 되어야 하며, PAPR을 감소시키기 위하여 부블록에 위상 가중치 요소를 곱한 주파수 영역의 전송 신호 $\widetilde{X}$ 는,

$$\widetilde{X}=\sum_{m=1}^{M} b^{(m)} \cdot X^{(m)} \tag{4.27}$$

와 같다. 여기서 $b^{(m)}$은 위상 가중치 요소로써 $b^{(m)}=\exp(j\varphi^{(m)})$ 로 표현된다. $\varphi^{(m)}$은 가중치 요소의 위상 회전 요소이며, 연속적인 값을 가지지만, 계산의 복잡도를 줄이기 위해 선택 가능한 위상 가중치 값을 제한하면 다음과 같다.

$$p=e^{j2\pi l/w},\ l=0,1,...\ W-1 \tag{4.28}$$

위 수식에서 W는 선택 가능한 위상 가중치 값의 수이다. 따라서 PAPR이 최소가 되도록 하는 위상 가중치 벡터를 찾기 위해서는 $W^{(M-1)}$ 번의 탐색이 필요하며, 계산 복잡도는 부블록의 개수인 M에 따라 지수적으로 증가한다. 식 (4.27)에서의 $\widetilde{X}$를 IFFT한 신호 $\tilde{x}$는,

$$\tilde{x}=IFFT(\sum_{m=1}^{M} b^{(m)} \cdot X^{(m)})=\sum_{m=1}^{M} b^{(m)} \cdot X^{(m)} \tag{4.29}$$

와 같다. 시간 영역 부분의 OFDM 신호는 $x^{(m)}=IFFT\{X^{(m)}\}$을 부분 데이터 블록 $X^{(m)}$의 부분 전송열(Partial Transmit Sequence)이라고 하며, 부블록에 적절한 위상 가중치 요소를 곱하여 변조 신호의 PAPR을 감소시킬 수 있다. PAPR을 최소화하는 위상 가중치 요소를 찾기 위해 PTS 기법에서는 부블록 개수의 조합으로 발생되는 모든 경우의 수를 고려하여 최적의 PAPR이 되는 위상 가중치 요소를 구한다.

이상적인 최적의 위상 가중치 요소는 다음과 같이 나타낸다.

$$\left[\widetilde{b^{(1)}},...,\widetilde{b^{(m)}}\right]=\underset{\left[\widetilde{b^{(1)}},...,\widetilde{b^{(m)}}\right]}{\arg\min}\left(\max_{0\le k\le N}\sum_{m=1}^{M} b^{(m)}X_k^{(m)}\right) \tag{4.30}$$

따라서 최적의 위상 가중치 요소가 곱해져서 가장 낮은 PAPR을 갖는 심볼은,

$$\tilde{x}=\sum_{m=1}^{M} \widetilde{b^{(m)}} \cdot x^{(m)} \tag{4.31}$$

와 같다. 여기서 $\tilde{x}$는 최소의 PAPR 값을 갖는다.

4.3.2.3 PRSC 기법

본 절에서는 PAPR 감소 기법으로서 PRSC 기법과 SLM 기법을 고려한다. 먼저 PRSC 기반의 PAPR 감소 기법은, 전송되는 OFDM 심볼 내의 특정 부반송파, 즉 PRSC를 선택하여 여기에 데이터 변조 심볼을 전송하는 대신 전체 OFDM 신호의 PAPR을 감소시키기 위한 변

조 심볼을 선택하여 삽입 전송하는 방법이다[8,9,10,11]. 이 기법에서는 한 OFDM 심볼 내의 총 N 개 부반송파를 실제 데이터 변조 심볼 $X_0, \cdots X_{I-1}$ 가 실리는 I개의 부반송파 및 PAPR 감소를 위한 변조 심볼 $Y_0, \cdots, Y_{D-1}$ 을 실어주는 D개의 PRSC 두 부분으로 구분하며, 따라서 부반송파의 총 개수는 $N = I + D$ 로 나타낸다.

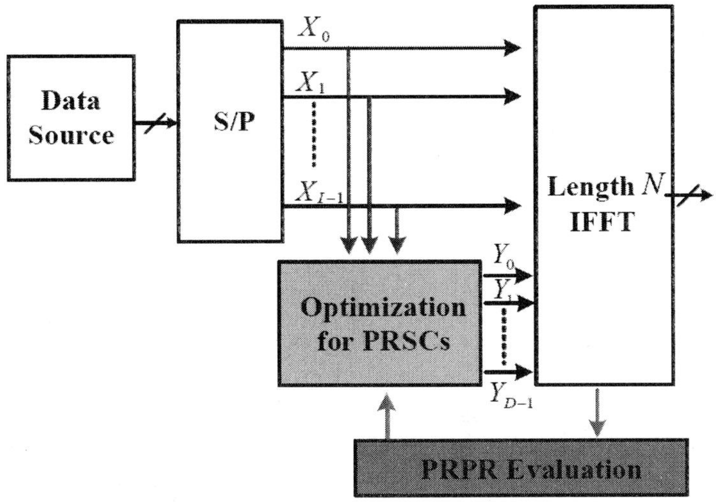

그림 4.11 PRSC를 이용하는 OFDM 시스템의 PAPR 감소 기법

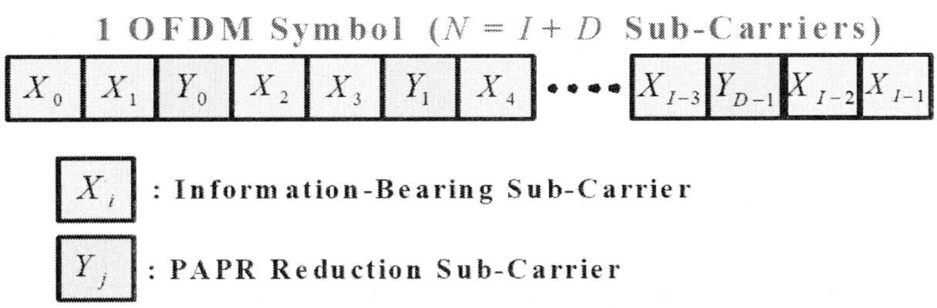

그림 4.12 한 OFDM 심볼 내에 PRSC 변조 심볼이 삽입되는 과정

그림 4.11은 이러한 PRSC를 이용하는 PAPR 감소 기법에 대한 블록도를 나타낸 것이고, 그림 4.12는 한 OFDM 심볼 내에 PRSC 변조 심볼이 삽입되는 과정을 도시하고 있다. PRSC 기법은 송신단으로부터 PAPR 감소를 위한 변조 심볼만 수신부에 부가 정보로서 전달함에 따라 다른 감소 기법들과 비교하여 적은 복잡도로 구현이 가능하며, 수신부에서 특별한 연산이 필요 없는 장점을 가진다.

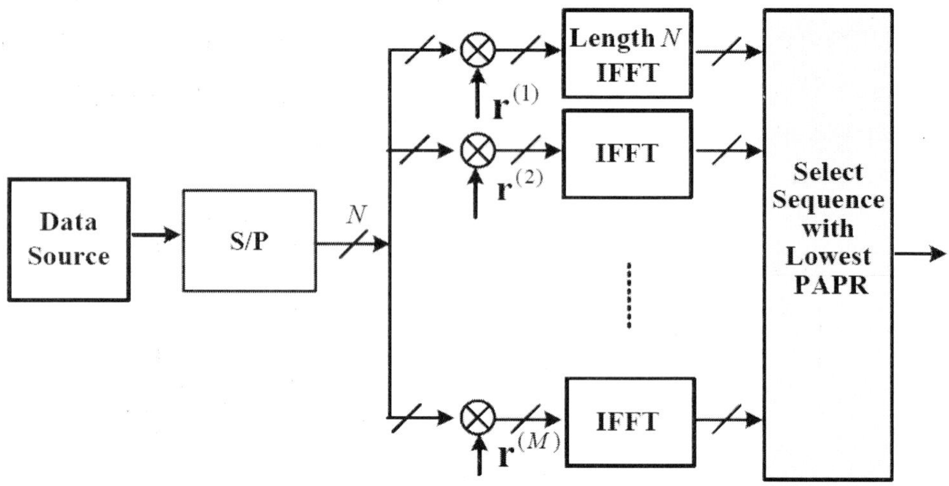

그림 4.13 SLM 기법을 이용한 OFDM 시스템의 PAPR 감소 기법

그림 4.13은 SLM을 이용한 OFDM 시스템의 PAPR 감소 기법을 나타낸 것이며, 이를 자세히 살펴보면 다음과 같다. 전송되는 OFDM 심볼 내 부반송파의 동일한 정보를 각각 다른 PAPR 특성을 갖도록 하기 위해, Walsh 부호와 같은 길이 N인 직교 부호 $r^{(m)} = (m = 1, \cdots, M)$을 길이 N의 주파수 영역 신호 X와 곱하여 M개의 통계적으로 독립적인 신호 $X^{(m)} \equiv X \otimes r^{(m)}$을 만들고, 이들에 대해 OFDM 변조 후 가장 낮은 PAPR을 갖는 신호 $x^{(\overline{m})}$을 수신단에 보내게 된다. 단, 여기서 $x^{(m)} = IFFT\{X^{(m)}\}$이며, $\overline{m}$은 다음과 같이 정의된다.

$$\overline{m} = \arg \min_{1 \le m \le M} (PAPR(X^{(m)})) \tag{4.32}$$

SLM 기법은 구조가 단순하며, 병렬 처리가 가능한 장점을 가지고 있다. 하지만 선택된 직교 부호를 알기 위한 부가 정보가 필요하며, 많은 IFFT 연산이 필요하다. 또한 수신부에서는 사용된 직교 부호를 복호하는데 별도의 연산이 필요한 단점을 가지고 있다.

4.3.2.4 SLM-PTS 결합기법

4.3.2.4.1 고속 적응형 PTS기법

기존의 PTS 기법은 입력의 데이터를 여러 개의 부블록으로 나누고 각 부블록에 가중요소를 곱해서 적절히 위상조절을 함으로써 PAPR을 저감시키는 기법이다. 입력 데이터 블록을

$\{X_{n,}\ n=0,1,2,\cdots,N-1\}$라 할 때, 이것의 벡터표현은 $\vec{x}=[X_0,\ X_1,\ \cdots,\ X_{N-1}]^T$ 이고, $\vec{x}$ 를 M개의 부블록으로 나누었을 때, 각 부블록을 $\overrightarrow{x_m}$ 이라 하면 $\vec{x}$ 는 식 (4.33)와 같다.

$$\vec{x}=\sum_{m=1}^{M}\overrightarrow{x_m} \tag{4.33}$$

부블록을 분배하는 방법에는 여러 가지가 있으며, 인접분배 방법을 적용하였을 경우, 가중요소 $\{b_{m,}\ m=0,1,2,\cdots,M\}$ 를 곱한 부블록은 식 (4.34)과 같다.

$$\vec{x}=\sum_{m=1}^{M}b_m\overrightarrow{x_m} \tag{4.34}$$

가중요소는 크기가 1인 복소수 값으로써, 시스템의 복잡도를 간단히 하기 위하여 보통 ± 1의 값을 사용한다. 즉 부블록의 위상조절은 0° 또는 180° 이다. 또한, M개의 부블록에서 첫 번째 부블록은 가중요소를 적용하지 않아도 되므로, M개의 부블록에 대하여 ± 1의 가중요소를 사용할 경우 위상조절이 가능한 총 경우의 수는 2^{M-1} 번이 된다. 적응적 개념이 없는 PTS 기법은 M개의 부블록에 대하여 ± 1의 가중요소를 사용할 경우, 총 2^{M-1}의 PAPR값을 모두 계산하여 그 중 가장 작은 PAPR을 가지는 시퀀스를 선택하므로 M이 증가할수록 PAPR의 연산량은 지수함수적으로 증가하게 된다.

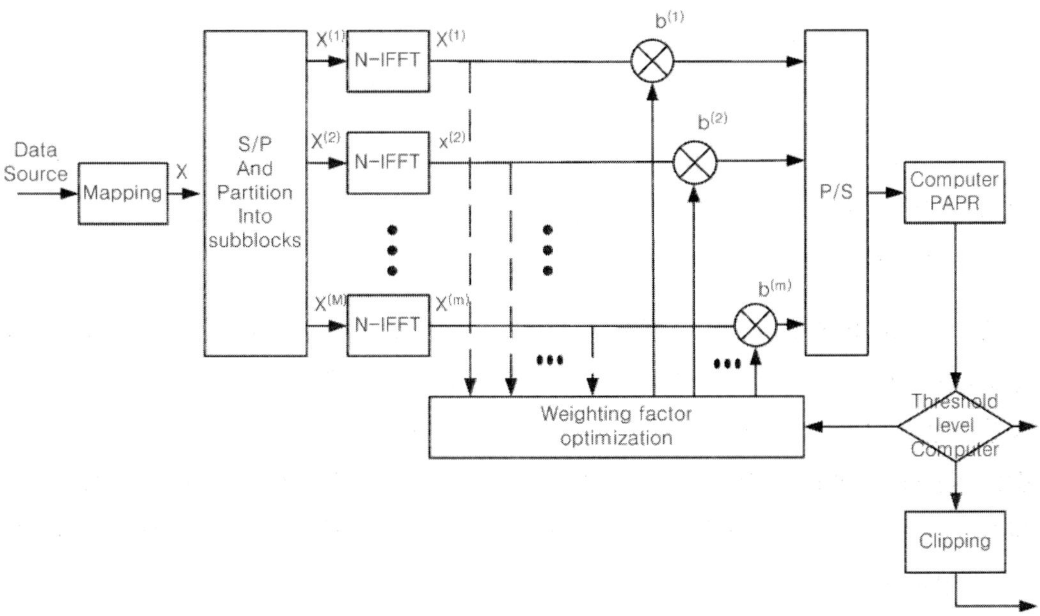

그림 4.14 고속 적응형 PTS기법의 블록도

그러나 적응형 PTS 기법은 이런 문제점을 해결하기 위하여 PAPR의 임계 레벨을 미리 설정하여, 그 레벨보다 낮은 PAPR 값이 출력될 때 까지만 PAPR을 계산하는 방식으로 PAPR의 저감 성능은 다소 떨어지지만 연산량을 줄일 수 있다. 아래 그림에서는 임계 레벨을 두 레벨로 설정하여 기존의 PTS 기법보다 연산량을 현저히 감소시킬 수 있는 고속의 적응형 기법을 그림 4.14가 보여준다.

직렬의 입력 데이터 비트가 QPSK 맵핑되고 복소수 형태의 심볼이 병렬로 변환된 후, N개의 부반송파에 대하여 N/M=k 개의 부반송파가 할당된다. 각 부블록에 대하여 N-IFFT를 수행한 후 가중요소를 곱하여 적절하게 위상을 조절하여 PAPR을 감소시킨다. 이 때 PAPR을 계산할 경우 각 부블록을 더한 후에 계산을 하고 실제 전송되는 OFDM 신호는 병/직렬 변환한 후 전송된다.

4.3.2.4.1 SLM-PTS 결합기법

SLM-PTS 결합기법은 기존의 SLM과 PTS기법을 보다 개선된 알고리즘으로 결합한 방식으로 입력신호에 SLM을 적용한 후 PTS를 적용하는 기법이다. 즉, 동일한 입력신호에 위상변화를 주어 통계적으로 독립적인 심볼을 만들어 가장 낮은 PAPR을 갖는 심볼을 선택하며, 선택된 심볼을 몇 개의 부블록으로 나누어 가장 낮은 PAPR을 갖는 최적의 가중치 요소를 찾아 곱한 후 전송하는 기법이다.

최적 가중치 요소를 찾는 대표적인 방법으로는 위상회전요소를 2개 사용하는 방법, 위상회전요소를 4개 사용하는 방법 및 Cimini's suboptimal 방법 등이 있다.

본 절에서는 고속 적응형 PTS 기법을 사용하여 기존의 SLM 기법과 결합시킨 새로운 PAPR 저감기법으로 SLM-PTS 결합기법을 제안하고, 기존 SLM 및 PTS 기법과의 특성을 비교, 분석하고자 한다.

제안된 SLM-PTS 결합기법은 기존의 SLM 기법과 PTS기법을 보다 개선된 알고리즘으로 결합하여 입력신호에 SLM 기법을 적용한 후 PTS 기법을 적용하여 전송하는 기법이다. 즉, 동일한 입력신호에 위상변화를 주어 통계적으로 독립적인 심볼을 만들어 가장 낮은 PAPR을 갖는 심볼을 선택하며, 선택된 심볼을 몇 개의 부 블록으로 나누어 가장 낮은 PAPR을 갖는 최적의 가중치 요소를 찾아 곱한 후 전송하는 기법이다. 그림 4.15에는 제안하는 SLM-PTS 결합기법의 구조를 보인다.

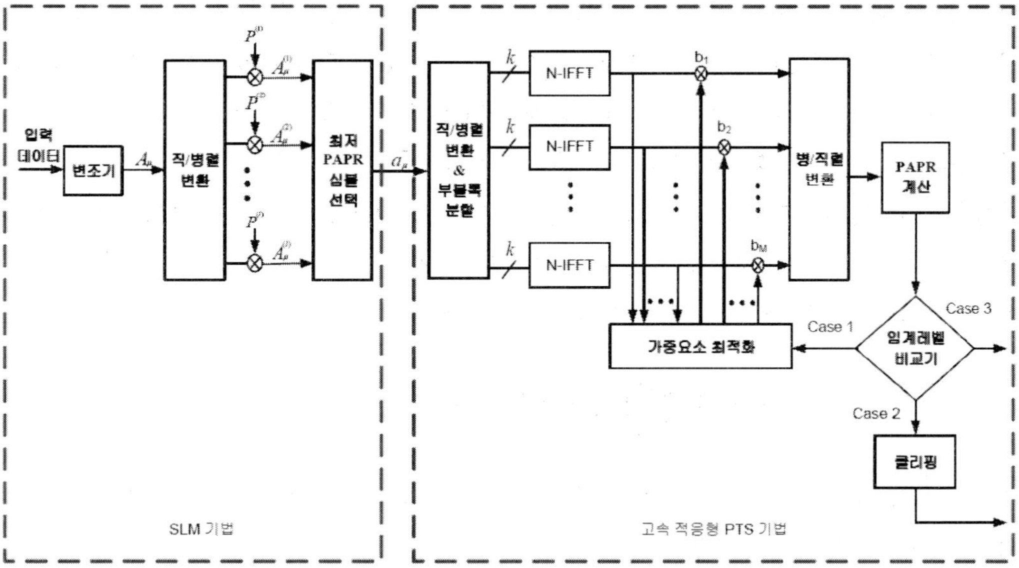

그림 4.15 Block diagram of combined SLM-PTS method

최적 가중치 요소를 찾는 대표적인 방법으로는 위상회전요소 를 2개 사용하는 방법, 위상회전요소를 4개 사용하는 방법 및 imini's suboptimal 방법 등이 있다. Cimini's suboptimal 방법은 위상회전요소를 2개 및 4개를 사용한 방법보다 PAPR 저감성능은 다소 떨어지지만 최적 가중치 요소를 찾는 연산량이 부블록수인 M번으로 감소하는 장점을 가진다. Cimini's suboptimal 방법은 다음과 같다.

먼저 위상회전요소를 0°, 180° 라 놓고 우선 모든 M개의 부 블록에 뒤상회전 요소를 1이라 하고, OFDM 신호의 PAPR을 구한다. 다음 첫 번째 부 블록의 위상회전요소만 -1로 바꾸고 다시 OFDM 신호의 PAPR을 구한 후, 이전 단계에서 구한 PAPR과 새로 구한 PAPR 값을 비교하여 만약, 이전 단계의 PAPR 값이 새로 구한 PAPR 값보다 크다면 최적의 첫 번째 위상회전요소 $b_{\mu}^{(1)}$은 -1이 되며, 비교 결과로 반대라면 $b_{\mu}^{(1)}$은 1이 된다. 이런 과정을 부 블록수인 M번 반복하여 최적의 가중치 요소를 찾는다.

4.3.3 TR(Tone reservation) 기법

톤 예약(Tone reservation) 기법은 톤이라 명명한 일부의 부반송파를 PAPR 감소의 목적으로 사용한다. 그런데 이 부반송파의 위치에 따라서 저감 성능에 많은 차이가 있다. 그러나 여기에서는 일정한 위치에 예약하고 그러한 부반송파에 대한 수렴 알고리즘을 반복수행하여 PAPR을 감소시키는 방법이다. 아래 그림은 이 기법의 송신기 블록도의 모습이다. 기존의 OFDM 그림과 비교했을 때 약간 달라진 모습을 볼 수 있다. 그림 4.16에서 입력 데이터 DIN 이 QPSK나 QAM과 같은 복소 데이터 심볼이 되어 직렬로 들어온 데이터를 S/P 블록에서 부반송파 수인 N만큼 병렬로 변환하되 톤 신호를 실는 부반송파 위치를 고려하여 데이터를 부반송파에 싣는다. 그 후 IFFT의 선형성을 이용하여 데이터를 싣는 부반송파 부분과 톤 신호를 실는 부반송파 부분으로 나누어 고려하자. 우선, 데이터 부분을 고려하면 데이터는 IFFT를 통과하면 식 (4.35)과 같이 나타낼 수 있다

$$d(t) = \frac{1}{N}\sum_{n=0}^{N-1} D_n e^{j2\pi nt/T}\ ,\ 0 \le t \le T \tag{4.35}$$

여기서 D_n을 복소 데이터 심볼, N은 부반송파의 수, T_s는 OFDM 심볼 구간이고, d(t)는 톤 신호가 첨가되지 않은 순수한 데이터신호이다.

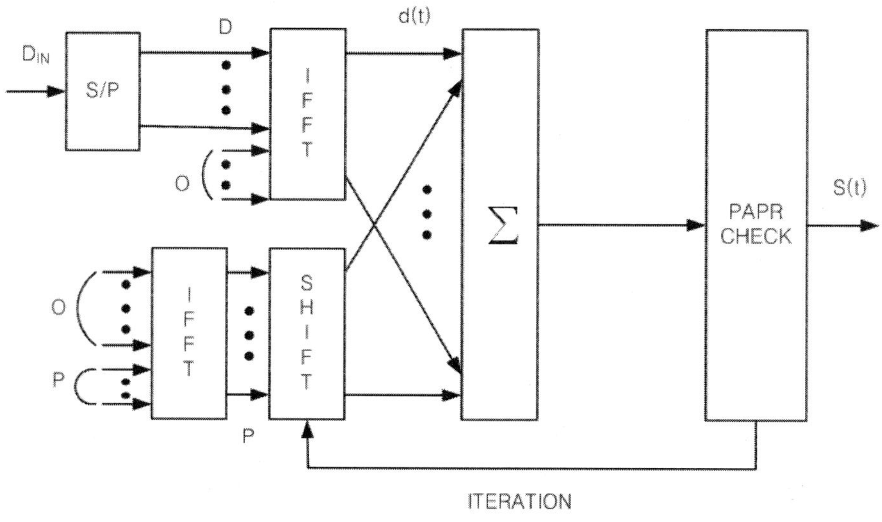

그림 4.16 Tone reservation 기법의 블록도

한편 톤 신호는 다음과 같이 나타낼 수 있다.

$$p\begin{cases} p_k = 0, & k \not\in \{i_0, \ldots, i_{L-1}\} \\ p_k = A, & k \in \{i_0, \ldots, i_{L-1}\} \end{cases}, \tag{4.36}$$

$$p = IFFT\{p\} \tag{4.37}$$

식 (4.36)에서 P는 IFFT를 통과하지 않은 신호로서 전체 부반송파 N개 중 데이터를 싣는 부반송파는 0의 값을 넣고, 톤 신호를 싣는 부반송파는 기본적으로 1값을 넣는다. 이렇게 만들어진 P는 IFFT를 통과한 후 식 (4.37)과 같이 p로 나타낼 수 있다. 참고로 li_l은 첨두 감소를 위해 예약된 l번째 부반송파의 위치이다. 이렇게 구한 IFFT 연산 후의 정보 행렬 d와 p 를 더하여 OFDM 심볼을 생성한다. 그리고 이러한v과정이 반복 수렴 알고리즘의 반복수를 수행한 후 데이터는 최소의 PAPR 값을 갖는 톤 신호와 결합하여 최종적으로 송신 데이터 s(t)로 전송된다. 이 그림은 데이터와 톤 신호의 배치된 모습이다. 여기서 톤 신호는 4개를 사용하였고, 총 N−L의 데이터를 두 부분으로 나누었다. 그리고 위 그림처럼 톤 신호는 데이터의 사이에 배치되어 톤 신호와 데이터가 섞인 하나의 데이터 블록을 구성하였다. TR 기법은 톤 신호의 위치에 민감하여 적절히 배치하여야 한다.

4.3.4 TI(Tone Injection) 기법

기존에 제안된 기법 중 클리핑 기법은 임계치를 초과하는 전력의 신호를 잘라내어 PAPR을 줄이는 기법으로 구현방법이 간단한 이점이 있으나 신호의 왜곡이 발생하여 비트오류율(Bit Error Rate; BER)성능 저하를 초래하는 단점이 있다. 또한 주파수 및 시간 영역에서 다수의 위상 시퀀스를 추가적으로 곱하여 PAPR을 줄이는 SLM(SeLective Mapping) 기법과 PTS(Partial Transmit Sequence)기법은 최적의 위상 시퀀스를 결정하는데 있어 많은 탐색 연산량을 요구하고 전송 시 위상 시퀀스 정보를 동시에 전송해야 함에 따라 전송률 저하의 문제점이 발생한다. J. Tellado가 제안한 톤 삽입 (Tone Injection) 기법은 임의의 톤의 성상도를 확장하여 PAPR을 감소시키는 기법으로 신호 전송 시 추가적인 정보 전송에 따른 전송률 저하의 문제점은 없지만 성상도를 확장시키기 위한 톤의 수 및 확장 방향의 가짓수에 따라 최적의 PAPR을 유도하는 삽입톤의 탐색을 위한 연산량이 지수적으로 증가하는 문제점이 존재한다. 뿐만 아니라 성상도를 확장함에 따라 전력상승의 문제가 발생하게 되고 이는 삽입톤의 위치 및 확장방향에 따라 달라진다. 이러한 기존의 톤 삽입 기법은 낮은 전력상승을 고려한다면 삽입 가능한 톤 신호가 제한적임에 따라 PAPR 저감 성능이 열화되고 반대로 최적의 PAPR 저감 성능을 고려하게 되면 높은 전력상승을 유발하게 된다.

일반적으로 OFDM 신호는 $\Delta f = 1/NT_s$의 주파수 간격으로 이루어진 N개의 직교 부반송파에 의해 전송되며 전송신호 $x(t)$는 식 (4.38)로 표현한다.

$$x(t) = \frac{1}{\sqrt{N}} \sum_{k=0}^{N-1} X_k e^{j2\pi f_k t}, 0 \le t \le NT_s \tag{4.38}$$

이때, X_k는 k번째 부반송파를 통해 전송되는 변조 심볼을 나타내며, f_k는 변조 심볼 X_k를 전송하기 위한 k번째 부반송파 주파수로 $f_k = k\Delta f$로 정의된다. 또한, 식 (1)의 신호 $x(t)$를 변조 심볼 간격 T_s 단위로 $t = NT_s$로 샘플링 한 이산 시간에서 N개의 부반송파를 갖는 임의의 m번째 OFDM 심볼의 신호는 식 (4.39)와 같이 표현할 수 있다.

$$x^m[n] = \frac{1}{\sqrt{N}} \sum_{k=0}^{N-1} X_k^m e^{j2\pi kn/N}, \quad 0 \le n \le N-1 \tag{4.39}$$

톤 삽입 기법은 신호 성상도의 크기를 확장하여 PAPR을 줄이는 방법으로 식 (4.39)의 변조 심볼 집합 $X^m = \left[X_0^m, X_1^m, \cdots, X_{N-1}^m\right]$ 중 임의의 톤 $X_{k_0}^m$의 성상도를 일정 거리만큼 이동시켜 기존의 성상도를 일정 거리만큼 이동시켜 기존의 성성도 위치를 새로운 등가 위치로 재배치한다. 이 때, 임의의 톤 $X_{k_0}^m$의 성상도 위치가 새로운 등가위치로 이동하는 것은 k_0의 톤 위치에 새로운 톤을 삽입하는 과정을 의미한다. 식 (4.39)에서 새로운 톤이 삽입된 신호 $\overline{x^m}[n]$은 식 (4.40)과 같다

$$\overline{x^m}[n] = x^m[n] + c^m[n] = \frac{1}{\sqrt{N}} \sum_{k=0}^{N-1} \overline{X_k}^m e^{j2\pi kn/N} \tag{4.40}$$

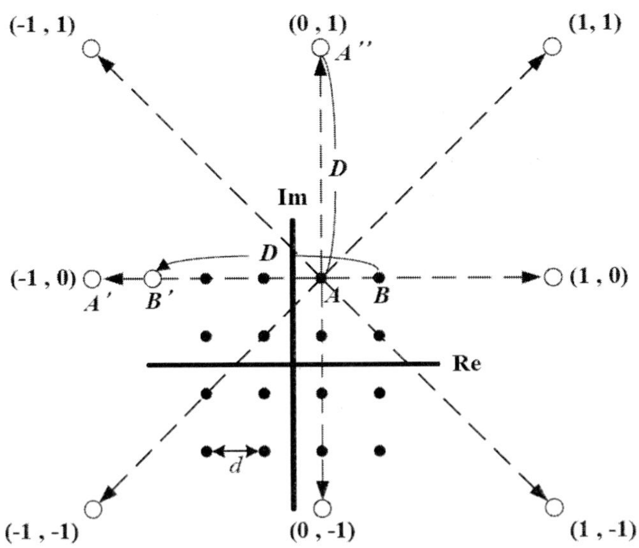

그림 4.17 16-QAM 변조방식을 이용한 톤 삽입 기법의 예

식 (4.40)에서 $\overline{X_k}^m = X_k^m + C_k^m$이고, $C_k^m = p_k^m D + jq_k^m D$이다. 이 때, C_k^m은 k번째 부반송파에 삽입할 톤을 의미하며 -1, 1 혹은 0의 값을 갖는 p_k^m와 q_k^m에 따라 S개의 방향으로 톤이 확장 된다. 그림 4.17은 16-QAM 변조 신호의 성상도에서 C^m이 삽입되었을 때 임의의 톤 A가 p_k^m와 q_k^m에 따라 가질 수 있는 모든 등가 위치를 표현한 예이다. 그림 1에서 각 성상위치에 표현한 괄호 안의 값은 (p_k^m, q_k^m)를 나타낸다. 신호의 성상위치를 이동시키기 위해 확장거리 D의 값을 적절하게 설정하여 신호를 전송하게 되면 수신단에서 모듈로 연산을 통해 전송 신호와 동일한 신호를 얻을 수 있다.

4.3.4.1 전력상승 문제

이러한 톤 삽입 기법은 송・수신단에서 확장 거리D가 사전에 약속되어 추가적인 오버헤드 전송을 요구하지 않고 그림 2와 같이 수신단에서 모듈로 연산을 통해 복구가 사능하다는 장점이 있다. 이때, 확장 거리 D는 식 (4.41)와 같이 QAM 변조를 위한 최소거리 d와 변조레벨 M으로 정의한다. 또한 1보다 큰 임의의 실수 값을 갖는 ρ를 곱하여 줌으로써 기존의 성상도의 전정 영역에 영향을 주지 않고 BER 성능의 열화를 방지할 수 있다. 하지만 톤 삽입 기법은 확장거리 D만큼 기존의 성상도를 확장시키기 때문에 신호의 크기가 커지게 되고 이에 따라 전송 전력상승의 문제점이 발생한다.

$$D = \rho d\sqrt{M} \tag{4.41}$$

앞서 설명한 바와 같이 톤 삽입된 신호 $\overline{X_k^m} = X_k^m + p_k^m D + jq_k^m D$은 $p_k^m \neq 0$ 또는 $q_k^m \neq 0$, 그리고 $D \geq d\sqrt{M}$일 경우에 기존의 성상도가 확장됨에 따라 X_k^m와 비교 했을 때 심볼의 평균 전력상승은 특정대역 내에서 사용 가능한 전송 전력이 정해져 있음에 따라 SNR 마진 EH는 채널용량 감소를 초래함과 동시에 톤 삽입을 통해 피크를 줄이더라고 새로운 피크를 유발하는 문제점이 존재한다. 따라서 톤 삽입 방법에서는 PAPR 저감 못지않게 전력상승 정도를 억제하는 것 또한 중요한 연구과제이다.

m번째 OFDM 심볼에서 발생하는 평균 전력상승은 식 (4.42)와 같이 시간영역에서 톤 삽입 후 발생하는 신호 $\overline{x^m}[n]$의 전력과 톤 삽입 전의 신호 $x[n]$의 전력 차에 대한 평균으로 계산한다.

$$\frac{1}{N}\sum_{n=1}^{N}\left\{|\overline{x^m}[n]|^2 - |x^m[n]|^2\right\} \tag{4.42}$$

이때, 톤 삽입에 따른 최소의 증가할 수 있는 전력은 원래의 QAM 변조된 신호의 실수부 또는 허수부가 $\pm d(\sqrt{M}-1)/2$을 갖는 경우, 이와 반대되는 부호를 갖는 p_k^m 또는 q_k^m의 방향으로 톤을 확장함으로써 얻을 수 있다. 예를 들어, 그림 4.18의 A가 최소 전력상승을 갖는 방향으로 톤을 확장하기 위해서는 $p_k^m = 0, q_k^m = -1$로 설정함으로써 A'로 이동시켜야 한다.

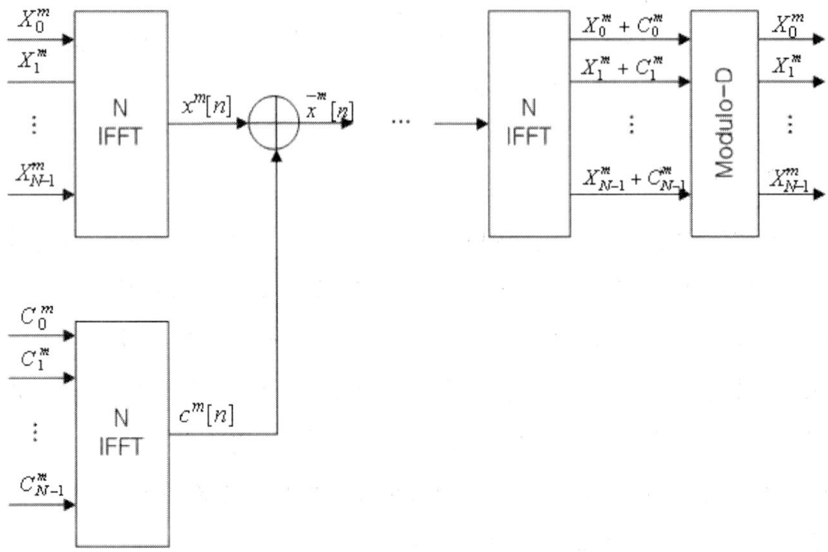

그림 4.18 톤 삽입 기법을 위한 송·수신단 구조

4.3.4.2 최적의 PAPR을 유도하는 삽입 톤 탐색

식(3)의 톤 삽입된 신호 $\overline{x^m}[n]$의 PAPR은 식 (4.43)과 같이 시간 영역에서 계산되며 $\overline{X^m}$가 최적의 PAPR을 갖기 위해서는 적절한 C^m을 결정해야 한다.

$$PAPR\{\overline{x^m}[n]\} = \frac{\max\{|x^m[n]+c^m[n]|^2\}}{E\{|x^m[n]+c^m[n]|^2\}} \tag{4.43}$$

만약, 이러한 과정이 주파수 영역에서 수행된다면 C^m값의 변화에 따라 식 (4.43)의 PAPR을 얻기 위해 IFFT(Inverse Fast Fourier Transform)과정이 요구된다. 이는 최적의 PAPR을 유도하는 삽입 톤 C^m을 결정하기 위한 삽입 톤의 위치 k_0 및 해당 위치에서의 확장 방향 $p_{k_0}^m$과 $q_{k_0}^m$를 그림 1과 같이 변경하면 k_0번째 톤 위치에서 주파수 영역 상의 성상도 확장과 같은 결과를 얻을 수 있기 때문에 한번의 IFFT과정으로도 다양한 C^m에 따른 $\overline{X^m}$의 PAPR 계산과 동일한 효과를 얻을 수 있다.

$$c_{k_0}^m[n] = \frac{D}{\sqrt{N}}\left\{p_{k_0}^m \cos(2\pi k_0 n/N) - q_{k_0}^m \sin(2\pi k_0 n/N\right\} + \frac{jD}{\sqrt{N}}\left\{q_{k_0}^m \cos(2\pi k_0 n/N) + p_{k_0}^m \sin(2\pi k_0 n/N\right\} \tag{4.44}$$

톤 삽입 기법은 삽입하는 톤의 개수가 많을수록 PAPR 감소 효과가 커지지만 최적의 PAPR을 갖는 삽입 톤을 결정하기 위한 초합수가 증가하는 단점이 있다. 이EO의 최적의 삽입 톤 결정에 필요한 탐색 연산량은 전체 부반송파의 개수(N), 삽입할 톤의 수(K) 그리고 성상도 확장에 사용되는 등가위치수(S)를 이용하여 식 (4.45)로 표현할 수 있다.

$$\binom{N}{K} S^K \approx (NS)^K \tag{4.45}$$

4.3.4 DFT-Spread 기법

본 절에서는 먼저 DFT-Spread OFDM 시스템에서 송・수신단의 발진기에서 발생하는 위상 잡음에 의한 영향을 연구・분석한다. 다음 위상 잡음 보상을 위한 기존의 ICI 제거 기법을 소개하며, 이를 토대로 두 가지 새로운 ICI 제거 기법을 제안한다. 나중에 DFT-Spread OFDM 시스템에서 PAPR 특성에 대한 고려와 동시에 위상 잡음에 의해 발생한 간섭을 제거하기 위하여 위의 ICI 제거 기법들을 선택적으로 적용하는 새로운 시스템을 제안・분석하고 그 성능을 비교・분석한다. 분석 결과 DFT-Spread OFDM 시스템에서는 랜덤 위상 잡음에 의한 DFT 확산코드의 위상 오프셋 불일치로 인하여 OFDM 시스템에 비하여 상대적으로 더 많은 간섭(ICI와 SCI) 성분이 발생하며 나아가 더 많은 성능 감쇠가 발생한다. 다행히 DFT-Spread OFDM 시스템에 ICI 제거 기법을 적용한 새로운 시스템은 낮은 PAPR 특성을 보존하면서 위상 잡음에 의한 성능 감쇠를 최소화할 수 있다.

4.3.4.1 위상 잡음

위상 잡음은 오실레이터에서 발생하며 캐리어와 동일한 주파수상에서 발생하는 잡음 그리고 DC 성분과 비슷한 낮은 주파수상에서 발생하는 잡음 및 cross product 성분 등으로 조성된다. 위상 잡음은 보통 평균이 0인 연속적인 Brownian motion process로 모델링할 수 있으며 스펙트럼 관점에서 분산이 $2\pi f_{3dB}|t|$ 인 finite-power Wiener process로도 정의된다. 여기에서 f_{3dB}는 오실레이터의 $3dB$ two-sided 대역을 의미한다. 이론상에서 PLL(Phase Locked Loop)의 정규화된 위상 잡음 power spectral density는 전력이 1이며 캐리어 주파수 f_c를 중심

으로 좌우 대칭의 Lorentzian 모델로 볼 수 있다. 일정한 옵셋 주파수 범위($\pm b$)에서 음분산은 아래와 같다.

$$\sigma_{\Phi}^2 = \int_{-b}^{+b}\left(\frac{N_{op}}{C}\right)_f df = \int_0^b\left(\frac{2N_{op}}{C}\right)_f df\ rads^2 \tag{4.46}$$

여기에서 σ_{Φ}^2는 위상 잡음의 분산이고 ($(N_{op}/C)_f$[dBc]는 일정한 옵셋 주파수 f에서 위상 잡음의 PSD 대 캐리어 비이다. 일반적으로 $(N_{op}/C)_f$는 스펙트럼 분석기 혹은 PLL의 수학적인 위상 등가 모델을 이용하는 이론적 분석 방법으로 얻을 수 있다.

위상 잡음은 송수신 과정에 주파수 편차를 야기시킨다. 주파수 편차는 신호의 직교성을 깨뜨리며 통신 시스템 성능에 악영향을 끼친다.

4.3.4.2 DFT-Spread OFDM 시스템

DFT-Spread OFDM은 주파수 도메인 처리를 하는 SC-FDMA의 일종이다. DFT-Spread OFDM에서 매 $\tilde{S}$ 개의 데이터 심볼 $d_{\tilde{s}}, \tilde{s}=0, \cdots, \tilde{S}-1$은 하나의 DFT-Spread OFDM 심볼을 구성한다. 구성 과정은 아래와 같다. 먼저 $\tilde{S}$ 개의 데이터 심볼 $d_{\tilde{s}}$은 $\tilde{S}$포인트 DFT 확산(DFT spreading) 과정을 거치고 다음 서브 캐리어 매핍을 거쳐 나중에 N포인트 IFFT 처리 즉 OFDM 변조 과정을 거치게 된다. 여기에서 DFT 확산 코드는 주파수 다이버시티 특징을 가지며 1로 정규화 되어 있다. DFT 확산 코드는 DFT 연산을 통하여 생성되며 PAPR 저감 효과를 가진다.

먼저 $\tilde{S}$ 개의 데이터 심볼을 아래와 같이 정의한다.

$$c = \left[d_0, d_1, \cdots, d_{\tilde{s}-1}\right] \tag{4.47}$$

위의 데이터는 DFT 확산 코드 $p_{\tilde{s},\tilde{l}}$에 의하여 $\tilde{S}$ 개의 병렬 브랜치에 확산된다. 확산 과정은 아래의 수식과 같다.

$$p_{\tilde{s},\tilde{l}} = \frac{1}{\tilde{s}} e^{-j2\pi\tilde{s}\tilde{\eta}\tilde{S}},\quad \tilde{l}=0, \cdots, \tilde{S}-1 \tag{4.48}$$

$$X'_{\tilde{s}} = \sum_{l=0}^{\tilde{S}-1} d_{\tilde{l}} \cdot p_{\tilde{s},\tau} = \frac{1}{\tilde{S}}\sum_{\tilde{l}=0}^{\tilde{S}-1} d_{\tilde{l}} \cdot e^{-j2\pi\tilde{s}\tilde{\eta}\tilde{S}} \tag{4.49}$$

서브 캐리어에 각각 매핑된 후 OFDM 변조를 거친 후 아래와 같다.

$$x(n) = \sum_{k \in S} X_k \cdot e^{j\frac{2\pi}{N}kn} = \sum_{k \in S} X'_{\tilde{k}} \cdot e^{j\frac{2\pi}{N}kn} \tag{4.50}$$
$$= \sum_{k \in S} \sum_{\tilde{l}=0}^{\tilde{S}-1} d_{\tilde{l}} \cdot p_{\tilde{k},\tilde{l}} \cdot e^{j\frac{2\pi}{N}kn}$$

여기에서 $X_k = X'_{\tilde{k}} = \sum_{\tilde{l}=0}^{\tilde{S}-1} d_{\tilde{l}} \cdot p_{\tilde{k},\tilde{l}}, k = f(\tilde{k}), \tilde{S}, S$는 데이터 전송에 할당된 서브 브랜치와 서브 캐리어 집합이다. IFFT 입력에서 서브 브랜치와 서브 캐리어 집합이다. IFFT 입력에서 서브 캐리어 인덱스는 $s = f(\tilde{s})$로 정의할 수 있으며 $f()$는 $\tilde{s}$와 s의 1대 1의 일정한 대칭 관계를 의미한다.

채털을 거쳐 위상 잡음의 영향을 받은 수신 신호는 아래와 같다.

$$r(n) = [x(n) \otimes h(n) + v(n)] \cdot e^{-j\frac{2\pi}{N}nk} \tag{4.51}$$
$$= \frac{1}{N} \sum_{n \in S} [x(n) \otimes h(n) + v(n)] \cdot e^{j\Phi(n)} \cdot e^{-j\frac{2\pi}{N}nk}$$

위상 잡음 영향만 주로 분석하기 위하여 $H = 1$이라 가정하며 Q_L는 아래와 같이 정의한다.

$$Q_L = \frac{1}{N} \sum_{n \in S} e^{j\left[\frac{2\pi}{N}L_n + \Phi[n]\right]} \tag{4.52}$$

그러므로 Y_k는 아래와 같이 간단히 표현 할 수 있다.

$$Y_k = \sum_{l \in S} X_i \cdot H_i \cdot Q_{i-k} + N_k \tag{4.53}$$

여기에서 $i,\ k \in s,\ X_i$ 와 H_i 는 x(n), h(n)의 I번째 서브 캐리어의 주파수 도메인상의 표현이다. $d_{\tilde{k}}$ 의 DFT-Spread OFDM 복조는 DFT 역확산 과정으로 이루어진다.

$$\widetilde{d_{\tilde{k}}} = \sum_{\tilde{s}=0}^{\tilde{s}-1} Y'^{\tilde{s}} \cdot e^{j2\pi\tilde{k}\tilde{s}/\tilde{s}} = \sum_{\tilde{s}=0}^{\tilde{s}-1} Y_s \cdot e^{j2\pi\tilde{k}\tilde{s}/\tilde{s}} \tag{4.54}$$
$$= \sum_{\tilde{s}=0}^{\tilde{s}-1} \left(\sum_{i \in s} X_i \cdot Q_{i-s} \cdot N_s \right) \cdot e^{j2\pi\tilde{k}\tilde{s}/\tilde{s}}$$
$$= \underbrace{\frac{1}{\tilde{s}} d_{\tilde{k}} \cdot Q_0 + \frac{1}{\tilde{s}} d_{\tilde{k}}}_{I} + \underbrace{\sum_{i \in S, i \notin s} \sum_{\tilde{s}=0, \tilde{s} \neq \tilde{i}}^{\tilde{s}-1} Q_{i-s} \cdot e^{\frac{j2\pi\tilde{k}}{\tilde{s}}(\tilde{s}-\tilde{i})}}_{II}$$

$$+\frac{1}{\tilde{S}}\underbrace{\sum_{\tilde{s}=0}^{\tilde{S}-1}\sum_{v=0,\tilde{v}\neq\tilde{v}}^{\tilde{S}-1} d_{\tilde{v}}\cdot Q_0\cdot e^{\frac{j2\pi\tilde{s}}{\tilde{s}}(\tilde{k}-\tilde{v})}}_{III} \tag{4.55}$$

$$+\frac{1}{\tilde{S}}\underbrace{\sum_{i\in s,i\neq s}\sum_{\tilde{s}=0,\tilde{s}\not\in\tilde{i}}^{\tilde{S}-1}\sum_{\tilde{v}=0,\tilde{v}\neq\tilde{k}}^{\tilde{S}-1} d_{\tilde{v}}\cdot Q_{i-s}\cdot e^{\frac{j2\pi}{\tilde{s}}(\tilde{k}\tilde{s}-\tilde{i}\tilde{v})}+N_{\tilde{k}}}_{IV}$$

$$\tilde{v},\tilde{s}=0,\ \ldots,\ \tilde{s}-1$$

여기에서 성분 Ⅰ은 CPE를 포함하는 원 신호 $d_{\tilde{k}}$성분이고 성분 Ⅱ는 인접 서브 캐리어상에 있는 원 신호 $d_{\tilde{k}}$에 의하여 발생하는 ICI 성분이다. 성분 Ⅲ은 $d_{\tilde{k}}$와 동일한 서브 캐리어상에 원 신호 $d_{\tilde{k}}$와 중첩으로 존재하는 다른 신호 성분에 의해 발생하는 SCI 성분이다. 마지막으로 성분 Ⅳ는 인접 서브 캐리어상에 있는 다른 신호성분에 의해 발생하는 ICI 성분을 의미한다.

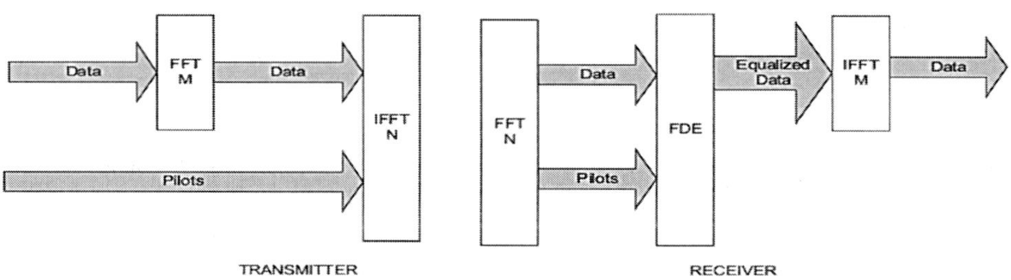

그림 4.19 DFT-Spread OFDM 송수신 과정

DFT-Spread OFDM 형식의 전송시스템은 그림 4.19와 같이 간단히 표현할 수 있다. DFT-Spread OFDM 시스템은 DFT 확산 코드의 위상 오프셋 불일치로 인하여 OFDM 시스템보다 랜덤한 위상 잡음에 더 민감하며 나아가 더 많은 간섭 성분(ICI와 SCI)을 발생시킨다.

4.3.4.3 위상 잡음 보상을 위한 몇 가지 ICI 제거 기법

여러 가지 ICI 보상 기법이 존재하는데 본 절에서는 주로 송신 데이터 코딩 형식의 ICI 제거 기법에 대하여 논하기로 한다. 기존의 ICI 제거 기법에 대하여 간단히 소개한다.

4.3.4.3.1 Data-Conversion 기법

Data-conversion 형식의 ICI 제거 기법에서 고속의 정보 데이터는 먼저 직 병렬 변환기를 거쳐 $\tilde{S}/2$개의 브랜치의 병렬 데이터로 변화된다. 다음 data-conversion 형식의 ICI 제거 기법에 의하여 즉 $d'_{2\tilde{s}}=d_{\tilde{s}}, d_{2\tilde{S}+1}=-d_{\tilde{s}}$의 형식으로 $\tilde{S}$개의 브랜치의 병렬 데이터로 매핑된다.

여기서 $d_{\tilde{s}}$는 $\tilde{s}$번째 브랜치의 병렬 데이터이고 $d'_{2\tilde{s}}$는 ICI 제거 기법을 통해 매핑된 $2\tilde{s}$번째 브랜치의 병렬 데이터이다. 위의 방법으로 $\tilde{S}/2$개의 브랜치 데이터는 $\tilde{S}$개의 병렬 브랜치에 실리게 되며 두 개의 인접한 병렬 브랜치가 하나의 동일한 데이터를 전송하게 된다.

수신단에서 FFT, 서브 캐리어 역맵핑, DFT 역 확산을 거친 후 $\tilde{S}$개의 병렬 브랜치 신호는 data-conversion 형식의 ICI 제거 기법을 통하여 다시 $\tilde{S}/2$개의 병렬 브랜치 신호로 변화된다. 즉 $\tilde{d}_{\tilde{s}} = \left(\tilde{d}'_{2\tilde{s}} - \tilde{d}'_{2\tilde{s}+1}\right)/2$을 이용하여 두 개의 인접한 병렬 브랜치 신호로부터 원 신호를 복조할 수 있다. 여기서 $\tilde{d}'_{2\tilde{s}}$는 DFT 역 확산 이후의 $2_{\tilde{s}}$번째 병렬 브랜치 데이터이고 $\tilde{d}'_{\tilde{s}}$는 data-conversion 형식의 ICI 제거 기법으로 역매핑을 거친 후의 $\tilde{s}$번째 브랜치의 검출 데이터이다.

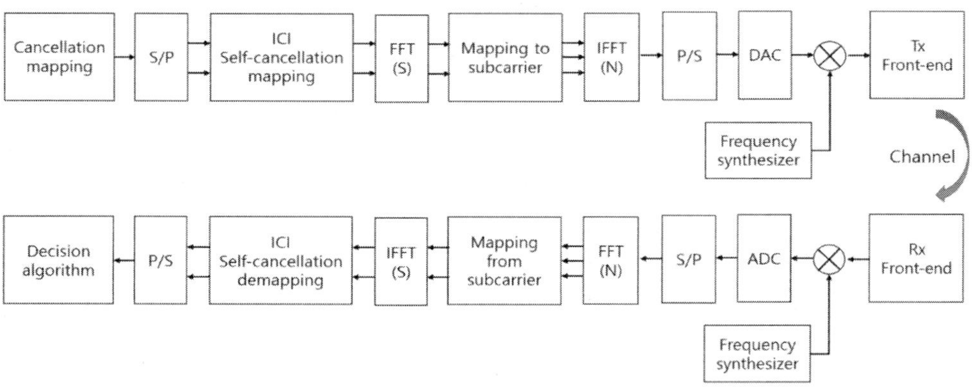

그림 4.20 ICI 제거 기법을 적용한 DFT-Spread OFDM 시스템

4.3.4.3.2 Data-Conjugate 기법

Data-conjugate 형식의 ICI 제거 기법에서는 $\tilde{S}/2$개의 브랜치의 병렬 데이터가 $d'_{2\tilde{S}} = d_{\tilde{S}+1} = -d^{*}_{\tilde{S}}$의 형식으로 $\tilde{S}$개의 브랜치의 병렬 데이터로 매핑된다. 수신단에서 FFT, 서브 캐리어 역매핑, DFT 역 확산을 거친 후 $\tilde{S}$개의 병렬 브랜치 신호는 data-conjugate 형식의 ICI 제거 기법을 통하여 다시 $\tilde{S}/2$개의 병렬 브랜치 신호로 변화한다. 즉 $\tilde{d}_{\tilde{s}} = (\tilde{d}'_{2\tilde{s}} - (\tilde{d}'_{2\tilde{s}+1})^{*})/2$을 이용하여 인접한 두 개 병렬 브랜치 신호로부터 원 신호를 복조할 수 있다.

4.3.4.4 SC-FDMA 기법

4.3.4.4.1 데이터 전송 방법

SC-FDMA 시스템의 블록도는 그림 4.21과 같이 OFDMA 시스템에서 주파수축에서 데이터를 할당하기 전 DFT spreading을 수행한다. 길이 의 전송벡터를 s라고 할 때 먼저 L 크기의 DFT를 수행하여 평균전력이 1인 주파수축 신호를 만든다.

$$S = \widetilde{Q}s \tag{4.56}$$

식 (4.56)에서 $\widetilde{Q}$는 L 크기의 DFT 행렬이다. L개의 데이터를 N개의 부반송파로 할당하는 (N X L)행렬을 M이라고 할 때, 길이 N의 부반송파 할당된 신호 X는 다음과 같이 표현된다.

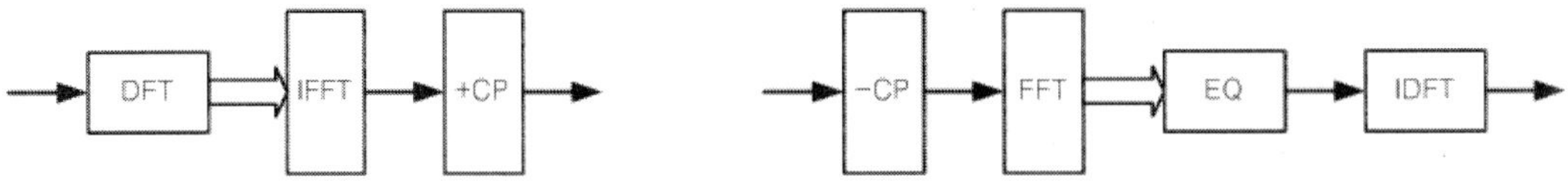

그림 4.21 SC-FDMA 시스템 블록도

$$X = MS \tag{4.57}$$

송신기에서는 부반송파 할당된 신호를 N 크기의 IFFT(Inverse Fast Fourier Transform)한다.

식 (4.57)에서 Q는 N크기의 DFT(Discrete Fourier Transform) 행렬이며 Q^H는 Q의 복소 전치(Hermitian Transpose) 행렬이다. 이 신호에 순환전치 구간(Cyclic Prefix)을 붙여서 전송한 후 수신기에서 순환전치구간을 제거하여, 다시 길이 N의 블록을 복조에 사용하며 이때의 데이터 전송은 다음과 같이 쓰여질 수 있다.

$$r = C_X + w \tag{4.58}$$

식 (4.58)에서 r, x, w 는 각각 길이 N의 수신 벡터, 송신 벡터, 잡음 벡터이다. 채널 행렬 C는 보호 구간의 특성에 의해 순환(circulant) 특성을 가지는 (N X N)의 행렬이 되므로 식 (4.59)과 같이 다시 쓰여질 수 있다

$$C = Q^H HQ \tag{4.59}$$

식 (4.59)에서 H는 주파수축의 채널응답값을 가지는 (N × N) 대각선 행렬이다. 식 (4.58)의 수신 데이터를 FFT(Fast Fourier Transform)를 통해서 주파수축으로 보내면 다음과 같이 표현된다.

$$R = HX + W \tag{4.60}$$

식 (4.60)에서 $R = Qr$, $X = Q_X$, $W = Qw$ 이다. 주파수축 등화기에서 ZF(Zero-Forcing) 또는 MMSE(Minimum Mean Square Error) 방법을 사용할 수 있다. 만일 ZF 방법을 사용한다

면 완전한 채널추정을 가정하였을 때 다음과 같이 쓰여질 수 있다.

$$Y = H^{-1}R \tag{4.61}$$

SC-FDMA에서는 주파수축에서 등화된 값을 다음과 같이 IFTT을 통해 다시 시간축으로 옮겨서 복조한다.

$$y = Q^H Y \tag{4.62}$$

ZF 방법을 사용하면 채널응답값이 작은 주파수에 대해서 잡음 증폭이 발생한다. 주파수축의 간섭 및 잡음 벡터 W의 분산을 나타내는 대각선 행렬을 Σ라고 할 때 다음과 같은 MMSE 방법을 사용하여 잡음의 증폭을 억제할 수 있다.

$$Y = (H^H H + \sum)^{-1} H^H R \tag{4.63}$$

수신기에서는 등화 전, 혹은 후에 부반송파 할당의 역작용을 한다.

$$Z = M^{-1} Y \tag{4.64}$$

등화 및 부반송파로부터의 데이터 추출이 이루어지면 IFFT를 통해서 시간축으로 이동한다.

$$z = \widetilde{Q}^H Z \tag{4.65}$$

4.3.4.4.2 파일럿 전송 방법

파일럿은 일반적인 SC-FDMA 심볼보다 길이가 짧은 short block의 형태로 전송하는 것 이외에는 데이터 전송방법과 큰 차이가 없다. Short block의 크기가 long block의 1/J이라고 하자. 길이 L/J의 파일럿 벡터를 $\tilde{s}$ 라고 할 때 먼저 L/J크기의 DFT를 수행하여 주파수축 신호를 만든다.

$$\widetilde{S} = \widetilde{Q}\tilde{s} \tag{4.66}$$

식 (44)에서 $\widetilde{Q}$는 L/J 크기의 DFT 행렬이다. L/J개의 파일럿을 N/J개의 부반송파로 할당하는 (N/J x L/J)행렬을 $\widetilde{M}$이라고 할 때, 길이 N/J의 부반송파 할당된 신호 $\widetilde{X}$는 다음과 같이 표현된다.

$$\widetilde{X} = \widetilde{M}\widetilde{S} \tag{4.67}$$

송신기에서는 부반송파 할당된 신호를 N/J 크기의 IFFT하여 전송하고 수신기에서 N/J크기의 FFT를 통해서 주파수축으로 보냈을 때 주파수 축의 수신신호는 다음과 같이 표현된다.

$$\widetilde{R} = \widetilde{H}\widetilde{X} + \widetilde{W} \tag{4.68}$$

순간채널 추정값은 다음과 같이 수신된 신호를 전송된 신호로 나눔으로써 얻을 수 있다.

$$\widetilde{H} = \widetilde{R}X^{-1} \tag{4.69}$$

순간채널 추정값은 다시 필터 등을 통해서 성능을 향상시킨다.

4.3.4.4.3 연속적인 부반송파 할당방법

SC-FDMA의 부반송파 할당에서 p의 위치에 연속적으로 부반송파 할당을 한다면 식 (4.70)는 다음과 같이 다시 쓰여질 수 있다.

$$X(k) = \begin{cases} S(k-p) & P - L/2 \le k < P + L/2 \\ 0 & otherwise \end{cases} \tag{4.70}$$

연속적으로 부반송파를 할당하는 방법에서는 시간축 신호 s가 보간(interpolation)되어 x가 되는 과정은 s를 up-sampling한 후 보간필터와 circular convolution을 시키는 것이다. s를 up-sampling한 신호 $\tilde{s}$는 N/L이 정수이고 $0 \le n < N,\ 0 \le l < L$이라고 할 때 다음과 같이 정의된다.

$$\tilde{s}(n) = \begin{cases} s(l) & n = lN/L \\ 0 & otherwise \end{cases} \tag{4.71}$$

보간필터 $g(n)(-N/2 \le n < N/2)$은 다음과 같이 정의된다.

$$\begin{aligned} g(n) &= \frac{1}{L}\sum_{m=-L/2}^{L/2-1} e^{j2\pi(m+p)n/N} \\ &= \frac{1}{L}\frac{\sin(\pi nL/N)}{\sin(\pi n/N)} e^{j\pi n(L-1+2P)/N} \end{aligned} \tag{4.72}$$

보간된 신호 x는 다음과 같다.

$$\begin{aligned} x(n) &= \sum_{k=0}^{N-1} X(k) e^{j2\pi nk/N} \\ &= \sum_{m=-L/2}^{L/2-1} S(m) e^{j2\pi mn(P+m)/N} \\ &= \sum_{m=-L/2}^{L/2-1} \left\{ \frac{1}{L}\sum_{l=0}^{L-1} s(l) e^{-j2\pi lm/L} \right\} e^{j2\pi mn(P+m)/N} \\ &= \sum_{l=0}^{L-1} s(l) e^{j2\pi lP/L} \frac{1}{L} \sum_{m=-L/2}^{L/2-1} e^{j2\pi(m+p)(n-lN/L)/N} \\ &= \sum_{l=0}^{L-1} s(l) e^{j2\pi lP/L} g(n-lN/L) \\ &= \sum_{l=0}^{L-1} \tilde{s}(k) e^{j2\pi kP/L} g(n-k) \\ &= \tilde{s}(n) e^{j2\pi nP/N} * g(n) \end{aligned} \tag{4.73}$$

식 (4.72)의 보간 필터는

$$g(0) = 1 \\ g(lN/L) = 0 \quad (0 < l < L) \tag{4.74}$$

의 성질을 만족하므로

$$x(lN/L) = \tilde{s}(lN/L)e^{j2\pi lP/L} \\ = s(l)e^{j2\pi lP/L} \tag{4.75}$$

이 되며 그 이외의 값들은 보간 필터에 의한 보간된 값을 가진다.

〈MATLAB 프로그램〉

4.4.1 PAPR

```
clear
nFFTSize = 64;

subcarrierIndex = [-26:-1 1:26];
nBit = 10000;
ip = rand(1,nBit) > 0.5; % 랜덤 비트 생성
nBitPerSymbol = 52;

nSymbol = ceil(nBit/nBitPerSymbol);

% BPSK 변조
% bit0 --> -1
% bit1 --> +1
ipMod = 2*ip - 1;
ipMod = [ipMod zeros(1,nBitPerSymbol*nSymbol-nBit)];
ipMod = reshape(ipMod,nSymbol,nBitPerSymbol);

st = [];

for ii = 1:nSymbol

inputiFFT = zeros(1,nFFTSize);

inputiFFT(subcarrierIndex+nFFTSize/2+1) = ipMod(ii,:);
```

```
inputiFFT = fftshift(inputiFFT);

outputiFFT = 64*ifft(inputiFFT,nFFTSize);

% cyclic prefix of 16 samples 추가
outputiFFT_with_CP = [outputiFFT(49:64) outputiFFT];

meanSquareValue = outputiFFT*outputiFFT'/length(outputiFFT);
peakValue = max(outputiFFT.*conj(outputiFFT));
paprSymbol(ii) = peakValue/meanSquareValue;

st = [st outputiFFT_with_CP];

end

close all
paprSymboldB = 10*log10(paprSymbol);
[n x] = hist(paprSymboldB,[0:0.5:15]);
plot(x,cumsum(n)/nSymbol,'LineWidth',4)

xlabel('papr, x dB')
ylabel('Probability, X <=x')
title('CDF plots of PAPR from an IEEE 802.11a Tx with BPSK modulation')
grid on
```

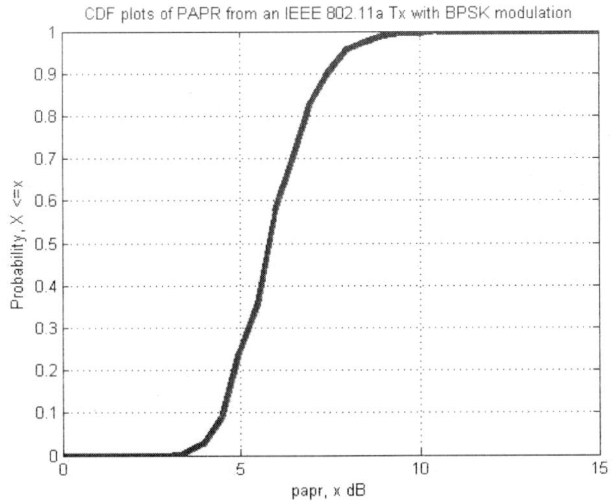

그림 4.22 BPSK 변조의 IEEE 802.11a 송신단에서 PAPR의 CDF

IEEE 802.11a의 특성마다 52개의 부반송파를 가진다. 이렇게 해서 기대되는 PAPR 이론값은 52(약 17dB)이다. 하지만 똑같이 변조되는 OFDM 심볼의 모든 부반송파들은 비슷하지 않다.

4.4.2 Clipping 기법 성능 비교

```
clear all
close all
clc;

data=1000;
o=0;
for l=1:1:data;
    % QPSK 심볼생성
    bits=randint(64,1,4);
    txpsk = pskmod(bits,4);
    sum_origin=0;
    % 한주기의 OFDM 심볼 생성
    for n=1:1:64
        temp2_ori=0;

      for k=1:64
            temp1_ori(k)=txpsk(k)*exp(i*2*pi*(k-1)*(n)/64)/sqrt(64);
            temp2_ori=temp2_ori+temp1_ori(k);
        end
        x_ori(n)=abs(temp2_ori)^2;
        A0=3;
        a0=10^(A0/10);
        if sqrt(x_ori)>a0
           b0(n)=a0^2;
        end
        if sqrt(x_ori)<a0
           b0(n)=x_ori(n);
        end
        A1=3.8;
        a1=10^(A1/10);
        if sqrt(x_ori)>a1
           b1(n)=a1^2;
```

```
            end
            if sqrt(x_ori)<a1
                b1(n)=x_ori(n);
            end
            A2=4.5;
            a2=10^(A2/10);
            if sqrt(x_ori)>a2
                b2(n)=a2^2;
            end
            if sqrt(x_ori)<a2
                b2(n)=x_ori(n);
            end
        end


peak_ori=max(x_ori);
    avr_ori=sum(x_ori)/64;
    papr_ori(l)=peak_ori/avr_ori;

    peak_cp0=max(b0);
    avr_cp0=sum(b0)/64;
    papr_cp0(l)=peak_cp0/(sum(b0)/64);

    peak_cp1=max(b1);
avr_cp1=sum(b1)/64;
    papr_cp1(l)=peak_cp1/(sum(b1)/64);

    peak_cp2=max(b2);
    avr_cp2=sum(b2)/64;
    papr_cp2(l)=peak_cp2/(sum(b2)/64);
end
% CCDF 찾기
for temp8=1:0.2:10
    o=o+1
    papr_0(o)=temp8;
    papr_0db(o)=10*log(papr_0(o));
    cnt_ori(o)=length(find(papr_ori>papr_0(o)));
    cnt_cp0(o)=length(find(papr_cp0>papr_0(o)));
cnt_cp1(o)=length(find(papr_cp1>papr_0(o)));
```

```
    cnt_cp2(o)=length(find(papr_cp2>papr_0(o)));
end

% figure
p=max(o);
o=1:p;
semilogy(papr_0db(o),cnt_ori(o)/(data),'b',papr_0db(o),cnt_cp0(o)/(data),'--r.',papr_0db(o),cnt_cp1
(o)/(data),'-g*',papr_0db(o),cnt_cp2(o)/(data),'-bx')
title('PAPR Comparision')
xlabel('PAPR0(in dB)')
ylabel('CCDF (P(PAPRz>PAPR0)')
```

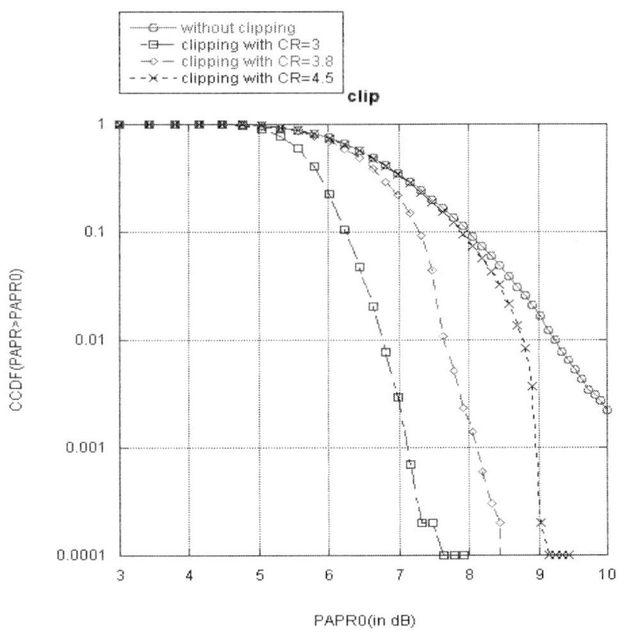

그림 4.23 Clipping Ratio 변화에 따른 PAPR 성능 비교

Clipping 기법을 시뮬레이션을 통해 비교 분석한 것이다. 클리핑기법을 사용하여 PAPR을 줄어드는 것을 확인 할 수 있고 Clipping Ratio가 작을수록 좋은 PAPR을 가지는 것을 확인할 수 있다.

4.4.3 SLM(Selective Mapping) 기법 성능 비교

```
clear all
close all
clc;

data=1000;
o=0;
temp5=0;

mod=4;
num=32;
ftsize=1024;
u1=2*randint(ftsize,num)-1;
% mod에 따른 factor
step=sqrt(mod/4)*2;
k=1;
tempf=0;
nf=0;
for n=1:2:step/2
    tempf(k)=n^2;
    k=k+1;
end
nf=sqrt(sum(tempf));


for l=1:1:data;
    % QPSK 심볼생성
    bits=randint(ftsize,1,mod);
    h = modem.qammod('M', mod, 'SymbolOrder', 'Gray', ...
                'InputType', 'Integer');
    txpsk= modulate(h,bits);
    % 원래 심볼의 PAPR 연산
    s_ori=ifft(txpsk);
    for n=1:ftsize
        temp0(n)=(abs(s_ori(n))/nf)^2;
    end
    avr_ori=sum(temp0)/ftsize;
    peak_ori=max(temp0);
```

```
    papr_ori(l)=peak_ori/avr_ori;
    for k=1:num

 % SLM 심볼 생성
        for u=1:ftsize
            if (u1(u,num)==1)
                txpsk_slm(u,1)=txpsk(u,1);
            end
            if (u1(u,num)==-1)
temp2=real(txpsk(u,1))+step*real(txpsk(u,1))/abs(real(txpsk(u,1)));
                temp3=imag(txpsk(u,1))+step*imag(txpsk(u,1))/abs(imag(txpsk(u,1)));
                txpsk_slm(u,1)=-1*(temp2+i*temp3);
            end
 end
        s_slm=ifft(txpsk_slm);
        for n=1:ftsize
            temp0_slm(n)=(abs(s_slm(n))/nf)^2;
        end
        avr_slm=sum(temp0_slm)/ftsize;
 peak_slm=max(temp0_slm);
        temp4(k)=peak_slm/avr_slm;
    end
    papr_slm(l)=min(temp4);
end
% CCDF 찾기
for temp8=0:0.5:15
    o=o+1
    papr_0db(o)=temp8;
    papr_0(o,1)=10^(papr_0db(o)/10);
    cnt_ori(o,1)=length(find(papr_ori>papr_0(o)));
    cnt_slm(o,1)=length(find(papr_slm>papr_0(o)));
end
```

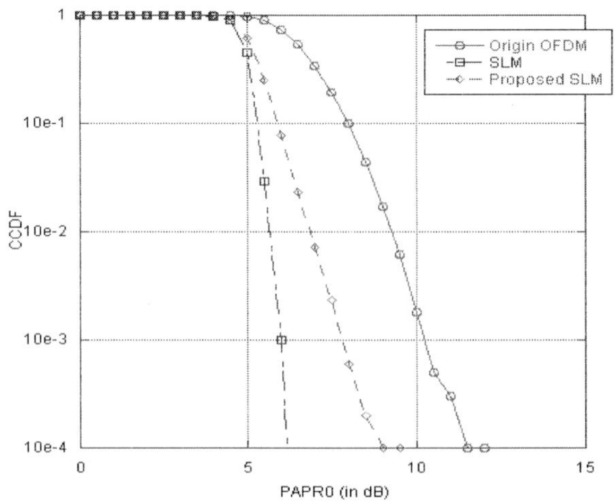

그림 4.24 SLM(Selective Mapping)기법에서 PAPR 성능 비교

블록화를 이용한 SLM 기법과 기존의 SLM 기법을 시뮬레이션을 통해 비교 분석한 것이다. 블록화를 한 경우에 기존의 기법보다 낮은 기준 값에서 좋은 PAPR을 보여주고 있다.

CHAPTER 05

다중접속 방식 비교

셀룰러 이동통신을 위한 다수의 사용자를 위한 다중엑세스 방식이 필요하다. 대표적 방식으로는 TDMA, FDMA, CDMA가 있으며, OFDM과 이들 다중엑세스 방식을 결합하여, 사용한다. 표 5.1은 OFDMA과 OFDM 방식을 사용한 다중엑세스 기술을 비교하여 보여준다. OFDMA/TDMA 방식은 한 사용자가 전체 대역을 모두 사용하므로 셀간 간섭을 고려한 주파수 계획이 필요하다. 따라서 무선 LAN과 같이 독립적인 셀 환경에서 작은 크기의 FFT를 사용할 경우에 적절하다. OFDM/FDMA(OFDMA) 방식은 전체 대역을 각 사용자가 요구하는 전송률에 따라 주파수영역에서 부송파를 할당하므로 자원분배를 효율적으로 할 수 있으며, 다수 사용자에 대해 채널 용량을 최적화 시킬 수 있다. 이 방식은 셀네 간섭이 존재하지 않으며, Interference averaging/avoidance 형태의 기술들을 이용하여 셀간 간섭을 줄일 수 있다. 따라서 부채널의 개수가 많은 큰 크기의 FFT를 사용할 경우와 상향링크에 적은 수의 부반송파들을 적용할 경우 적절하다. 이 경우에는 Power concentration 효과와 우수한 Granularity를 갖게 된다. 또한 OFDMA/CDMA 방식은 각 사용자에게 고유의 확산부호를 할당하여 모든 시간과 부채널을 함께 사용하며, 확산방식에 따라 MC-CDMA, Multicarrier DS-CDMA, MT-CDMA로 구분된다. 이 방식은 수신단에서 코드의 직교성이 만족되지 않을 경우에 셀내 간섭이 발생한다는 단점이 있으나, Frequency diversity 효과를 얻는 장점이 있다. 이러한

OFDM 방식을 상향링크에서 사용하고자 할 경우에는 각 단마다 전송지연, 도플러 주파수 등이 모두 다르기 때문에 Timing advance와 반송파 주파수 오프셋 보상 등이 필요하다.

| 표 5.1 | OFDM 다중엑세스 방식 비교

OFDM		TDMA	FDMA	CDMA
Method		one user/same time /all subcarriers	multiple users/same time /subset of all subcarriers	all users/same time /all subcarriers
Flexibility		variable # of time slots	variable # of time slots	variable # of codes
MAI	Intracell	none	none	present
	Intercell	present	present	present
MAI Suppression		low frequency reuse factor	interference averaging interference avoidance	interference averaging
Etc.		low UL transmission efficiency	high UL transmission efficiency	frequency diversity

이동통신에서 상향링크와 하향링크를 구분하기 위한 방식으로 TDD(Time Division Duplexing)와 FDD(Frequency Division Duplexing), 그리고 이들을 결합한 HFDD 방식이 있다. FDD는 별도의 상·하향 RF부가 필요하다는 단점이 있으나, Full-duplex 방식으로 Latency가 작고 넓은 영역을 고속의 이동속도로 지원할 수 있다는 장점이 있다. TDD는 동적으로 상·하향의 시간 슬롯을 할당하므로 유연성이 뛰어나 Asymmetric 전송에 적당하다. 또한 상·하향링크가 시간에 따라 분리되기 때문에 기지국간의 동기가 정확히 맞아야 하고 전파 지연 등에 의해 커버 영역이 감소하며 고속의 이동속도를 지원하기 어렵다는 단점이 있다. 그러나 상·하향 링크의 Reciprocal 채널 특성 때문에 Smart antenna, 링크 적응 기법, Precompensation 기법 등을 적용하기가 용이하며 이를 통하여 Link budget을 크게 향상시킬 수 있다. 표 5.2는 Duplexing 방식을 비교하여 보여준다.

| 표 5.2 | Duplexing 방식의 비교

	FDD	TDD
Spectrum	2 separate bands(guard band)	single channel(guard time)
Duplex	full duplex	half duplex
Efficiency	high	low
Flexibility	low	high
Complexity/Cost	high(RX filter, etc)	low
Coverage	macro/micro	micro/pico
Mobility	high	low
Etc.	low latency	reciprocal channel

OFDMA 방식에서 효율적인 저원분배를 위해 전체 대역을 다수의 부채널로 나누게 된다. 부채널은 구성되는 반송파의 위치에 따라 Block(Cluster), Comb(Interleaved), Block-Random 형태가 있다. 그림 5.1은 위 3가지 형태의 부채널은 인접한 부반송파들로 구성되며, 임의의 한 부채널이 널에 계속 빠져있는 것을 방지하기 위하여 일반적으로 주파수 호핑을 함께 사용한다. 부반송파의 간격이 위상 대역폭 보다 작을 경우에는 채널 추정의 복잡도를 줄일 수 있는 장점이 있다. Comb 형태의 부채널은 일정한 간격으로 떨어진 부반송파들로 구성되며 전체 대역에 걸쳐 확산되어 있으므로 주파수 다이버시티 이득을 가진다. 이 경우 채널 추정에 있어서는 Block-Random 형태에 비해 비효율적이 된다. Block-Random 형태에서는 부채널 내의 부반송파들이 Comb 형태와 같이 전체 대역에 확산되어 있으나 기지국 ID와 해당 순열에 따라 부반송파간의 간격이 바뀌어 일정 간격 내에서 임의의 위치를 갖는다. 셀룰라 환경에서 데이터 전송시 인접 셀에서 동일한 부채널을 동시에 사용하는 경우 Comb 또는 Block 형태의 부채널은 부채널 내 모든 부반송파들이 충돌하게 되어 셀간 간섭이 증가한다. 그러나, Block-Random 형태의 부채널은 그림 5.1(c)(d)에 나타난 바와 같이 인접 셀에서 동시에 같은 부채널을 사용하더라도 부채널을 구성하는 부반송파의 위치가 기지국에 따라 다르기 때문에 부반송파의 충돌을 최소한으로 할 수 있는 장점이 있다. 따라서 이러한 형태의 부채널은 짧은 burst 구조에 적합하며, random한 위치에 존재하는 부반송파들로 인해 동기화 성능을 높일 수 있고, 주파수 호핑에서와 같이 큰 버퍼가 필요하지 않다는 장점이 있다.

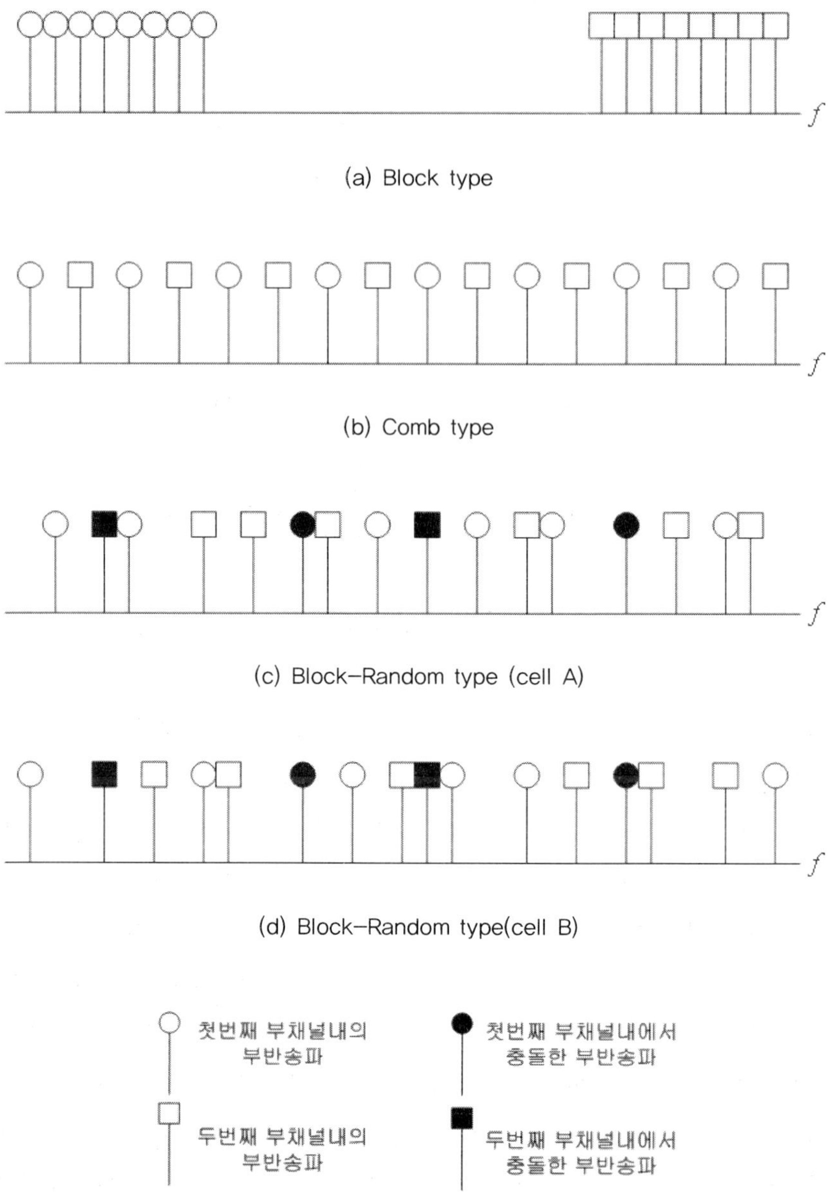

그림 5.1 OFDMA의 부채널 구성 방법

여러 이동통신기술들은 일반적으로 다중 접속하는 방식에 따라서 구분이 된다. 핸드폰은 무수히 많은 사람들이 가지고 있다. 각각의 핸드폰 전파들이 지나다니는 길은, 물리적으로 일정 영역(정확히는 주파수 대역, radio spectrum)으로 한정되어 있다. 따라서 '어떤 방식으로 이 한정된 영역을 각각의 핸드폰 사용자들이 불편 없이 사용할 수 있도록 분배해 줄까?'가 핸드폰 이동통신기술을 설계하는데 많은 고민거리가 된다. 이 '분배'의 방식에는 TDMA, FDMA, OFDMA, SDMA 등이 있으나 일반적으로 TDMA, FDMA, CDMA 세 가지가 주로 거론된다.

5.1 OFDMA(Orthogonal Frequency Division Multiple Access)

다중접속 방식의 하나로 OFDMA 방식은 한 사용자가 모든 유효 부반송파를 독점하는 것이 아니라, 여러 사용자가 유효한 부반송파의 집합을 서로 다르게 분할 할당받아 사용하는 다중 사용자 접속 방식을 말한다.

○ 특징

- 동일 셀 내의 각 사용자들은 서로 다른 부반송파 집합을 사용
  - 유연한 자원 할당 가능(Flexible Resource Allocation)
- ISI 및 ICI가 발생할 가능성이 작음
  - 만일 사용자 간의 주파수 및 타이밍 옵셋의 영향을 충분히 작은 수준으로 유지하기만 한다면, 셀 내 간섭은 거의 받지 않게됨
- 시간 및 주파수 영역에서 2차원적으로 자원을 분할 할당
  - 부반송파들의 일부 집단을 하나의 집합으로 구성하여, 각 사용자에게 할당
  - 이를 두고 부채널(Subchannel, Subchannelization)이라고 함
- 전 대역을 각 사용자가 요구하는 전송속도에 따라서 주파수 영역 상에서 부반송파를 할당함으로써, 채널용량의 최적화가 가능
  - 부채널의 할당을 각 사용자의 요구에 따라 동적으로 할당
  - 사용자가 요구하는 전송속도에 따라 할당되는 부반송파의 수를 변화시킴
- 셀 내 간섭의 영향이 적음
  - OFDMA 방식은 사용자 마다 서로 다른 부반송파를 할당 받음으로인해 셀 내 간섭의 영향을 받지 않음
  - 통상의 OFDM 방식 보다 많은 수의 부반송파를 사용
  - 전력 제어

    OFDMA 방식에서는 CDMA 방식 보다는 전력제어의 중요성이 낮은데, 그 이유는 동일 셀 내에서 직교성이 충분히 보장되기 때문이다.

5.2 TDMA(Time Division Multiple Access)

TDMA는 다중접속 방식의 하나로써 하나의 반송파를 여러 사용자가 공유하여 사용하면서 시간축을 여러개의 시간구간으로 나누어서 여러 사용자가 자기에게 할당된 시간구간을 다른 사용자의 시간구간과 겹치게 않게 사용하는 방식으로 셀룰러시스템 등에 사용된다.

○ 특징

- 데이터전송이 군(burst) 형태로 불연속성을 가지며 특정시각에 전송된다.
- 대역폭이 변조방식에 크게 의존
- FDMA에 비해 심한 부호간 간섭(ISI)을 일으킬 수 있음
- 주어진 시간구간에서는 전체 주파수 대역 사용
- 이동전화에의 응용

○ 장단점

- 장점
  - FDMA에 비해 주파수효율이 3~6배 정도
  - FDMA에서와 같은 듀플렉서(Duplexer)는 필요 없다.
- 단점
  - ISI를 극복하기 위한 등화기가 필요함
  - 데이터 프레임화에 따른 오버헤드 부담으로 전송효율이 다소 낮음
  - 수신시에 반송파 동기, 비트시간복원, 프레임 동기 등이 필요하여 복조기가 복잡함
  - 주파수대역 및 타임슬롯 수에 따라 용량이 제한됨

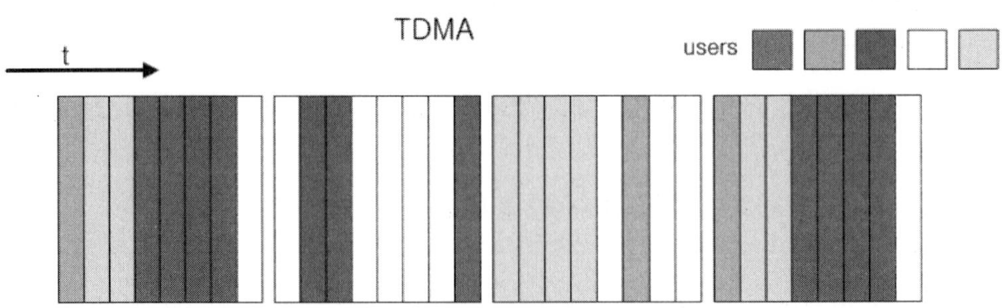

그림 5.2 TDMA

5.3 FDMA(Frequency Division Multiple Access)

FDMA는 다중접속방식 중 가장 간단한 방식으로써, 가용 스펙트럼을 정해진 대역폭 내에서 여러 개의 무선 채널로 분할하여 사용하는 방식을 말한다. 즉, 즈파수 대역을 여러 개로 나누어서 나누어진 대역을 각각의 채널에 할당하는 방식이다. FDMA 방식의 예로는 초기 아날로그 이동전화인 AMPS가 있다.

○ FDMA 특징

- 장점
  - 구현이 비교적 간단, 아날로그 방식
  - 심볼간 간섭(ISI)에 대한 영향을 적게 받으므로 등화기가 필요 없다.
  - 음성부호화가 불필요하다.
  - 비트시간복구나 프레임 동기 등이 쉽다.
- 단점
  - 인접채널간 간섭이 생길 수 있으므로 보호대역이 필요하다.
  - 통화의 비밀유지가 어렵다.
  - 주파수 이용효율에 한계가 있어 사용자수가 제한된다.
  - 비음성 전송의 경우 효율이 좋지 않다.

○ 위성통신

- 위성통신에서 FDMA는 1965년 이래 아날로그 위성통신에서 주로 사용되던 다원접속방식을 말한다.
- 이는 위성중계기에 할당된 주파수대역을 여러 개의 세그멘트(segment)로 분할하여 이를 각 지구국의 반송파대역으로 할당하면 수신지구국은 송신지구국의 반송파대역에 동조시켜 수신파형을 잡을 수 있게 하는 가장 간단한 다원접속방식이다
- 이의 사용 예로는 SCPC 등이 있다
- 장점
  - 지구국 안테나, 증폭 및 변조 장치가 간단하고 복잡한 동기가 불필요하다.

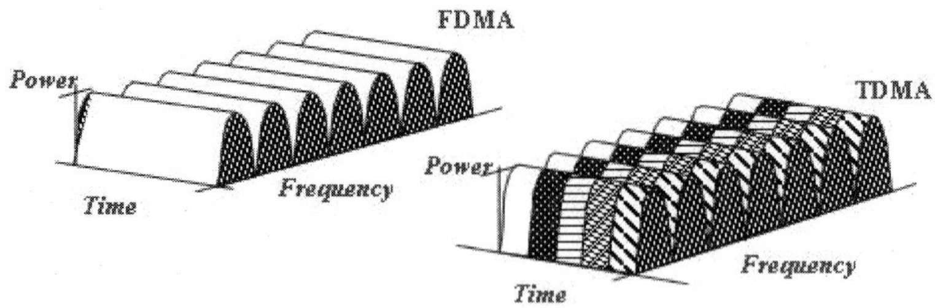

그림 5.3 FDMA

5.4 CDMA(Code Division Multiple Access)

CDMA는 각 사용자가 고유의 확산부호를 할당받아 송신 신호를 스펙트럼 확산 부호화하여 전송하면, 사용자 확산부호를 알고 있는 수신기에서 이를 복원하는 방식이다.

○ 기원

- 확산대역 기술은 역사적으로 군사통신이나 위성통신에 비밀의 유지나 전파방해를 방지하기 위해 주로 사용하던 기술로써, 대역폭을 넓게 확산시킨 후 FDMA와 TDMA를 혼합하여 주파수 및 시간 자원을 여러 새용자가 공유할 수 있게 하는 기술이다.
- CDMA 방식의 상업화는 초기 군통신에서 전파장해나 도청방지등을 위해 사용하던 것을 미국의 퀄컴(Qualcomm)사가 이를 이동전화에 응용한 것.
- 대역확산(Spread Spectrum) 기술에 기초를 둔 다중접속방식 중 하나이며, 확산대역 다중접속(SSMA : Spread Spectrum Multiple Access) 또는 코드분할 다중접속(Code Division Multiple Access) 이라고도 한다.

○ 대역을 확산하는 변조 방법에 따른 분류

- 주파수 도약(FH-SS)
  - 주파수 호핑 방식은 통신방식에 있어서 직접확산변조(Direct Sequence) 방식과 함께 대표적인 확산스펙트럼 변조방식을 말한다.
  - 부호계열에 의해 정해진 패턴으로 반송주파수를 불연속적으로 편이키시는 것이다. 이 방식은 100만개의 별도 주파수를 선택할 수 있어 각자 전송하는 정보와 부호에 근거하여 선택된다.

- FH의 송수신 방식
  ① FH 방식은 우선 주어진 대역폭을 많은 수의 호핑 채널(Hopping Channel)로 나누고,
  ② 송신 측에서는 1차 변조된 신호(중간주파수)를 RF 주파수대로 변환할 때 미리 정해진 순서에 따라 서로 다른 호핑 채널에 할당시킨다.
  ③ 이 때 신호가 할당된 채널이 빠르게 변경되기 때문에 다중 채널 간섭 등의 잡음의 영향을 줄일 수 있다.
  ④ 한편, 수신단에서는 여러 호핑 채널에 분산된 수신신호들을 송신 측과 같은 순서로 연결함으로써 원 신호를 복원하게 된다.
- 동작원리 및 특징
  ① 호핑 코드에 따라 순간적으로 한 주파수로 튜닝(Hopping)되어 그 주파수에서 아주 짧은 시간동안 전송하고 다시 다른 주파수로 튜닝되어 전과 동일한 과정을 반복하는 기법
  ② 송신부와 수신부는 같은 시간대에 같은 주파수에 위치토록 동기화가 반드시 필요함즉, 수신측은 신호를 수신하기 위하여 송신시 사용한 호핑 코드와 동일한 코드를 이용하여 특정시간에 특정주파수로 튜닝하여야 함
  ③ 전파방해나 잡음간섭을 최대한 방지하고, 같은 주파수를 사용하더라도 호핑 코드만 다르면 여러 스프레드 스펙트럼 시스템을 동일 장소에 사용 가능
  ④ 부품이 상대적으로 저렴하고 높은 출력을 요구하지 않음

- 직접 확산(DS-SS)
  - 직접 확산 변조란 원래의 신호에 주파수가 높은 디지털 신호(확산코드)를 곱(XOR)하여 확산(Spreading)시키는 대역확산 변조방식을 말한다
  - 동작방식 및 특징
    전송될 2진 데이터 신호를 칩 코드(Chipping Code, Chip)라고 하는 다른 2진 코드(비트 패턴)로 변조토록 하여 사용주파수 전역으로 확산시켜 전송한다.
  - 데이터의 각 비트(Bit)를 칩(Chip)이라는 형태의 여러 비트들로 변조하여 사용 주파수 전역으로 확산시켜 전송하고, 수신시 칩이 다시 원래의 비트 단위로 변환되어 데이터 복원
  - 칩이 크면 클수록 원래의 데이터로 복원될 가능성이 커진다.(단, 더 넓은 대역폭이 필요함)
    ① 기존 RF 신호는 신호가 특정 단일 주파수에 집중되어 신호세기가 크나, 확산 대역 신호는 넓은 주파수대역에 퍼져 있어 신호세기가 매우 약하므로 기존 수신기로는

수신하기 어렵다.

② 칩 코드를 이용해 신호를 전대역폭을 이용해 확산 전송하므로 대역폭 이용효율은 떨어지나 향상된 잡음비와 칩 코드가 다르면 같은 주파수대역에서 여러 스프레드 스펙트럼 시스템이 사용 가능

③ 변조방식은 BPSK, QPSK, M-ary PSK 등이 많이 사용된다.

○ CDMA의 이동통신 적용에 따른 특징

- 디지털화된 셀룰러시스템
  - 가입자마다 서로 다른 식별코드(확산코드)를 부여하여 디지털화된 음성신호와 함께 전송하여 여러 가입자가 동시에 통화하는 방식의 디지털 셀룰러시스템이다.
- 수용용량
  - 기존 아날로그 FDMA 방식에 비해 수용용량이 약 10~20배이고 특히 보안성이 좋고 통화를 하면서 다른 기지국으로 이동하여도 순간적인 통화단절 현상이 없어, 통화품질이 우수하다.
- TDMA 또는 FDMA와 같지 않게 수용용량의 한계는 다소 불명확
  - 다른 사용자들의 잡음량(간섭량)에 따라 결정됨
- 소비전력이 작음
  - TDMA, FDMA 방식에 비해 CDMA 방식은 낮은 송신출력을 사용
  - 배터리 사용시간을 3배 이상 길게 할 수 있음
- 주파수 이용효율이 높음
  - 주파수 재사용 계수 = 1
- 주파수 계획(Frequency Planning)이 필요 없다.
  - 주파수 간섭에 덜 민감하므로, 동일 주파수를 인접지역에 사용 가능
- 핸드오프(hand-off)시에 통화의 순간적인 끊어짐을 없앨 수 있다.
  - 소프트 핸드오버가 가능
- 보안성이 좋음
  - 사용자 마다 고유한 PN 코드(Pseudo Noise Code) 사용
- 다이버시티를 이용한 통화품질의 향상
  - 넓은 대역에 걸쳐있는 신호(다른 주파수대에 다른 주파수 특성을 갖게됨)의 특성 때문에 일종의 주파수 다이버시티 효과를 이용하여 페이딩 현상을 극복 가능
- 전력 제어 및 동기화 기술이 필요하다.

CHAPTER 06

OFDM 실용 시스템

6.1 Digital Radio Broadcasting

기존의 아날로그 방송은 이동할 때 수신 신호의 품질이 급격히 저하되고 잡음의 영향을 줄이기 위해 높은 송신 전력을 사용함으로써 전력 효율이 감소되며, 동일 채널 간섭을 피하기 위하여 근접 지역에서 다른 주파수를 사용함으로써 스펙트럼 효율이 저하되는 등의 기술적 한계성을 갖고 있다.

이러한 이유로 방송 통신 시스템의 디지털화에 대한 필요성이 절실히 요구되어 왔다. 아날로그 AM(Amplitude Modulation)과 FM(Frequency Modulation)라디오 방송을 디지털화한 디지털 라디오 방송(Digital Radio Broadcasting)은 일반적으로 영상을 주매체로 하는 디지털TV 방송과 구분하여 주로 오디오(또는 사운드) 서비스를 제공하는 디지털 오디오 방송(DAB)을 의미한다.

대부분의 디지털 라디오 방송 시스템은 높은 압축률을 갖는 수신자 중심의 음성 부호화 방식을 사용하여 CD수준의 고품질 오디오 서비스를 제공하면서 날씨, 교통, 오락, 전자, 영상 등의 다양한 부가 데이터 서비스를 제공한다.

현재 디지털 라디오 방송은 지상파 디지털 라디오방송과 위성 디지털 라디오방송으로 크게 나눌 수 있다. 지상파 디지털 라디오 방송은 사용 주파수 대역의 배정에 따라 대역내(in-band) 방식과 대역 외(out-of-band)방식으로 구분한다. 대역 내 방식은 미국에서 개발한 방식으로 아날로그 방송과 동일 채널에서 전송하는 방식을 말하며 기존의 AM/FM 방송의 주파수 대역을 그대로 사용하는 장점이 있다. 그리고 대역 외 방식은 기존 주파수 대역이 아닌 새로운 주파수 대역을 사용하는 방식으로 주로 유럽지역을 중심으로 적용하는 DAB(EUREKA-147)와 일본에서 개발한 ISDBT(Integrated Services Digital Broadcasting-Terrestrial)방식이 있다

세계 최초로 디지털 라디오 서비스를 시작한 유럽은 1987년부터 EUREKA-147이라는 DAB프로젝트를 개발하기 시작하여 1994년에 표준화를 완료하고 1995년 9월에 BBC가 DAB 첫 방송을 시작하였고, 1999년 11월에 영국의 멀티플렉스 사업자인 Digital One이 방송을 시작하였다. 독일은 1999년 4월부터 색소니안할트 주에서 DAB 방송을 개시하여 16개 연방 주 모두 방송을 시작하였다. 이후 유럽 대다수 국가와 캐나다, 호주등에서 DAB방송이 실시 중이다. 미국은 1990년에 연구를 시작하여 USADR(USA Digital Radio)과 LDR(Lucent Digital Radio)사가 2000년4월에 시험방송을 실시하였다. 일본은 1995년 ISDB-T방식을 개발하였으며 2006년 4월부터 서비스를 시작할 예정이다.

국내에서는 2001년 4월에 유럽의 EUREKA-147 DAB방식을 국내 DAB잠정표준방식으로 선정하여 2002년 4월부터 지상파 디지털 라디오 실험방송을 실시하였다. 그리고 2003년에 동영상 등 다양한 멀티미디어 서비스 실험 방송을 실시하고, 2004년 말에 상용 서비스를 제공할 계획이었단 지상파 디지털 라디오방송은 2003년 2월에 DAB를 DMB로 개칭한 이후 '이동형 멀티미디어 방송'으로 그 의미가 변경되었다. DMB는 초기에 음성방송(라디오)의 디지털화를 뜻하는 '디지털 전환' 개념에서 시작하여 오디오 방송 외에 부가적으로 뉴스, 교통, 기상 정보, 지리, 위치 등을 제공하는 '라디오 방송의 확장 개념으로 발전하였다.

또한, 아날로그 AM방송을 디지털화한 DRM(Digital Radio Mondiale)방송은 유럽을 주축으로 미국, 일본, 중국 등25개국 72개 회원사로 결성된 컨소시엄인 DRM에서 개발한 방식이다. 영국의 BBC와 미국의 소리(VOA)방송 등으로 구성된 디지털 라디오방송(DRM)컨소시엄은 프랑스 인접 산악지대에서 2003년 6월16일에 전파가 약한 곳에서도 FM방송에 근접한 방송 품질을 보장하는 디지털 단파 라디오 방송 서비스를 시작했다. 디지털 라디오 방송(DRM)은 유럽, 북미, 중동, 호주, 뉴질랜드에서 우선적으로 중국어, 불어,영어 독일어, 러시아어,

스페인어 등 방송 서비스를 동시에 시작했다. DRM은 30MHz이하의 방송 대역을 이용하여 디지털 라디오 방송으로서 AM 대역에서 기존 FM과 유사한 음질을 청취할 수 있도록 하는 방식이며, 기존 장파, 중파 및 단파대역을 동일하게 사용함으로써 추가로 주파수 확보가 필요 없는 것이 장점이다.

표 6.1은 3가지 지상파 디지털 라디오 방식에 대한 특징을 정리한 것이다. 한편, 위성 디지털 라디오 방송에 대한 설명은 디지털 위성 방송 내용으로 대신한다.

| **표 6.1** | 지상파 디지털 오디오 방식비교

<table>
<tr><th colspan="3" rowspan="2">항 목</th><th>유 럽</th><th>미 국</th><th>일 본</th></tr>
<tr><th>EUREKA-147</th><th>IBOC1)</th><th>ISDB-T</th></tr>
<tr><td rowspan="4">방식 구조</td><td rowspan="3">채널 전송</td><td>기본구조</td><td colspan="3">다중 반송파 방식</td></tr>
<tr><td>변조</td><td>DQPSK/
COFDM</td><td>QPSK/
OFDM</td><td>QPSK,16QAM
64QAM/BST-OFDM</td></tr>
<tr><td>오류정정</td><td>Convolutional Code</td><td>CPC2)</td><td>RS+Convolutional Code</td></tr>
<tr><td colspan="2">오디오 압축</td><td>MPEG-1,-2
계층II</td><td>MPEG-2
AAC3)</td><td>MPEG-2
AAC</td></tr>
<tr><td colspan="3">주파수 대역</td><td>30MHz~3GHz
(UHF/VHF/L-Band)</td><td>기존FM대역</td><td>TV대역(UHF/VHF)</td></tr>
<tr><td colspan="3">대역폭</td><td>1.536MHz</td><td>140kHz</td><td>-약 430kHz(1segment)
-확장가능</td></tr>
</table>

1) IBOC : In-Band On-Channel
2) CPC : Compatible Puntured Code
3) Advanced Audio Coding

6.1.1 Out of Band방식

Out-of-band 방식은 아날로그 방송이 서비스되는 FM 대역 이외의 주파수 대역을 이용하는 방식으로, 1987년부터 유럽 각국이 공동으로 연구하여 단일 규격의 EUREKA-147 시스템을 개발하였다. 이와 같은 대역 외 방식은 새로운 주파수 대역의 이용과 광대역 전송을 특징으로 하며, 30MHz부터 3GHz의 주파수 대역, 즉 VHF,UHF 및 L/S대역에서 운용할 수 있다. 따라서 현재의 FM대역과 TV 대역을 통한 지상파 방송과 L/S대역을 통한 위성 방송이 가능하다. EUREKA-147 시스템은 표 2와 같이 주파수 대역의 특성과 망 구성을 고려하여 4가지 전송 모드를 정의하며, 이 방식은 현재까지 개발된 디지털 라디오 방송 시스템 중 가장 우수하다고 알려져 있다. 이는 광대역 전송으로 인한 이동체에서의 수신 성능 개선 및 고속의 데이터 전송 그리고 단일 주파수 방송망 구성을 통한 주파수의 효율적 이용이 가능하기 때문이다. 한편, 일본에서는 Out of Band방식으로 오디오,TV 및 데이터 서비스가 가능한 종합 디지털 방송 방식으로 협대역 ISDB-T(narrow band ISDB-Tn)을 개발하였다

6.1.1.1 EUREKA-147 DAB

유럽의 EUREKA-147 DAB는 약 2MHz의 대역폭으로 MPEG(Moving Pictures Experts Group)오디오 계층Ⅱ에 기반한 고음질 오디오 압축 기술을 사용하여 CD수준의 음질을 갖는 오디오 서비스와 다양한 부가 데이터 서비스가 가능하다. 특히 이동체 수신에서 다중 경로 페이딩 및 도플러 확산에 대처라히 위해 부호화된 OFDM(Orthogonal Frequency Division Multiplexing)전송 방식을 사용한다.

DAB 시스템에 사용된 오디오 부호화 알고리즘은 ISO/MPEG의 표준화 과정에 기초하며, DAB전송에 맞게 규격화된 MUSICAM 방식(ISO 11172-3 표준 계층Ⅱ)을 이용한다.

오디오와 2개의 오디오 프로그램 관련 데이터는 각 채널마다 프로그램 내용에 다른 전송률의 부호화가 이루어지며 필요에 따라 스크램블된다. 또한 시간 인터리빙(interleaving)와 오류 정정 부호 부가는 각 음성 채널과 일반 데이터마다 수행되며 유연성을 갖는다.

전송규격은 전송 모드Ⅰ,Ⅱ,Ⅲ 및 Ⅳ의 4가지 전송 모드를 정의하며, 전송 프레임은 그림 6.1과 같이 1차 동기용 널 심볼(Null Symbol)(RF 신호는 전송되지 않음)을 선두로 하여 DQPSK 변.복조를 위한 위상기준 심볼의 동기채널(SC: Synchronization Channel)과 고속 정보 채널(FIC: Fast Information Channel)이 이어지며, 그 다음에 오디오 데이터와 일반 데이터를 전송하는 주 서비스 채널(MSC: Main Service Channel)이 할당된다. 데이터 전송은 고속 정보 채널과 주 서비스 채널이며 고속 정보 채널은 복수개의 고속 정보 블록(FIB: Fast Information Block)들로 구성되는데 1개의 고속 정보 블록은 256비트(30바이트+16비트의 CRC)로 이루어져 있다. 고속 정보 채널은 주 서비스 채널 배열을 제어한다. 제어 정보의 핵심은 다중화 구성 정보(MCI: Multiplex Configuration Information)로 고속 정보 채널에 전송되며 필요하면 재배열 된다.

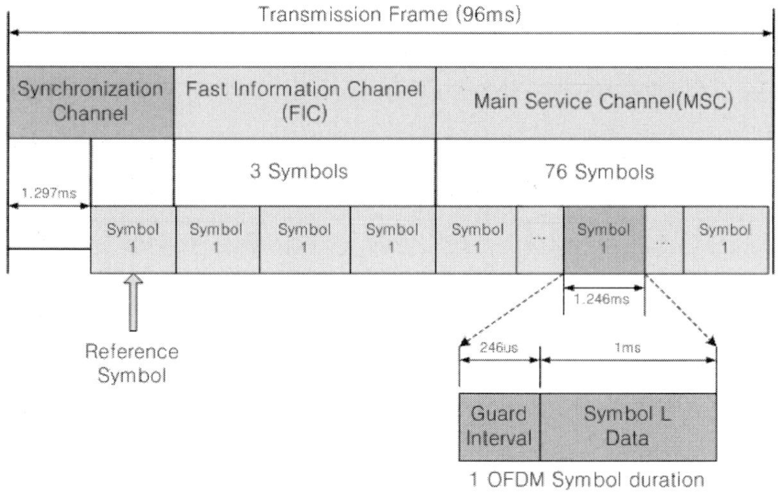

그림 6.1 전송 프레임과 널 심볼(Null Symbol) 구조

고속 정보 채널의 주요 정보인 서비스 정보(SI: Service Information)는 수신기의 디스플레이 데이터와 제어 데이터를 전송하는 데 사용된다.

- 디스플레이 데이터 : 프로그램 서비스 레이블, 시간과 날짜, 프로그램 레이블(프로그램 제목, 아티스트 이름), 사용 언어, 프로그램 종류(뉴스, 스포트, 음악 등)
- 제어 데이터 : 다른 채널 DAB 방송정보, AM과 FM방송 동시 방송 서비스 유무, 방송국 인식 표시(국명, 위치)

주 서비스 채널은 여러 개의 공통 인터리브 프레임(CIF: Common Interleaved Frame)으로 구성되며 하나의 공통 인터리브 프레임은 55,296비트율로 24ms 오디오 프레임에 해당된다. 공통 인터리브 프레임의 최소 주소 단위는 64비트 단위 용량 (CU: Channel Unit)으로 한다.

서브 채널(sub-channel)은 단위 용량의 정수 배로 구성되며 주 서비스 채널의 기본 전송 단위가 된다. 즉 주 서비스 채널은 서브 채널의 다중화로 구성되며, 시간 인터리브되고 채널 부호화 된다. 각 서브 채널은 한 개 또는 그 이상의 서비스 성분을 나타내며 서비스 성분과 서브채널이 결합하여 다중화 배열로 된다.

동기채널은 전송 프레임 동기, 자동 주파수 제어, 채널 상태 추정, 그리고 기본적인 복조 기능을 위해 사용된다. 전송방식은 부호화된 OFDM(COFDM)방식은 주파수 영역 인터리버와 시간 인터리버를 조합한 시스템으로 MUSICAM이라 불리는 서브 밴드 부호화 비트 저감 시스템(SCBR: 압축비 1/6~1/12)으로 구성된다.

전송규격은 지상 단일 주파수 방송망(SFN)밴드Ⅰ,Ⅱ,Ⅲ의 지역방송에 적합한 전송 모드 Ⅰ,밴드 Ⅰ,Ⅱ,Ⅲ,Ⅳ,Ⅴ와 L밴드에서 적합한 전송 모드Ⅱ와 Ⅳ, 그리고 3GHz 이하의 지상 방송, 위성 방송, 케이블, 지상 및 위성 방송에 적합한 전송모드Ⅲ의 4가지 전송 모드를 정의한다. 전송 프레임 간격은 표 6.2에 나타난 전송 모드에 따라 96~24ms를 가진다.

전송 모드Ⅰ은 많은 수의 반송파를 조밀하게 배치하여 주파수 인터리빙 효과를 극대화하고 심볼 구간을 길게 함으로써 허용 가능한 다중 경로 전파의 지연 시간을 길게 하여 단일 주파수 방송망에 적합하게 설계되었으나, 사용 가능한 주파수 영역은 375MHz까지로 제한된다. 전송 모드Ⅲ은 반송파 간격을 넓게 하여 도플러 주파수의 허용치를 크게 함으로써 동작 주파수 영역을 3GHz까지 확장한다.

또한 제한된 대역폭과 주어진 채널 환경 하에서 다수의 오디오 및 데이터를 최적 데이터율로 전송하기 위해 오디오의 경우 압축된 데이터 영역에서 오류 민감성을 고려한 UEP(Unequal Error Protection)을 사용한다. 이와 달리 데이터의 경우에는 모든 데이터 영역에 균일한 EEP(Equal error Protection)기술을 사용한다.

채널 부호기에서 에너지 확산을 위해 의사 랜덤 신호열(PRBS)로 비트 스트림을 길쌈 부호기에서 구속장(constraint length)7비트로 부호화되고 그 후, 신호일부를 삭제하여 전송하는 천공(puncturing)이 행해진다. 이 때 중요도가 높은 부분은 적게 삭제하고 중요도가 낮은 부분은 많이 삭제하는 처리가 이루어진다. 모든 부분을 동등하게 천공하는 방법을 EEP이라고 하고, 중요도에 따라 천공을 다르게 하는 방법을 UEP이라고 한다.

| **표 6.2** | EUREKA-147방식의 주요규격

(출처 : 백종호 외2,"디지털라디오방송(DAB)시스템 A: EUREKA-147",KETI,2004.1)

파라미터	전송모드Ⅰ	전송모드Ⅱ	전송모드Ⅲ	전송모드Ⅳ
망 구성 응용	Ⅰ,Ⅱ와Ⅲ밴드의 지상파 SFN과 지역방송	Ⅰ,Ⅱ,Ⅲ,Ⅳ,Ⅴ와 L밴드내의지상파 지역방송,위성, Hybrid	3GHz이하 주파수의 지상파, 위성,Hybrid,Cable 망	1.5GHz 이하주파수의 지상파 방송망
반송파 간격	1kHz	4kHz	8kHz	2kHz
프레임당 심볼 수	76	76	153	76
심볼당 반송파 수	1536	384	192	768

파라미터	전송모드 I	전송모드 II	전송모드 III	전송모드 IV
전송 프레임 구간	96ms	24ms	24ms	48ms
Null 심볼 구간	1297ms	324ms	168ms	648ms
OFDM 심볼 구간	1246ms	312ms	156ms	648ms
보호구간	246μs	62μs	31μs	123μs
적용주파수범위	≤ 375MHz	≤ 1.5GHz	≤ 3GHz	≤ 1.5GHz
반송파간격의역수	1ms	250μs	125μs	500μs
SFN송신기간의 최대이격거리	96km	24km	12km	48km
변조 방식	π/4-DQPSK			
샘플링 주파수	2.048MHz			
시간 인터리빙	Depth = 384ms			
주파수 인터리빙	Width = 1.536MHz			
시스템 대역폭	1.536MHz			
유효 데이터율	0.8~1.7Mbps			

DAB의 송신기 구성은 그림 6.2와 같으며 오디오 데이터, 일반 데이터 및 고속 정보 채널이 다중화된 후 동기 신호나 그 외의 신호가 부가된 다음, OFDM 변조와 π/4DQPSK를 수행하여 DAB 신호를 만든다.

그림 6.2의 송신기 블록도와 같이 각 서비스 신호는 오디오 부호기를 거친 후 오류 방지를 위해 채널 부호화된 다음 시간 인터리버를 거친다. 인터리빙된 각각의 음성 서비스 신호들과 일반 데이터들은 다중화되어 주 서비스 채널(MSC)로 다중화된다. 이렇게 다중화된 신호는 고속 정보 채널(FIC)로 전송되는 다중화 구성정보(MCI)와 서비스 정보(SI)와 함께 주파수 인터리버를 거친다. 고속 정보채널 FIC로 전송되는 정보는 시간지연을 허용하지 않기 때문에 시간 영역 인터리버를 통과하지 않는다. 주파수 인터리빙된 비트열은 DQPSK 심볼로 매핑된 후 IFFT를 통해 OFDM 심볼이 생성된다. 여기에서 동기를 위한 심볼이 부가되어 DAB신호가 만들어 진다.

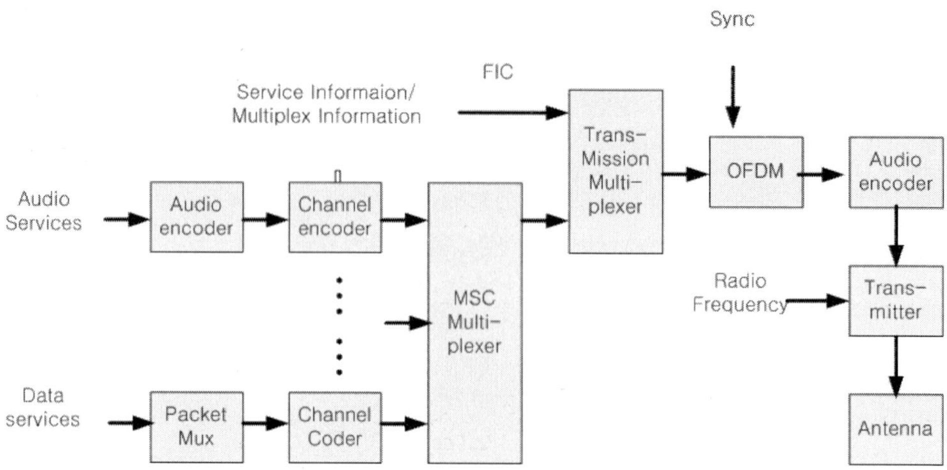

그림 6.2 DAB 송신기 구성

그림 6.3은 DAB 수신기 구성으로 아날로그 회로의 RF 튜너(tuner)로부터 원하는 DAB 신호를 선택하여 동기를 이룬 다음, A/D 변환된 디지털 신호는 고속 푸리에 변환(FFT: Fast Fourier Transform)단에서 FFT를 수행하고 차동 복조한 후, 디인터리빙(deinterleaving)와 오류정정 처리를 수행하여 음성과 데이터 신호를 복원한다. 다시 음성 데이터는 MPEG 복호 처리를 하여 좌우 신호로 분리된다. 수신기의 제어는 사용자 인터페이스에 접속하며 고속 정보채널(FIC)정보에 따른다.

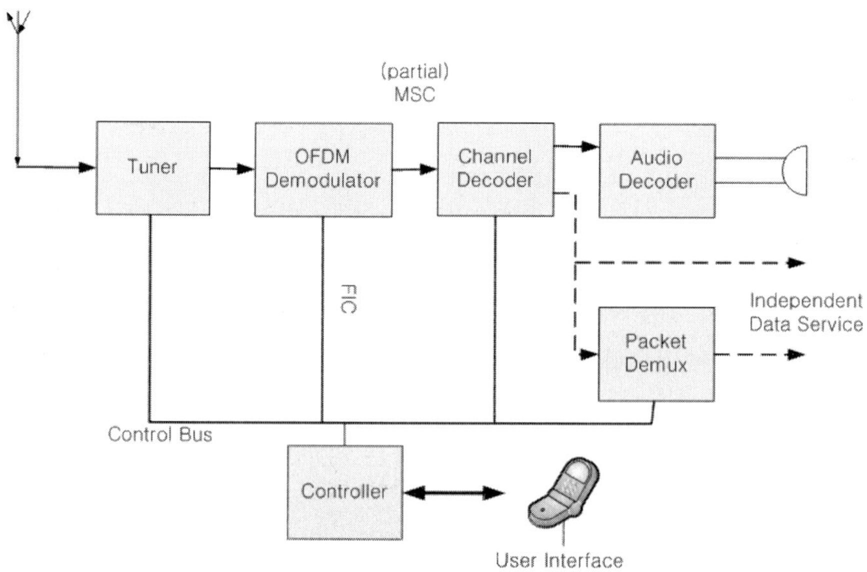

그림 6.3 DAB 수신기 구성

6.1.1.2 협대역 ISDB-T

일본의 ISDB-T방식은 유럽의 DVB-T와 유사하며 TV(SDTV/HDTV)과 라디오 방송을 동시에 수신할 수 있고, 이동체나 휴대용은 별도 전용 라디오로 수신이 가능한 방식이다. 또한 대역폭 가변이 가능한 대역 분할 전송 직교 주파수 분할 다중(BST-OFDM: Band Segment Transmission - Orthogonal Frequency Division Multiplexing)방식을 적용한 확장형 협대역 ISDB(Integrated Services Digital Broadcasting)를 채택하였다.

ISDB는 전송 및 압축 기술을 종합한 시스템으로 오디오와 TV서비스가 모두 가능하도록 설계된 방식이며, 오디오 서비스를 위해 협대역 ISDB-T를 정의하였다. 협대역 ISDB-T방식은 지상 디지털 TV방송 방식과 공통의 세그먼트 구조를 가지며 대역폭429kHz 세그먼트 1개를 송신하는 방식(이하 1세그먼트 방식)과 세그먼트 3개(대역폭1.29MHz)를 송신하는 방식(이하 3세그먼트 방식)으로 나눈다. 두가지 방식 모두 하나의 전송 스트림을 전송하며 3세그먼트 방식은 중앙부의 한 세그먼트를 1세그먼트만 수신하는 수신기에 의해 부분 수신이 가능하도록 하였다.

ISDB-T방식은 오디오 압축 부호화 방식으로 MPEG-2 AAC(Advanced Audio Coding)를 사용하여 144kbps 정도의 압축률을 유지하면서도 CD 수준의 오디오 음질을 제공한다. EK라서 하나의 세그먼트를 사용하는 경우에도 비교적 주파수 효율이 낮은 변조 방식을 사용하고 내부호(inner code)의 부호율을 낮추더라도 CD음질 수준으로 3개의 오디오 서비스가 가능하다. 오류정정을 위해 내부호로 길쌈 부호를 사용하고 외부로(outer code)로 RS(Reed Solomon)부호를 사용하며, 시간 및 주파수 인터리빙을 사용한다. 변조 방식으로는 QPSK, DQPSK, 16-QAM 또는 64QAM을 사용한다.

표 6.3은 3가지 전송 모드에 따른 파라미터를 나타내며, 그림 6.4는 협대역 ISDB-T의 송신 시스템 블록도를 나타낸다.

| 표 6.3 | 협대역 ISDB-T의 전송 모드에 따른 파라미터

항 목 \ 전송모드	1	2	3
심볼 길이	252μs	504μs	1.008ms
보호구간	심볼 길이의 1/4~1/32		
프레임당 심볼수	204		
프레임 길이	53~64ms	106~129ms	212~257ms

항 목 \ 전송모드	1	2	3
내부호	길쌈 부호(1/2,2/3,3/4,5/6,7/8)		
외부호	RS(204,188)부호		
인터리빙	시간 및 주파수		
세그먼트 수	1 또는 3		
대역폭	430kHz 또는 1.3MHz		
부반송파 간격	3.97kHz	1.98kHz	0.99kHz
부반송파 수(1/3)	109/325	217/649	433/1297
데이터 부반송파 수(1/3)	96/288	193/576	384/1152
변조방식	QPSK, 16-QAM, 64-QAM,DQPSK		

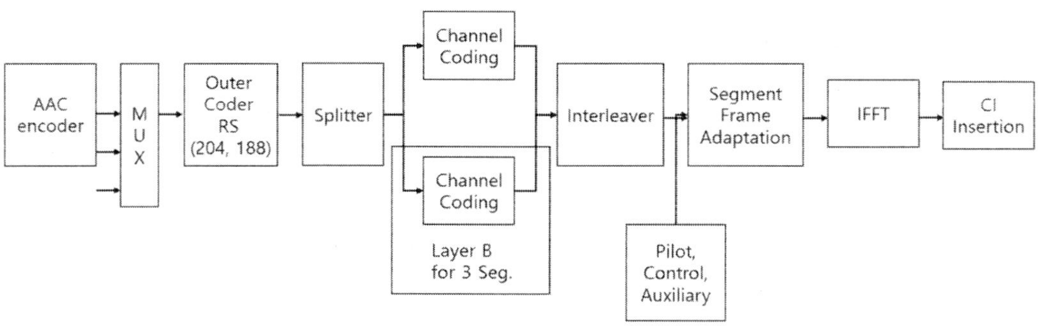

그림 6.4 협대역 ISDB-T의 송신 시스템 블록도

6.1.2 In Band방식

In Band 방식이란 기존의 FM신호와 같은 주파수 대역을 공유하며, 기존 방식과 동시에 방송되는 시뮬캐스트(Simulcast: TV와 라디오의 동시 방송(프로그램) 시스템이다. 이방식에는 기존 AM 대역이나 FM 채널에서 사용하는 IBOC(In Band On Channel)방식과 기존 FM대역의 인접 채널을 사용하는 IBAC(In Band Adjacent Channel)방식이 제안되었다. IBOC 방식은 기존 FM채널 대역과 동일한 주파수 대역을 사용하며, IBAC방식은 FM방송으로 이용되지 않는 빈 채널에 디지털 오디오 신호를 넣는다. 대역 내 방식은 주로 지상파 방송에 사용된다.

IBOC방식은 주파수 밀집 지역에서 주파수 효율을 높일 수 있지만 기존 아날로그 신호와의 상호 간섭 문제가 발생하며, IBAC방식의 경우 FM방송 채널 사이에 비어있는 보호대역을 이용하므로 상호간섭에 대처하기가 비교적 용이하다.

IBOC방식은 FM신호에 비해 25dB 이하의 낮은 전력에서 동작 가능하지만, 아날로그 신호에 간섭을 야기할 수 있다. 실험에 따르면 디지털 신호가 FM 신호의 품질에 영향을 주지않기 위해서는 45dB정도의 레벨 차이가 요구된다. 따라서 FM수신기에서는 디지털 신호의 간섭을 줄여야 하며, 반대로 디지털 라디오 방송 수신기는 FM 신호를 추출하여 제거하는 기술이 필요하다. IBOC 방식은 다중 경로 페이딩의 문제점을 극복하기 위해 EUREKA-146방식에서 사용되는 OFDM 변조방식을 기본으로 하고 있다. IBAC의 경우에는 단일 반송파를 사용하고, 채널 등화 기술을 채용하고 있다.

6.1.2.1 IBOC 방식

IBOC방식은 미국에서 제안한 시스템으로, 기존의 AM/FM방송 신호에 디지털 변조파를 중첩하는 것이며 크게 IBOC AM과 IBOC FM으로 구분한다. 기존의 아날로그 AM또는 FM과 동시방송이 가능한 하이브리드(hybrid)모드와 아날로그 신호가 방송되지 않는 디지털 모드의 2가지 모드를 제공한다. FM방송과 동시 방송 기간에는 하이브리드 모드를 사용하고 FM방송을 중단한 후에는 디지털 모드를 사용할 예정이다.

즉, 아날로그 FM 방송에서 하이브리드 모드에 의한 동시 방송(IBOC hybrid)그리고 디지털 방송(IBOC digital)으로 전환될 것이다. 두 방식에 있어서 신호원 부호화 또는 전송로 부호화에 따라 다소간 차이가 있지만 기본 방식은 같다.

하이브리드 모드의 경우 AM 반송파를 중심으로 약 14.7kHz의 대역폭을 사용하며, 디지털 모드인 경우에는 AM 반송파를 중심으로 10kHz의 대역폭을 사용한다.

IBOC AM에서는 디지털 신호를 Core와 Enhanced 영역으로 구분하여 기존 아날로그 AM 주파수 대역에 Enhanced 영역을 두어 신호를 전송한다. EH한 오디오 압축 부호화로 MPEG-4 AAC와 SBR(Spectral Band Replication)을 사용하고 다양한 채널의 안정적인 수신을 위해 오류 정정 부호 및 인터리빙을 사용하며 변조 방식으로는 QAM을 사용한다. 방식의 특징은 디지털 모드에서 이동시 일반적인 정지 기간 동안보다 강인한 수신 성능을 높이기 위하여 Back-up 디지털 신호를 제공하는 블렌딩(blending)기법이 사용된다.

1) IBOC 하이브리드(Hybrid)시스템

USA 디지털 라디오(USADR)와 루슨트 디지털 라디오(LDR)의 하이브리드 IBOC 시스템(iDAB와 HIBOC)은 200kHz FM대역의 첫 번째 인접 대역에 디지털 라디오 방송 신호를 넣는 방식으로, 70kHz 단축파대에 95개의 반송파를 갖는 시스템이다. 변조 방식은 OFDM-QPSK이며 보호 시간은 사용하지 않는다

하이브리드(Hybrid)IBOC 주요 규격은 표 6.4와 같다.

| **표 6.4** | 하이브리드(hybrid) IBOC 주요 규격

항 목	주 요 규 격
변조 방식	OFDM-QPSK
반송파 수	95개(단측파대)
반송파 배열	- 중심 주파수를 0으로 400kHz 대역폭 : 좌우 끝까지±275번 - 제일 바깥쪽 반송파(274번)의 주파수 : ±199.128kHz - 제일 반쪽 반송파(179번)의 주파수 : ±130.087kHz - 파일럿 부반송파(178번)의 주파수 : ±129.361kHz
보호 구간	사용 안함
대역폭	70kHz(단측파대)

USADR사가 설계한 IBOC(iDAB또는 IBOC DAB) 방식은 기존의 AM과 FM방송을 함께 디지털화한 것으로 개선된 충실도, 양호한 수신감도와 새로운 데이터 서비스(방송국 정보, 음악 정보, 교통 날씨 정보 등)는 방송 사업자, 기기 제조사와 청취자 모두에게 새로운 기회를 제공한다. AM과 FM대역 양쪽에 적용할 수 있으면서도 다중 경로 잡음, 정전 잡음과 혼신, 히스(hiss)등 아날로그에서 문제가 되는 잡음을 제거함으로써 완벽한 수신 성능을 발휘하여 AM은 FM과 같은 충실도를, FM은 CD와 같은 음질을 갖게 되었다.

또한 IBOC송신시스템은 디지털 방송파를 기조의 AM과 FM대역에 부가하여 아날로그와 디지털 신호를 동시에 방송(hybrid mode)함으로써 같은 장소에서 하나의 수신기(아날로그/디지털 겸용)로 동일한 채널에서 아날로그와 디지털 방송을 선택할 수 있다.

2) IBOC 디지털 시스템

디지털 IBOC 시스템은 FM방송 신호를 배제하고 디지털 라디오 방송 신호만 전송하는 방

식(IBOC digital)으로, FM방송 신호와의 상호 간섭을 고려하지 않아도 된다. 또한 FM 대역을 사용하므로 점유 대역폭은 400kHzdlek. 변조 방식은 OFDM-QPSK로 136갸의 단측파대 반송파를 가지며, 보호 시간은 갖지 않는다. 반송파 배열은 -137~137번의 총 275개 부반송파로 137번은 사용하지 않으며, 0번은 파일럿 톤(pilot tone)송출용으로 사용한다. 디지털 IBOC방식의 주요 규격은 표 6.5와 같다.

| **표 6.5** | 디지털IBOC 주요 규격

항 목	주 요 규 격
변조 방식	OFDM-QPSK
반송파 수	136개(단측파대)
반송파 배열	– (-137~137)번의 총275개 부반송파 – 137번은 사용하지 않음 – 0번은 파일럿 송출 톤으로 사용 – 파일럿 부반송파(178번)의 주파수 : ±129.361kHz
보호 구간	사용 안함
대역폭	400kHz(단측파대)

그림 6.5는 하이브리드 MF(Medium Frequency) IBOC 송•수신 시스템 블록도를 나타낸다.

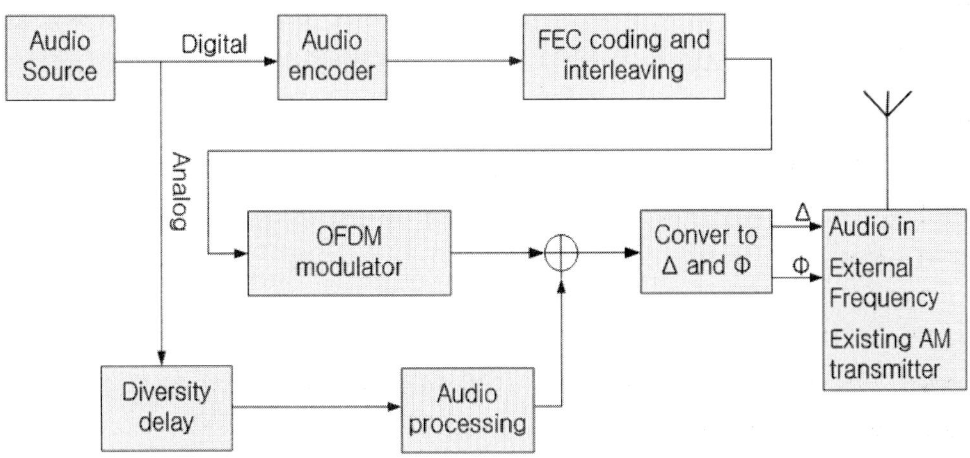

(a) 송신시스템

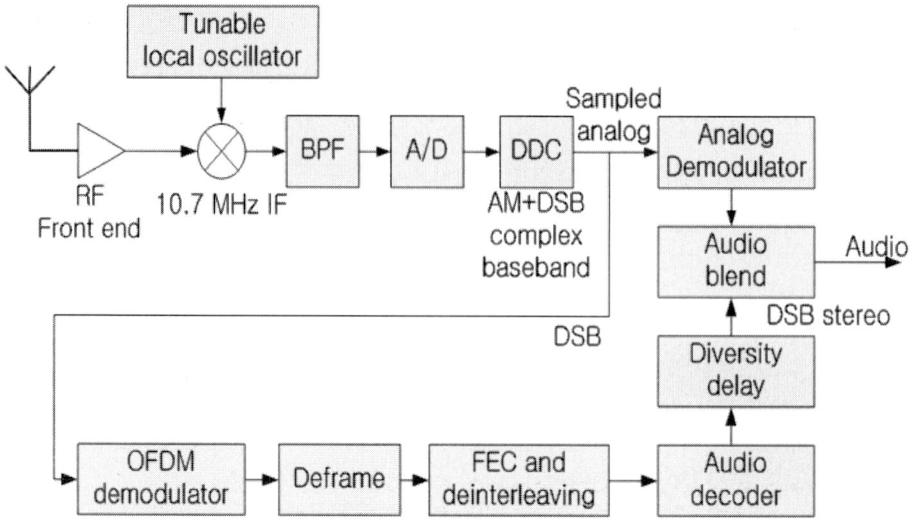

(b) 수신시스템

그림 6.5 Hybrid MF IBOC 송•수신 시스템 블록도

6.1.2.2 IBAC 방식

ETRI의 IBAC(In Band Adjacent Channel)방식은 DAB에 새로운 주파수 대역을 할당하기에는 여유 스펙트럼이 충분하지 않고, 기존의 FM 대역에서 DAB를 구현하는 것이 주파수 자원의 효율적인 이용 측면에 유리하며, 국내 방송 산업의 보호와 DAB용으로 새로운 주파수 대역을 할당하기가 어려운 국가의 DAB시장을 위해서 제안된 시스템이다. IBAC방식은 현재의 FM 채널 배치 이격을 800kHz로 가정하고 FM 신호 사이의 약 500kHz를 이용해 DAB신호를 전송하는 시스템이다. 인접 FM신호와의 간섭을 최소화하기 위해 FM과 DAB 신호 레벨비를 25dB이상으로 하며, 강한 전송 방식을 적용하여 이동 수신 및 광대역 서비스가 가능한 방식이다. 또한 유효 데이터율은 800kbps를 목표로 하고 CD수준의 스테레오 6채널과 데이터 수용이 가능하다.

초단파 대역 96.5MHz에서 인간의 청감 시스템에 기초한 지각 오디오 부호화(PAC: Perceptual Audio Code)알고리즘과 함께 데이터율 160kbps로 시연했으나 IBOC방식의 상대적인 우수성으로 인해 진행이 되지 않고 있다.

아날로그 오디오 입력 신호 및 멀티미디어 정보, 주식 정보, 교통 정보, GPS, FAX, 광역 호출 신호등은 압축 및 부호화되어 MPEG-2 멀티플렉서에 의해 TS(Transport Stream)형태로 변환된다. 그리고 ,RF 전송 신호의 에너지 분산을 위해 스크램블러(scrambler)를 통과한 데이터는 채널 부호부에서 RS부호화, 외부 인터리빙, 길쌈부호(convolutional encoding), 내부 인터리빙된 후 변조 방식에 따라 적절히 신호를 매핑한다. Frame Adaptation부 에서는 파일럿(continual & scattered pilot)과 TPS(Transmission Parameter Signaling)데이터를 첨가하여 OFDM 심볼 및 전송 프레임(Transmission Frame)을 구성하고 각 OFDM 심볼은 IFFT부에서 시간 영역의 신호로 변환된다. 심볼간 간섭(ISI : Inter-Symbol Interference)를 제거하기 위해 보호 구간(guard interval)이 삽입되고 D/A 변환기에서 아날로그 신호로 변환되어 주파수 업 컨버터(Up converter)로 보내진다. 주파수 업 컨버터는 기저 대역 아날로그 신호가 FM 대역(88~108MHz)의 특정 주파수 채널에서 전송되도록 주파수 상향 변환을 수행하며, 고출력 증폭기(HPA: High Power Amplifier)를 통해 증폭된 RFtls호는 안테나를 통해 전송된다. 한편, 수신부에서의 신호처리는 송신부와는 역으로 동작한다.

표 6.6은 IBAC방식의 주요 규격 및 파라미터를 나타낸다.

| 표 6.6 | IBAC 방식의 주요 규격 및 파라미터

항 목	주요 규격 및 파라미터
신호 대역폭	약 500kHz(88~108MHz)
전송 및 변조 방식	OFDM, 8-PSK/16-QAM
오디오 압축 방식	MPEG-2 AAC
외부 및 내부 채널 부호	RS Code(204, 188, t=8) Convolutional Code(R=1/2,K=7)
외부 및 내부 인터리버	Convolutional Byte Interleaver 시간 및 주파수 인터리빙
부반송파 수	512
부반송파 간격	1kHz
유효 심볼 지속 시간	1000ms
보호 구간	유효 심볼 지속 시간의 1/32

6.1.3 DAB 시스템 비교

표 6.7은 대표적인 DAB시스템인 유럽의 EUREKA-147 시스템과 미국의 디지털 라디오 방식, 그리고 일본의 ISDB-T 방식의 특성을 비교한 것이다.

| 표 6.7 | 디지털 라디오 방송 방식의 비교

항 목	EUREKA-147	ISDB-T	IBOC	ETRI IBAC
적용 주파수	.모드 I :375kHz 모드II:1.5GHz 모드III:3GHz 모드IV:1.5GHz	TV VHF 대역	AM/FM 대역	AM/FM 대역
변조/전송	D-QPSK/OFDM	D-QPSK,QPSK 16QAM,64QAM BST-OFDM	QPSK/OFDM	8-PSK, 16QAM/OFDM
오류 정정 부호	Convolutional Code (부호율 가변)	RS+ Convolutional Code (부호율 가변)	Convolutional Code (CPC)	RS+ Convolutional Code 또는 RS+TCM
오디오 부호	MUSICAM (MPEG-1계층2)	MPEG-2 AAC	MPEG-2 AAC 또는 PAC	MPEG-2 AAC
대역폭	1.536MHz	약 430kHz (확장 가능)	약140kHz	약500kHz
유효데이터율	0.8~1.7Mbps	280~1,787bps	144~160kbps	0.6~1.2Mbps
오디오서비스	2ch CD급	2ch CD급	2ch CD급	2ch CD급
데이터서비스	오디오/데이터 프로그램간의 절충	오디오/데이터 프로그램간의 절충	48~64Kbps	오디오/데이터 프로그램간의절충
채널 수	오디오 기준 4~8	오디오 기준 2~3	오디오 : 1 데이터 : 1	오디오 기준 6~12
이동 수신	가능	가능	가능	가능
SFN 구현	가능	가능	곤란	가능

6.2 Digital TV Broadcasting

기존의 아날로그 TV와 달리 디지털TV는 비디오, 오디오 및 데이터 등 모든 정보를 디지털 신호로 처리한 후 디지털 전송 방식에 의해서 전송하는 시스템 기술을 의미한다. 디지털 신호로 변환된 신호는 다른 정보와 함께 압축된 이후 디지털 전송 방식에 의해서 전송되고,

전송된 신호는 수신기에서 다시 원래의 비디오, 오디오 및 데이터로 변환된다.대표적인 세계 지상파 디지털 TV 방송 표준은 미국의 ATSC(Advanced Television System Terrestrial)방식이 있으며, 1999년 스위스 제네바에서 열린 국제전기통신연합 무선 통신 부문(ITU-R)방송 관계(SG10 및 SG11) 회의에서 일본의 ISDB-T방식이 권고초안으로 승인되었다. 표 6.8은 이들 3가지 디지털 TV 방송 방식을 비교한다.

| **표 6.8** | 미국, 일본, 유럽의 지상파 디지털 TV 방송방식 비교

<table>
<tr><th colspan="2" rowspan="2">구분</th><th colspan="2">OFDM방식</th><th>Single Carrierqkdtlr</th></tr>
<tr><th>일본(ISDB-T)</th><th>유럽(DVB-T)</th><th>미국</th></tr>
<tr><td colspan="2">변조방식</td><td>DQPSK, QPSK
16QAM,64QAM중선택</td><td>DQPSK, 16QAM
64QAM, MR-16QAM
MR-64QAM중 선택</td><td>8-VSB</td></tr>
<tr><td colspan="2">세그먼트
단위의 운용</td><td>세그먼트 단위로 변조
방식 변경 가능</td><td>×</td><td>×</td></tr>
<tr><td colspan="2">채널 간격</td><td>6MHz
(7MHz 또는 8MHz로
확장가능)</td><td>7MHz 또는 8MHz
(6MHz로 확장 가능)</td><td>6MHz
(7MHz 또는 8MHz로
확장 가능)</td></tr>
<tr><td colspan="2">다중 방식</td><td colspan="3">MPEG-2 System</td></tr>
<tr><td rowspan="2">압축
방식</td><td>영상</td><td colspan="3">MPEG-2 Video</td></tr>
<tr><td>음성</td><td>MPEG-2(Audio AAC)</td><td>MPEG-2(Audio BC)</td><td>Dolby AC-3</td></tr>
<tr><td colspan="2">특징</td><td>-다중 경로 방해에 강함
-SFN 기능
-이동수신에 강함
-휴대단말에 수용가능</td><td>-다중경로 방해에 강함
-SFN기능
-이동 수신도 강함</td><td>-아날로그 기술을 기본으로
함으로써 제조 기술용이
-이동 수신 곤란</td></tr>
</table>

6.2.1 DVB

1986년 일본의 Hi-Vision이라는 아날로그 방식의 HDTV 발표 이후, 미국과 유럽은 경쟁적으로 디지털 방식의 TV개발에 몰두하게 되었다. 이에 따라 유럽방송연맹(EBU : European Broadcasting Union)은 유럽 전체에서 통일적으로 적용할 수 있는 디지털 TV 방송 규격을 제정하기 위해 진행되던 여러 개발 프로젝트를 통합하여 1993년 DVB(Digital Video Broadcasting)프로젝트를 만들었다.

이 프로젝트는 위성 방송을 위한 표준을 정한 다음 케이블, SMTV(Satelite Master Antenna Television), MMDS(Multichannel Multipoint Distribution Service),지상파 방송 등 다양한 전송 매체에 관한 유럽 공통 규격을 정하는 것은 물론 각 매체가 최대한 공통 기술을 공유하도록 기본 방향을 정하였다. 개발 과정을 거쳐 DVB가 제안하고 유럽의 전기 통신 분야 표준 기구인 ETS(European Telecommunication Standards Institute)에서 심의 후 표준으로 승인되었다.

1994년 12월에 DVB위성표준 DVB-S(유럽 표준 번호 : ETS 300 421)와 케이블 방송 표준인 DVB-C(ETS 300 429)가 제정 되었다. 이어 1995년에는 DVB텔레텍스트 표준인 DVB-TXT와 SMATV(Satellite Master Antenna TV) 표준인 DVB-SMATV 등이 제정되었다.

이와 같이 여러 매체의 DVB 표준화 작업이 빠르게 진행되는 동안 지상파 TV규격, 즉 DVB-T에 대한 작업은 큰 진전을 보지 못했다. 그 이유는 당시 지상파 TV의 디지털화 요구가 높지 않았으며, 유럽에서 지상파가 사용하는 UHF 대역의 여유 채널이 더 이상 없어 같은 대역으로 디지털 방송을 시작하는 것이 어려울 것으로 생각했기 때문이다. TV의 지상파 전파 환경이 다른 매체에 비하여 기술적으로 가장 복잡한 것도 DVB-T 규격 제정이 늦어진 주요 이유로 분석된다. 그러나 TFSC(Task Force on System Comparison) 등의 집중적인 작업 결과, 1995년 12월에 DVB 운영위원회는 DVB-T 규격을 완성하였다.표 7은 각 매체별로 결정된 주요 방송 규격을 나타낸 것이다. 이 중 위성방송 규격인 DVB-S는 우리 나라를 포함하여 전 세계적으로 널리 사용되는 규격이며, 지상파 규격인 DVB-T는 유럽 내의 모든 국가가 채택하고 있으며 유럽 이외의 지역에서도 호주, 뉴질랜드, 싱가포르, 인도, 홍콩 등이 채택하였다.

특히 영국에서는 1998년 9월 23일, 공영방송 사업자인 BBC가 세계 최초로 지상파 디지털 TV방송을 서비스를 시작한 이래 스웨덴, 스페인이 그 뒤를 이었고 프랑스, 핀란드, 노르웨이, 아일랜드, 이태리, 포르투갈, 네덜란드, 독일, 그리스, 덴마크 등도 디지털 방송을 실시하고 있다. 이외에 호주는 2001년 1월부터 HDTV방송을 실시하고 있으며, 싱가포르는 2001년 2월부터 'TVmoble'이라는 이름으로 대중 버스와 유람선을 중심으로 이동 수신 서비스를 제공하고 있다.

| 표 6.9 | DVB에서 제안한 유럽 디지털 방송 규격

규격 명	제 목	ETSI 규격집
DVB-S	Digital satellite transmission system	ETS 300 421
DVB-C	Digital cable delivery system	ETS 300 429
DVB-T	Digital terrestrial broadcasting system	ETS 300 744
DVB-MC (Based on DVB-C)	Digital microwave MDS(Multipoint Distribution System) at and above 10GHz	ETS 300 749
DVB-MS (Based on DVB-S)	Digital MMDS at below 10GHz	ETS 300 749
DVB-CS	Digital Satellite Master Antenna Television(SMTV) distribution systems	ETS 300 473
Interactive Television	Return channels in CATV system(DVB-RCC) Network-independent interactive protocols(DVB-NIP) Interaction channel for satellite master antenna television(SMTV) Return channel in PSTN/ISDN systems(DVB-RCT) Interfacing to PDH networks Interfacing to SDH networks	ETS 300 800 ETS 300 801 ETS 300 803 ETS 300 802 ETS 300 813 ETS 300 814
Data Broadcasting	Specification for the transmission of data in DVB bit Stream	TS/EN 301 192
DVB-CI	Common interface for conditional access and other application	EN50221 (by CENELLEC)
DVB-CA	Technical specification of simulCrypt in DVB systems	TS101 197
Subtitling	Subtitling system	prETS 300 743
Interfaces	DVB interfaces to PDH networks DVB interfaces to SDH networks	prETS 300 813 prETS 300 814
DVB-SI	Specification for service information(SI) in DVB system	ETS 300 468
DVB-TXT	Specification for conveying ITU-R system B Teletex in DVB bit streams	ETS 300 472

6.2.1.1 DVB 시스템의 구성

DVB 방송 시스템의 기본 구성은 소스 부호화 및 다중화, 채널 부호화 및 변조, 전송매체, 복조 및 복호화, 디스플레이 등으로 이루어진다.

가) 소스 부호화/다중화

디지털 영상과 음향을 원하는 전송 속도로 압축하는 비율은 원하는 프로그램 품질에 따라 결정된다. DVB는 압축 기술로 MPEG-2를 사용한다. 국제표준화기구 산하 연구그룹 MPEG가 제정한 MPEG-2 영상 압축 알고리즘은 위성, 케이블, 지상파 등 다양한 전송매체에 공통으로 사용될 수 있을 QNs만 아니라 서비스의 유연성도 높다. 오디오는 기존 MUSICAM (Masking-pattern adapted Universal Sub-band Integrated Coding And Multiplexing)에 기반을 둔 MPEG 계층 Ⅱ방식을 사용하며 다중화 기술 또한 MPEG-2 다중화 시스템을 이용한다. MPEG-2 다중화는 패킷 구조로 되어 있어 시스템 동기가 효율적이고 모든 요소를 한 개의 비트열로 다중화할 수 있다.

나) 채널 부호화 및 변조

소스 부호화는 채널 대역폭을 줄이기 위해 신호의 데이터량을 줄이는 반면, 채널 부호화는 데이터를 추가하여 전송로에서 신호가 강하게 생존할 수 있도록 하는 작업이다. MPEG-2 전송 스트림의 채널 성격에 EK라 여러 등급의 채널 부호화를 수행하며, 부호화된 신호는 전송 매체에 따라 알맞은 변조를 수행한다.

다)전송 매체

전송 매체는 위성, 케이블 SMATV, 지상파 등 다양한 형태가 있다. DVB는 다양한 전송 매체의 물리적 특성을 고려했으며, MPEG-2 전송 스트림은 시간당 최대 1개의 미수정 오류가 발생하는 상태로 수신될 수 있어야 한다.

라) 복조 및 복호화

RF신호를 제거하고 기저 대역 신호를 복원한다. 디지털 신호는 전송 매체의 반향 현상에 민감하기 때문에 필요한 경우 등화(equalization)기술을 사용한다.

마) 디스플레이

4:3, 16:9, 2.21:1 화면 포맷을 표시하며, 이런 포맷의 프로그램이 전체 유효(active)라인을 통해 전송 되어야 한다. TV수상기가 자신의 고유 포맷이 아닌 다른 포맷의 프로그램을 수신하는 경우를 대비하여 팬(pan)벡터를 전송한다.

6.2.1.2 DVB-T

DVB-T규격은 ETSI EN 300 744로 규격화되어 있고 미국이나 일본 방식과 마찬가지로 영상 신호 압축 규격은 MPEG-2를 따른다. 음향 신호 압축 규격은 MPEG-2오디오 규격 외에 미국과 같은 돌비 AC-3 오디오 규격도 함께 따른다. 또한 데이터 방송 규격은 위성 및 케이블과 마찬가지로 DVB-MHP 규격을 따르고 있다. 유럽의 지상파 디지털 TV 방식인 DVB-T 송신시스템의 구성도는 그림 6.6과 같다.

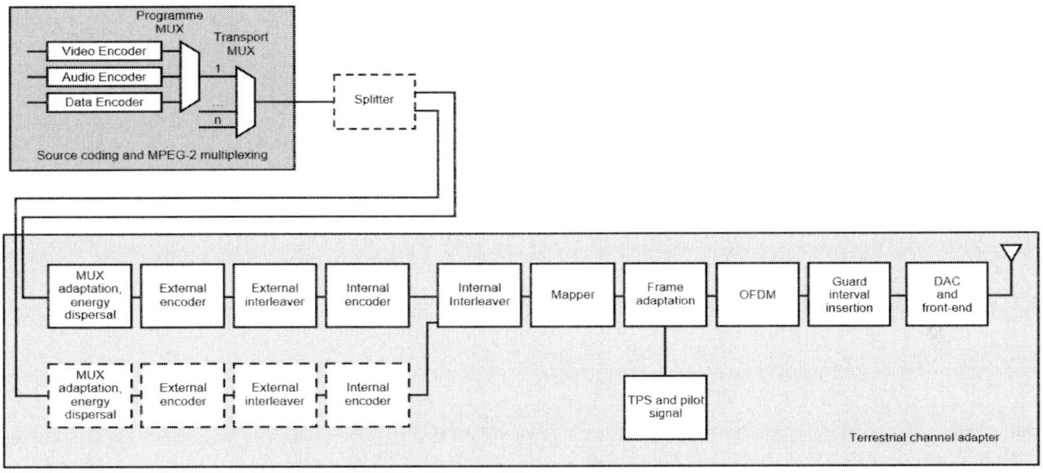

그림 6.6 DVB-T 송신시스템 구성도

프로그램 다중화기를 통해 비디오, 오디오 및 데이터 부로기 출력을 다중화하고, 다시 n개의 채널을 전송하기 위해 다중화한 다음 분배비글 거친 후 다중화(MUX) 적응 에너지 확산기에 입력된 압축된 스트림은 동일 비트가 반복되는 것을 방지하기 위해 스크램블 과정을 거쳐 에너지를 고르게 분산 시킨다. 이후 외부호(outer coed)단인 RS(Reed Solomon) 부호를 거치면서 오류 정정용 부호가 첨가되어 188바이트 크기의 스트림이 204바이트로 늘어난다. 또한 전송 과정에서 연속되는 오류로 인해 데이터가 한꺼번에 대량으로 손실되는 것을 방지하기 위해 데이터를 일정한 순서에 의해 뒤섞는 과정은 외부 인터리버(outer interleaver)에서 수행한다.

또한 분산된 비트 오류에 대응해서 오류를 정정하기 위해 내부호(inner code)단에서 길쌈 부호에 의해 오류 정정용 부호를 다시 부과하며, 더해지는 부호의 양은 방송사가 필요에 따라 선택할 수 있다. 이어 내부 인터리버(inner interleaver)단에서는 비트 단위로 또다시 일정 순서에 의해 뒤섞게 된다.

여기에 오류 정정 부호가 더해지고 정해진 순서에 의해 뒤섞인 데이터 열은 방송사가 선택한 변조 방식(QPSK, 16QAM, 64QAM)에 의해 각 부반송파에 변조가 걸리게 되고, OFDM 변조된 각 부반송파는 반송파간의 간섭이 없도록 배치되며 주파수 변환이 행해진 후, 전력 증폭부를 통해 증폭된 다음 안테나에서 공중으로 송출된다. 보통 OFDM변조 단계는 신호처리 기법인 IFFT에 의해 이루어진다.

부반송파의 수는 방송사의 서비스 모델에 따라서 달라지는데, 초기에는 이동 수신을 목표로 단일 송신기를 사용하여 다수의 소출력 송신기로 단일 주파수 방송망(SFN)을 구성할 경우에는 2K 모드가, 다수의 고출력 송신기 및 중간 출력 송신기로 단일 주파수 방송망을 구성할 경우에는 8K모드가 적합한 것으로 알려졌다. 유럽을 중심으로 다이버시티(diversity) 안테나(2개 이상의 안테나)를 이용해 수신할 경우 8K 모드도 이동 수신에 적합함이 실험으로 확인되었다. 따라서 8K 모드로 단일 주파수 방송망을 구성한 이동 수신 서비스 제공이 가능하게 되었다. 부반송파의 정해진 위치마다 수신기 동작 기준을 위한 기준 신호(pilot)가 제공되는데 그 모양은 그림 6.7과 같다.

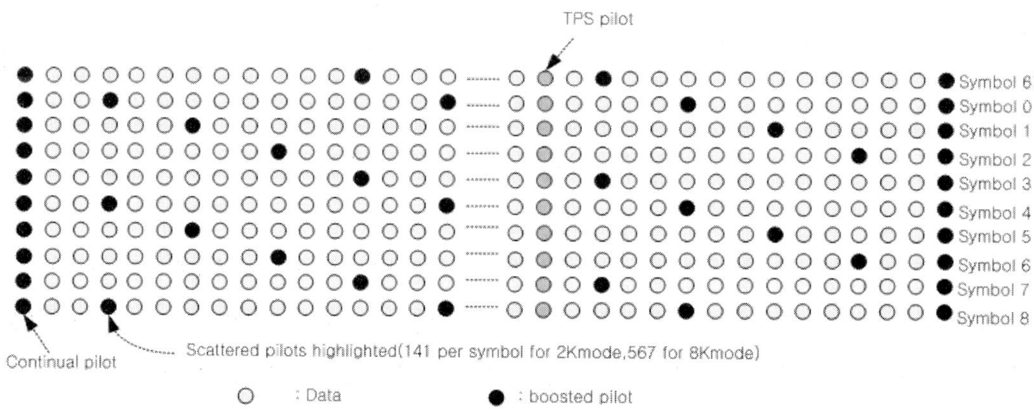

그림 6.7 분산 파일럿 배치도

OFDM 변조 과정에서 다중 경로(multipath)에 대응하기 위해 OFDM 심볼 사이에는 보호 구간(guard interval)이 삽입된다. 이와 같은 보호 구간이 삽입되는 만큼 데이터 전송률은 감소하지만 도시 환경이나 산악 지형에서 발생하는 다중 경로에 강한 특성을 갖는다. 이러한 특성을 이용하면 단일 주파수 방송망도 가능하다. 수신기의 입장에서는 전파 전달 과정에서 자연적으로 발생하는 다중 경로나 부송신소에서 전달하는 신호를 동일시할 수 있으므로 부송신소의 신호가 보호 구간 안에만 도착한다면 주송신소와 부송신소의 주파수를 동일하게 사용할 수 있다.

이와 같이 DVB-T 방식은 송신측에서 변조 방법(QPSK, 16QAM, 64QAM), 모드(2K,8K), 오류 정정용 부호 부가율(1/2, 2/3, 3/4, 5/6, 7/8), 보호 구간(1/4, 1/8, 1/16, 1/32)의 설정을 필요에 의해 변경시킬 수 있다. 변경 가능한 경우의 수는 모두 120가지이며 해당되는 데이터 전송률은 3.7Mbps에서 23.7Mbps까지 다양하다([표8]참조). 즉 데이터 전송률이 낮을수록 극한상황, 다시 말해 낮은 SNR(신호 대 잡음비)에서도 수신이 가능하고 데이터 전송률이 높아지면 수신에 필요한 SNR 역시 상대적으로 높아진다. 이러한 하드웨어적인 다양성은 방송 주체인 방송사가 사업 모델에 EK라 선택할 수 있는 폭이 넓어짐을 의미한다. 예를 들어 초기에는 적은 투자 비용을 들여 고정 수신 위주로 서비스 하다가 미디어 분화나 시장 환경 변화에 따라 이동 수신에 대한 요구가 높아지면 추가 투자를 통해 이동 수신 서비스를 완벽하게 제공하는 체제로 자유롭게 전환할 수도 있다. 이외에도 적은 투자 비용으로 고정 수신을 원하는 시청자에게는 HD급의 높은 데이터율을, 이동 수신을 원하는 시청자에게는 SD급의 낮은 데이터율을 동시에 제공할 수 있는 계층 변조(Hierarchical modulation)도 가능하다. 표 6.8은 6MHz 환경에서의 DVB-T 시스템의 데이터 전송률을 나타낸다.

| **표 6.8** | 6MHz 환경에서의 데이터 전송률

6 MHz DVB-T COFDM Payload Data Rates					
Usable Symbol Rate			5.06250	Msym/s	
OFDM Bandwidth			5.70871	MHz	
Modulation Type	Code Rate	Guard Interval			
		1/4	1/8	1/16	1/32
QPSK 2Bits/sym	1/2	3.732	4.147	4.391	4.524
	2/3	4.976	5.529	5.855	6.032
	3/4	5.599	6.221	6.587	6.786
	5/6	6.221	6.912	7.318	7.54
	7/8	6.532	7.257	7.684	7.917
16-QAM 4Bits/sym	1/2	7.465	8.294	8.782	9.048
	2/3	9.953	11.059	11.709	12.064
	3/4	11.197	12.441	13.173	13.572
	5/6	12.441	13.824	14.637	15.08

6 MHz DVB-T COFDM Payload Data Rates					
	7/8	13.063	14.515	15.369	15.834
64-QAM 6Bits/sym	1/2	11.197	12.441	13.173	13.572
	2/3	14.929	16.588	17.564	18.096
	3/4	16.796	18.662	19.76	20.358
	5/6	18.662	20.735	21.955	22.62
	7/8	19.595	21.772	23.053	23.751
		Payload Data Rates Mbit/s			
Sys. Mode	Symbol Time(μs)	Guard Interval Legnth(μs)			
		1/4	1/8	1/16	1/32
2K	298.67	74.67	37.33	18.67	9.33
8K	1194.67	298.67	149.33	74.67	37.33

지상파 TV 방송 디지털화의 선두 주자인 영국에서는 1,705개(약2,000개)의 반송파를 사용하는 COFDM-2K를 선택했으며, 그 위 국가에서는 6,817개(약 8,000개)의 반송파를 사용하는 COFDM-8K를 채용하고 있다. 표 6.9에서는 COFDM 매개변수를 나타낸다.

| 표 6.9 | COFDM 매개변수

매개 변수	8K 모드	2K 모드
반송파 수(K)	6,817개	1,705개
채널(유효채널)대역폭	8(7.61)MHz	8(7.61)MHz
변조	64QAM	64QAM
첫 번째 반송파 번호	0	0
마지막 반송파 번호	6,816	1,704
유효 심볼 기간	896μs	224μs
보호 구간 기간	14μs	7μs
반송파간격	1,116MHz	4,464Hz
반송파의 전체 점유 대역	7.61MHz	7.61MHz
전송매개변수 신호(TPS)부반송파 개수	68개	17개

매개 변수	8K 모드	2K 모드
심볼당 비트 수	2(QPSK), 4(16QAM), 6(64QAM)	
길쌈 부호화	1/2, 2/3, 3/4, 5/6, 7/8	
RS FEC	T=8, RS(204,188)	
순 데이터율	4.98~31.67Mbps	
SNR 임계값	3.1~22.9dB	

6.2.2 ISDB-T 방식

일본은 1970년대부터 HDTV 개발을 가장 활발하게 추진해 왔으며, 1980년대 들어서는 방송 위성을 이용한 아날로그 HDTV인 'Hi-Vision' 시험 서비스를 실시하였다. 이에 자극 받은 미국과 유럽이 디지털 방식의 TV 개발을 진행하였고, 다시 일본이 뒤늦게 통합형 멀티미디어 서비스를 위한 디지털 방송 방식인 ISDB를 개발하였다.

디지털 지상파 방송 규격인 ISDB-T는 HDTV와 Mobile-Multimedia 서비스 제공이라는 두 가지 목표를 가지고 개발되었다. ISDB-T는 유럽 DVB-T의 COFDM처럼 OFDM에 기초한 BST-OFDM이라는 전송 방식을 이용한다. 1997년 9월, ARIB(Association of Radio Industries and Business)는 ISDB-T 규격을 만들었으며, 1998년 8월에 싱가포르에서 현장 시험을 실시했고, 1998년 10월에는 통합 디지털 서비스에 대한 검증을 위해 도쿄 타워에서 대규모 현장 시험을 실시하였다. 일본은 도쿄를 비롯한 10개 지역에서 디지털 실험방송을 실시하였으며, 2003년 12월부터 본방송을 도쿄에서부터 실시하였다. 이외에도 지상파 DSB(Digital Sound Broadcasting)를 위한 Narrow-Band ISDB-T가 1999년에 제정되었다.

ISDB는 전송매체에 따라 위성(ISDB-S), 지상파(ISDB-T) 및 케이블(ISDB-C)로 구분하고 ISDB-T는 사용하는 대역폭에 따라 광대역 ISDB-TW와 협대역 ISDB-TN으로 나눈다. ISDB-TW는 SDTV 또는 HDTV에 적합하고, ISDB-TN는 사운드 방송인 사운드/데이터에 적합하도록 개발된 것이다.

6.2.2.1 ISDB-T 개요

지상 TV 방송 주파수 대역인 초단파 및 극초단파대를 사용하는 ISDB-T 표준은 하나의 채널로 디지털TV와 디지털 라디오 방송(DRB)은 물론 데이터 방송을 포함한 종합 디지털 방송을 위한 것이다. ISDB-T는 세그먼트 단위로 변조 방식을 설정할 수 있다. 즉 QPSK 방식 또는 64QAM 방식으로 변조된 반송파를 OFDM 변조하여 전송하는 것으로, 약 429kHz 대역폭의 데이터 세그먼트 13개를 갖는다. 이들 13개의 세그먼트는 정보량에 따라 최대 3계층까지 설정할 수 있는데 HDTV를 사용하는 단일 계층, SDTV복수 계층 및 오디오와 데이터 계층으로 되어있다. 그림 6.8은 OFDM 세그먼트 배치를 나타낸다.

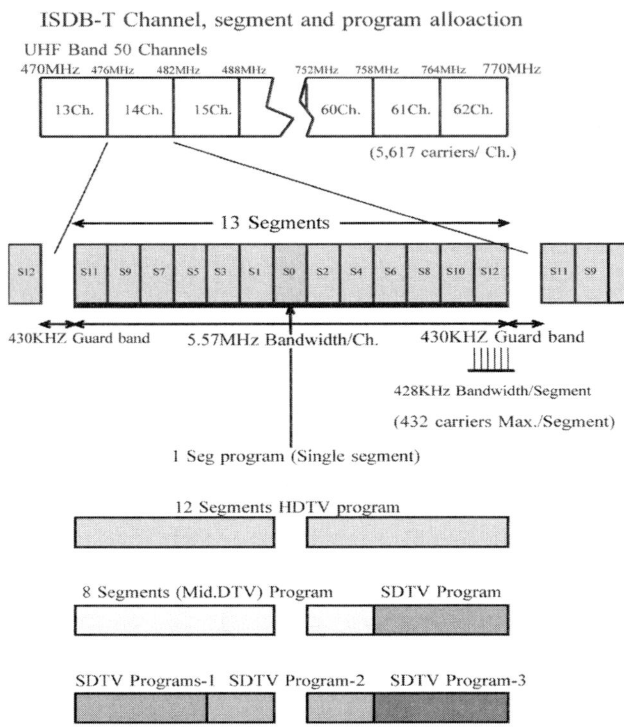

그림 6.8 ISDB-T OFDM 세그먼트 배치

방송 방식은 MPEG-2 시스템에서 규정한 하나 EH는 복수 개의 전송 스트림(TS)를 받아 전송 스트림 재다중화부에서 하나의 전송 스트림으로 만들고, 서비스 내용에 따라 부분 수신이나 차동·동기 변조 등 계층마다 전송로 부호화를 실시한 다음, 최종적으로 OFDM 세그먼트 구조로 만들어 송신한다.

6.2.2.1 ISDB-T의 시스템 특성

ISDB-T는 다중화 과정에서 MPEG-2 부호화 및 시스템을 사용하기 때문에 디지털 위성 방송과 통신사이의 운용과 수신에서 공통된 요소를 제공한다. EH한 전송 채널상에서 계층 변조를 실시하므로 수신 여건에 따라 다중화된 프로그램을 유연하게 편집하여 수신하며, 각각의 계층에 대해 상호 독립적으로 전송 파라미터를 선택할 수 있다. 전송 스트림(TS)는 OFDM프레이밍(framing) 이전에 재 다중화되어 데이터 세그먼트로 정렬된다. 채널 부호화 이후 데이터 세그먼트에 파일럿 신호가 삽입되어 OFDM 세그먼트가 만들어진다.

ISDB에서는 각각의 데이터 세그먼트에 대해 OFDM 반송파의 변조 방식에 대한 전송 파라미터와 시간 인터리빙의 길이를 독립적으로 적용할 수 있다. ISDB-T의 계층전송은 한 채널상에서 다른 전송 파라미터를 갖는 OFDM 세그먼트 그룹을 전송함으로써 가능하다. 한 채널에서 최대 3개층(서로 다른 세그먼트 그룹)을 동시에 전송할 수 있으며, 부분 수신은 1개의 계층으로 간주된다.

전송되는 신호상에서 주파수 인터리빙의 범위를 한 세그먼트 내로 제한하면 해당 세그먼트를 다른 세그먼트로부터 독립적으로 분리할 수 있다. 이러한 방법을 이용하면 한 개의 OFDM 세그먼트 대역폭을 갖는 협대역 수신기로 전송 채널 내에 포함된 서비스의 부분 수신이 가능하다. 한 개의 세그먼트만이 부분 수신에 할당되고, 이것은 반드시 OFDM 세그먼트들의 중간에 위치해야 한다. 그림 6.9는 계층 전송과 부분 수신 모양을 나타낸 것이다.

ISDB-T 시스템에서의 다중화는 MPEG-2 시스템의 규격을 따른다. ISDB-T에서의 계층적 다중화를 위해서는 기본적으로 단일 전송 스트림(TS)은 계층 전송의 사용 유무에 관계없이 대역폭의 전송 채널에서 전송되어야 한다. 따라서 전송 스트림(TS)의 분리와 결합이 필요하며, 이러한 처리는 송신측과 수신측에서 모두 이루어진다. 부분 수신을 위한 신호는 한 채널 전체 신호중 일부분이기 때문에 전송 스트림(TS)의 일부분만 부분 수신에 사용된다.

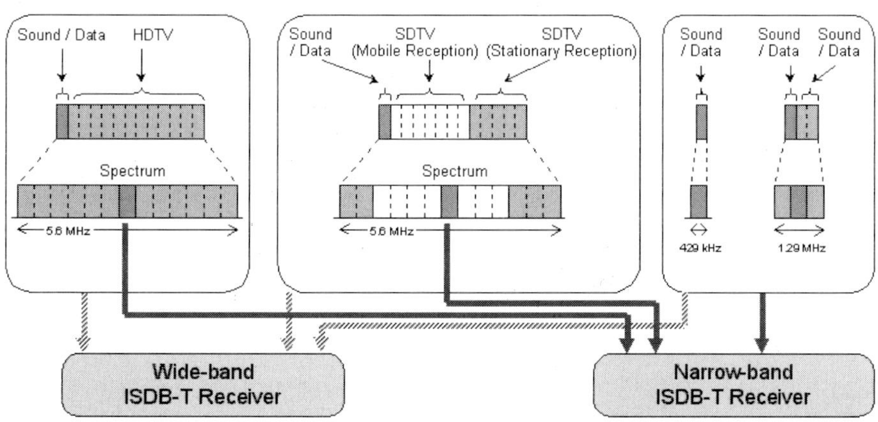

(Example of ISDB-T for 6 MHz using Ns = 13 for television services, 3 and 1 for audio services)

그림 6.9 계층 전송과 부분 수신 모양

표 6.10, 표 6.11 와 표 6.12는 6MHz 대역폭을 갖는 ISDB-T에 대해 각각 세그먼트 파라미터, 전송 파라미터 및 세그먼트별 정보 전송률을 나타낸다.

| **표 6.10** | ISDB-T의 세그먼트 파라미터

<table>
<tr><th colspan="2">Mode</th><th colspan="2">Mode 1</th><th colspan="2">Mode 2</th><th colspan="2">Mode 3</th></tr>
<tr><td colspan="2">Bandwidth</td><td colspan="6">6000/14 = 428.57... kHz</td></tr>
<tr><td colspan="2">Carrier Spacing</td><td colspan="2">6000/(14×108)
=3.96...kHz</td><td colspan="2">6000/(14×216)
=1.984...kHz</td><td colspan="2">6000/(14×432)
=0.99206...kHz</td></tr>
<tr><td rowspan="7">Number of Carriers</td><td>Total</td><td>108</td><td>108</td><td>216</td><td>216</td><td>432</td><td>432</td></tr>
<tr><td>Data</td><td>96</td><td>96</td><td>192</td><td>192</td><td>384</td><td>384</td></tr>
<tr><td>SP1)</td><td>9</td><td>0</td><td>18</td><td>0</td><td>36</td><td>0</td></tr>
<tr><td>CP1)</td><td>0</td><td>1</td><td>0</td><td>1</td><td>0</td><td>1</td></tr>
<tr><td>TMCC2)</td><td>1</td><td>5</td><td>2</td><td>10</td><td>4</td><td>20</td></tr>
<tr><td>AC13)</td><td>2</td><td>2</td><td>4</td><td>4</td><td>8</td><td>8</td></tr>
<tr><td>AC23)</td><td>0</td><td>4</td><td>0</td><td>9</td><td>0</td><td>19</td></tr>
<tr><td colspan="2">Carrier Modulation</td><td>16QAM,
64QAM,
QPSK</td><td>DQPSK</td><td>16QAM,
64QAM,
QPSK</td><td>DQPSK</td><td>16QAM,
64QAM,
QPSK</td><td>DQPSK</td></tr>
<tr><td colspan="2">Number of Symbol per Frame</td><td colspan="6">204</td></tr>
<tr><td colspan="2">Effective Symbol Duration</td><td colspan="2">252μs</td><td colspan="2">504μs</td><td colspan="2">1008ms</td></tr>
<tr><td colspan="2">Guard Interval</td><td colspan="2">63μs(1/4),
31.5μs(1/8),
15.75μs(1/16),
7.875μs(1/32)</td><td colspan="2">126μs(1/4),
63μs(1/8),
31.5μs(1/16),
15.75μs(1/32)</td><td colspan="2">252μs(1/4),
126μs(1/8),
63μs(1/16),
31.5μs(1/32)</td></tr>
<tr><td colspan="2">Frame Duration</td><td colspan="2">64.26ms(1/4),
57.834ms(1/8),
54.621ms(1/16),
53.0145ms(1/32)</td><td colspan="2">128.52ms(1/4),
115.668ms(1/8),
109.242ms(1/16),
106.029ms(1/32)</td><td colspan="2">257.04ms(1/4),
231.336ms(1/8),
218.464ms(1/16),
212.058ms(1/32)</td></tr>
<tr><td colspan="2">FFT sample clock</td><td colspan="6">512/63 = 8.126984...kHz</td></tr>
<tr><td colspan="2">Inner Code</td><td colspan="6">Convolutional Code(1/2, 2/3, 3/4, 5/6, 7/8)</td></tr>
<tr><td colspan="2">Outer Code</td><td colspan="6">RS(204,188)</td></tr>
</table>

1) SP(Scattered Pilot), and CP(Continual Pilot) can be used for frequency synchronization and channel estimation

2) TMCC(Transmission and Multiplecing Configuration Control) carries information on transmission parameters.

3) AC(Auxiliary Channel) carries ancillary information for network operation.

| 표 6.11 | SDB-T의 전송 파라미터

Mode		Mode 1	Mode 2	Mode 3
Number of Segments		Ns(less equal 13)		
Bandwidth		6000/14×Ns+6000 (14×108)kHz	6000/14×Ns+6000 (14×216)kHz	6000/14×Ns+6000 (14×432)kHz
Number of Segments for Differential Modulation		nd		
Number of Segments for Coherent Modulation		ns(ns+nd=Ns)		
Carrier Spacing		6000/(14×108) =3.96...kHz	6000/(14×216) =1.984...kHz	6000/(14×432) =0.99206...kHz
Number of Carriers	Total	108×Ns+1	216×Ns+1	432×Ns+1
	Data	96×Ns	192×Ns	384×Ns
	SP	9×ns	18×ns	36×ns
	CP1)	nd+1	nd+1	nd+1
	TMCC	ns+5×nd	2×ns+10×nd	4×ns+20×nd
	AC1	2×Ns	4×Ns	8×Ns
	AC2	4×nd	9×nd	19×nd
Carrier Modulation		QPSK, 16QAM, 64QAM, DQPSK		
Number of Symbol per Frame		204		
Effective Symbol Duration		252μs	504μs	1008ms
Guard Interval		63μs(1/4), 31.5μs(1/8), 15.75μs(1/16), 7.875μs(1/32)	126μs(1/4), 63μs(1/8), 31.5μs(1/16), 15.75μs(1/32)	252μs(1/4), 126μs(1/8), 63μs(1/16), 31.5μs(1/32)
Frame Duration		64.26ms(1/4), 57.834ms(1/8), 54.621ms(1/16), 53.0145ms(1/32)	128.52ms(1/4), 115.668ms(1/8), 109.242ms(1/16), 106.029ms(1/32)	257.04ms(1/4), 231.336ms(1/8), 218.464ms(1/16), 212.058ms(1/32)
Inner Code		Convolutional Code(1/2, 2/3, 3/4, 5/6, 7/8)		
Outer Code		RS(204,188)		

1) The number of CP includes CPs on all segments and a CP for higher edge of whole bandwidth

| 표 6.12 | ISDB-T의 세그먼트별 정보 전송률

Carrier Modulation	Carr	Number of Transmitting TSPs	Information Rates(kbps)			
			Guard Interval Ratio 1/4	Guard Interval Ratio 1/8	Guard Interval Ratio 1/16	Guard Interval Ratio 1/32
DQPSK QPSK	1/2	12/24/48	280.85	312.06	330.42	340.43
	2/3	16/32/64	374.47	416.08	440.56	453.91
	3/4	18/36/72	421.28	468.09	495.63	510.65
	5/6	20/40/80	468.09	520.10	550.70	567.39
	7/8	21/42/84	491.50	546.11	578.23	595.76
16QAM	1/2	24/48/96	561.70	624.13	660.84	680.87
	2/3	32/64/128	748.95	832.17	881.12	907.82
	3/4	36/72/144	842.57	936.19	991.26	1021.30
	5/6	40/80/160	936.19	1040.21	1101.40	1134.78
	7/8	42/84/168	983.00	1092.22	1156.47	1191.52
64QAM	1/2	36/72/144	842.57	936.19	991.26	1021.30
	2/3	48/96/192	1123.43	1248.26	1321.68	1361.74
	3/4	54/105/216	1263.86	1404.29	1486.90	1531.95
	5/6	60/120/240	1404.29	1560.32	1652.11	1702.17
	7/8	63/126/252	1474.50	1638.34	1734.71	1787.28

6.3 3GPP LTE

3GPP Evolved UTRA(Universal Terrestrial Radio Access), 즉 LTE(Long Term Evolution)는 무선 접속 기술의 개선과 UTRAN 구조의 최적화에 주안점을 두고 있다. 3GPP에서는 GSM의 시장에서의 우위를 바탕으로 향후 몇 년 동안은 HSPA(High Speed Packet Access)m 및 HSPA+가 3GPP 진영 기술에 경쟁력을 보장해 줄 것으로 생각하고 있으며, 중장기적으로 3GPP 진영의 확고한 경쟁력 확보를 위한 프로젝트로서 LTE가 시작되었다.

3GPP에서는 3세대 셀룰러 통신인 WCDMA 표준화 이후에 고속 데이터 서비스를 위하여 HSDPA(High Speed Downlink Packet Access)와 HSUPA(High Speed Uplink Packet Access) 규

격을 작성하여 3세대 이동통신 시스템 기술을 개량해 왔다. 2004년 11월부터는 최대 데이터 전송률을 높이고 진화된 서비스를 위한 낮은 지연을 제공하기 위하여 3GPP LTE표준화가 시작되었다. 3GPP LTE의 표준화는 3GPP TSG-RAN(Technical Specification Group-Radio Access Network)에서 이루어지고 있으며 현재 Rel-9까지 진행되었다.

앞의 HSPA+까지가 기존 시스템과의 후방위 호환성을 고려한 업그레이드 였다면, LTE부터는 기존 시스템과의 후방위 호환성은 염두에 두지않고 완전히 새롭게 설계한 시스템이라고 할 수 있다.

6.3.1 LTE 시스템 요구사항

- 최대 데이터 속도

  하향링크는 20MHz 대역폭에서 적어도 100Mbps의 최대 데이터 속도를 내어야 하며, 상향링크의 경우는 20MHz 대역폭에서도 적어도 50Mbps 의 최대 데이터 속도를 낼 수 있어야 한다. EK라서 최대 데이터 속도를 달성하였을 때의 하향링크의 주파수 효율(Spectral efficiency)는 5bps/Hz가 되고 상향링크의 경우는 2.5bps/Hz가 된다.

- 컨트롤 플레인 지연시간(Control-plane latency)

  Release 6의 통화대기 상태(idle 모드 혹은 camped state)에서 통화 상태인 Cell_DCH 상태로 100ms 이내에 복귀하여야 하며, Cell_PCH 상태로부터 Cell_DCH 상태로의 전환은 50ms 이내를 만족하여야 한다.

- 컨트롤 플레인 용량(Control-plane capacity)

  컨트롤 플레인은 5MHz의 대역폭 내에서 active상태의 사용자를 최소 200명 이상 관리할 수 있어야 한다.

- 유저 플레인 시간 지연(User plane latency)

  망에 부하가 없는 상태에서 작은 사이즈의 IP패킷에 대하여 시간 지연이 5ms이내여야 한다.

- 사용자 Throughput

  하향링크는 주파수 효율이 적어도 Release 6 HSDPA의 3~4배이어야 하며, 상향링크는 적어도 Release 6 HSUPA의 2~3배이어야 한다.

- 주파수 효율(Spectrum efficiency)

하향링크는 주파수 효율이 적어도 Release 6 HSDPA의 3~4배이어야 하며, 상향링크는 적어도 Release 6 HSUPA의 2~3배이어야 한다.

- 이동성(Mobility)

  E-UTRAN(Evolved-UTRAN)은 0~15km/h의 저속으로 움직이는 사용자에 최적화 된다. 그리고, 15~120km/h로 이동하는 사용자들도 우수한 성능으로 서비스가 가능하여야 하며,120km/h이상 350km/h까지 (때로는 500km/h까지도)빠르게 이동하는 경우에도 이동성은 지원되어야 한다.

- 커버리지

  Wi-Fi(Wireless Fidelity)는 무선 LAN(Local Area Network) 통신을 고성능으로 할 수 있도록 하는 것으로 현재 IEEE 802.11b 표준으로 되어있다. 초기에는 도달거리가 10m 밖에 되지 않았지만 2000년도에 들어서면서 52~200m까지 늘어났고 대학과 기업 등에서 유용하게 사용되고 있다.

- 주파수 유연성(Spectrum flexibility)

  E-UTRA는 주파수에 유연성 및 확장성(scalability)이 있어야 한다. EK라서, 시스템은 1.25 MHz, 2.5MHz, 5MHz, 10MHz, 15MHz, 20MHz의 다양한 시스템 대역폭을 상하향 모두 지원할 수 있어야 한다.

- 3GPP RAT(UTRAN, GERAN)와의 공존(Co-existence) 및 상호연동(Inter-working)

  새로운 E-UTRA는 기존의 GSM 망 및 WCDMA 망과 공존이 가능해야 하며 서로 상호연동 되어야 한다.

- 망구조(Architecture and migration)

  E-UTRAN은 패킷 기반의 망구조 이어야 한다. End-to-end Qos를 지원할 수 있어야 하며, backhaul 통신 프로토콜 역시 최적화되어야 한다.

- 무선 자원 관리(Radio Resource Management requirements)

  End-to-end QoS를 더욱 잘 지원할 수 있어야 하며, 서로 다른 무선 접속 기술 간에 망부하 공유 및 정책관리(policy management)등도 가능하여야 한다.

- 시스템 복잡도(Complexity)

  시스템의 옵션 수를 최소화하여야 하며, 반드시 필요한 요소만 필수 기능(mandatory feature)으로 포함하여야 한다.

6.3.2 기술 개요

기본적인 LTE의 주파수 할당 방식은 그림 6.10 과 같다. 시간과 주파수 도메인은 여러개의 서브캐리어(sub-carrier)와 시간슬롯으로 구성되어 있다. 하나의 가장 작은 블록은 한사람의 트래픽만이 사용되고, 두명의 유저가 한 블록을 공유 할 수 없다.

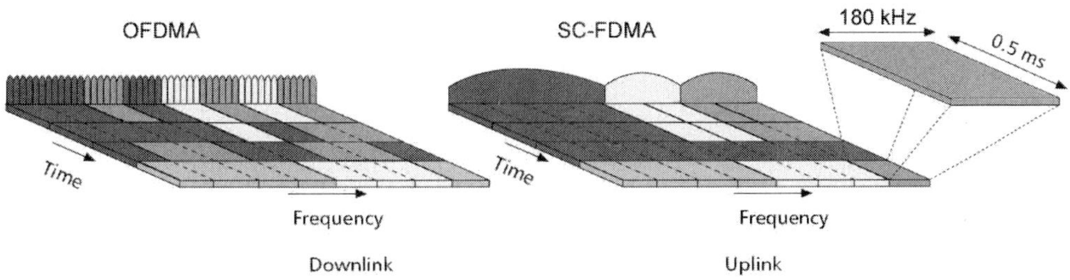

그림 6.10 E-UTRA Concept

시간 도메인에서는 한 슬롯이 0.5ms의 시간이 할당되게 된다. 슬롯은 7개 또는 6개의 연속적인 OFDMA(하향링크) 또는 SC-FDMA(상향링크)의 심볼을 포함하게 된다. 주파수 도메인에서는 180kHz의 구간에서 12개의 연속적인 서브 캐리어를 포함하게 된다. SC-FDMA 심볼들은 각각 블록이라 명명하게 되는데 그 이유는 하나의 인풋 심볼이 다른심볼과 같은 자원을 공유할 수 없기 때문이다.

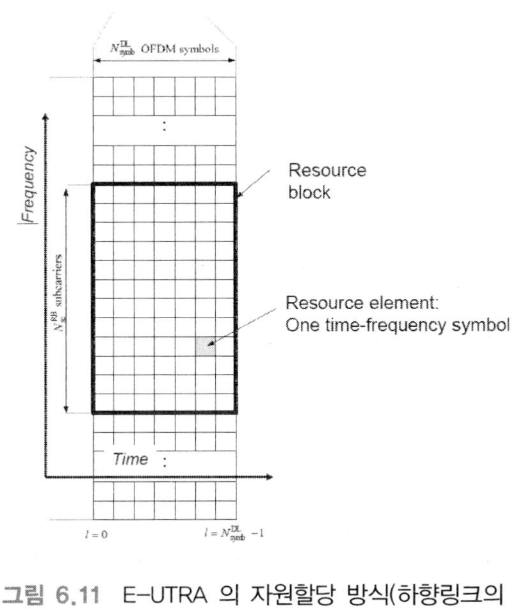

그림 6.11 E-UTRA 의 자원할당 방식(하향링크의 예)

한 슬롯의 여러 개의 서브 캐리어들은 Resource grid라고 하고 가장 작은 단위의 한 서브 캐리어 안의 하나의 심볼은 Resource element라 불리게 된다. 그림 6.11을 볼 때, 만약 여러 개의 안테나를 사용하게 된다면 하나의 resource grid는 하나의 안테나에 적용된다. 결론적으로 하나의 블록마다 84개의 resource element를 가지게 된다.

그리고 2개의 슬롯은 하나의 서브프레임(1ms)을 만들고, 10개의 서브프레임(또는 20개의 슬롯)은 1개의 프레임(10ms)를 구성하게 된다. 이것을 FDD와 TDD에서 모두 사용하는 "Type 1"프레임이라 하고 그림 6.12에 나타나 있다

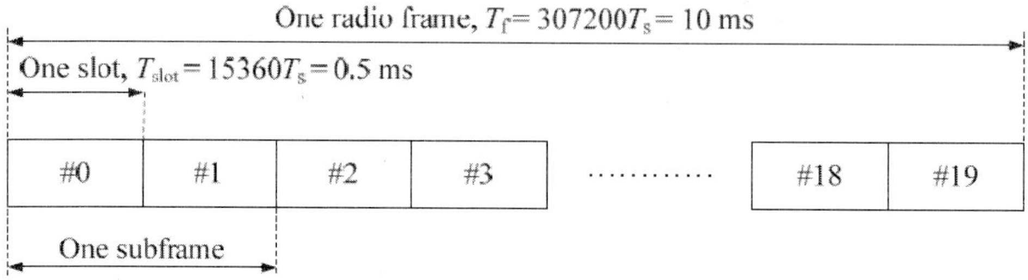

그림 6.12 E-UTRA Type 1 radio frame

슬롯 구조에서 2개의 type이 존재하게 되는데 이것은 CP의 길이에 따라 좌우된다.

그림 6.13에서와 같이 주로 한 개의 슬롯에 7개의 심볼을 가지는 normal CP($5.21/4.69\mu s$)를 선택하게 된다. 표준 문서에서는 심볼 기간이 $T_s = 1/(\Delta f \cdot 2048) \approx 32.55ns$로 주어져 있다.

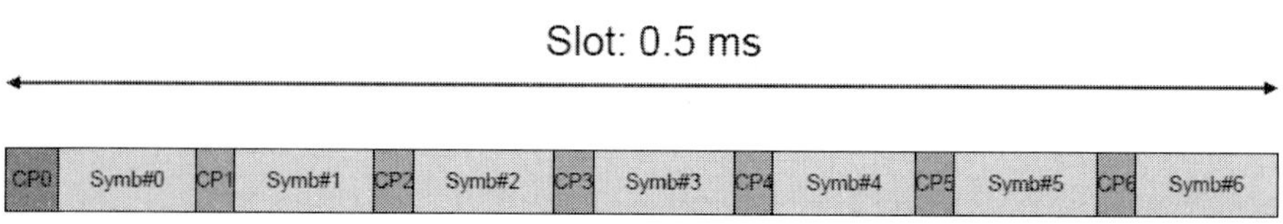

그림 6.13 7 OFDM/SC-FDMA 심볼과 Short CP를 포함한 슬롯 구조

FDD에서 10개의 서브 프레임은 하향링크에서 사용하고 10개의 서브프레임은 상향링크에서 사용하며 각각의 길이는 10ms이다. TDD의 서브프레임(2개의 슬롯)은 하향 링크와 상향 링크에 각각 1개씩 사용된다. 서브프레임 0번과 5번은 항상 하향링크에서 사용된다.

Normal CP는 1.5Km까지 멀티패스에 의하여 시간 지연을 제공해주고 다른 시나리오에서도 적절하게 작동한다. 하지만 16.67μs로 확장된 CP는 좀 더 긴 시간 지연을 갖게 되는데 이는 하나의 주파수를 사용하는 네트워크(SFN-Single Frequency Network)에서 여러개의 기지국으로부터 신호를 받기 위해 특별히 만들어졌다. 이 확장된 CP는 하나의 슬롯에 6개의 심볼을 사용한다. 슬롯 구조에 대한 여러 대안들은 표 6.13에 나타나 있다.

| **표 6.13** | E-UTRA Cyclic Prefix

슬롯 당 심볼 개수	w/normal CP	7
	w/extended CP	6
CP(cyclic prefix) 길이	Normal	TCP0 = 5.21μs(1 symbol per slot) TCP1-6=4.69μs(6 symbols per slot)
	Extended	TCP-e=16.67μs(6 symbols per slot)

E-UTRA는 OFDMA(S-OFDMA)방식을 사용하게 되는데 여러 주파수 구간을 지원하고 있다. SC-FDMA를 사용하는 상향링크에서도 역시 같은 유연성을 가지고 이것에 대한 파라미터는 표 6.14에 나와 있다.

| **표 6.14** | E-UTRA 상향링크, 하향링크에 따른 주파수별 파라미터

System Channel Bandwidth[MHz]	1.4	1.6 (TDD only)	3	3.2 (TDD only)	5	10	15	20
Slot duration[ms]	0.5							
Sub-carrier frequency spacing, $\triangle f$[kHz]	15(7.5)							
Useful symbol time, $T_U[\mu s]$	66.67(133.33)							
Cyclic prefix/guard time, TCP[μs]	Normal CP : 5.21 / 4.69 Extended CP : 16.67							
OFDMA symbol duration, $T_{SYM} = T_U + T_{CP}[\mu s]$	Normal CP : 71.88 / 71.36 Extended CP: 83.33							
Guard time overhead $T_{CP}/(T_{CP}+T_U)$ [%]	Normal CP : 6.67 Extended CP : 20.0							

System Channel Bandwidth[MHz]	1.4	1.6 (TDD only)	3	3.2 (TDD only)	5	10	15	20
Resource block BW	180 kHz / 12 sub-carriers							
Sampling frequency, (15000NFFT[MHz])	1.92	1.92	3.84	3.84	7.68	15.36	23.04	30.72
Occupied sub-carriers	72	84	180	192	300	600	900	1200
FFT size,(NFFT)	128	128	256	256	512	1024	1536	2048
Resource mapping	Blockwise contiguous							
Duplex methods	FDD and TDD							
Modulation schemes	QPSK, 16-QAM, 64-QAM; adaptive							
Coding schemes	1/3 rate "tail-biting convolutional code" 1/3 rate Turbo code							

6.3.3 변조방식

시스템 조건에 따라 변화하는 적응 변조와 코딩이 사용된다, 변조방식에 따라 QPSK, 16-QAM, 64-QAM이 사용되는데 주파수 대역, 채널의 상황 그리고 트래픽에 따라 알맞게 변화하게 된다.

채널코딩은 물리계층에서 사용되지 않지만 transport 채널에서 사용된다. 1/3 rate를 가지는 tail-biting convolutional code와 1/3 rate를 사지는 터보코드를 사용한다. Control 채널에서는 1/16 rate 블록코드와 1/3 rate repetition code가 사용된다. 표 6.14에 변조방식이 나타나 있다.

6.3.4 다중안테나(MIMO)

E-UTRA는 기지국과 단말사이에 여러개의 안테나를 사용하는 MIMO(Multi-Input Multi-Ouput)방식을 채택하고 있다. IMT-advanced의 표준규격에 상응하고 채널 용량을 높이기 위해선 필수적으로 사용되어야 하는 기법이다.

1) 수신 다이버시티는 그동안 셀룰러 시스템에서 상향링크에서는 많이 사용되었는데 E-UTRA에서는 하향링크에서도 사용가능하게 되었다.
2) 기지국에서의 Beamforming 기법은 SNR와 SIR을 향상 시켜준다.
3) Space Time Coding(STC)와 Alamouti coding기법은 공간 다이버시티를 향상시켜주고 페이딩현상을 줄여주게 된다.

4) MIMO기법은 데이터 전송률을 높여주게 된다.

위와 같은 4가지의 안테나 특성을 가지고 MIMO기술을 이용해 환경에 적합한 시스템을 개발하고 있다.

6.3.5 하향링크 자원할당예정(scheduling) 및 기준신호(reference signals)

LTE에서는 주파수 효율 및 셀 용량을 증대하기 위하여 하향링크에는 OFDMA 기술을 사용한다. OFDMA 기술은 특히 넓은 대역폭을 사용하는 시스템에서 수신기 구조를 간단하게 만들 수 있도록 해주며, FFT사이즈를 변화시킴에 따라서 다양한 대역폭에 맞춰서 다중경로 페이딩에 대한 동일한 강인성을 유지하는 확장성 특성도 가지고 있다. 이런 하향링크의 OFDM변조방식의 파라미터는 표 6.14에 있다. 하향링크에서 각기 다른 유저들은 전에 언급한 서로 다른 resource block을 사용하게 된다. 이것을 가작 작은 단위의 자원할당 크기이다. 180kHz의 대역폭을 가지는 resource block안에서 자원 할당이 이루어지게 된다.

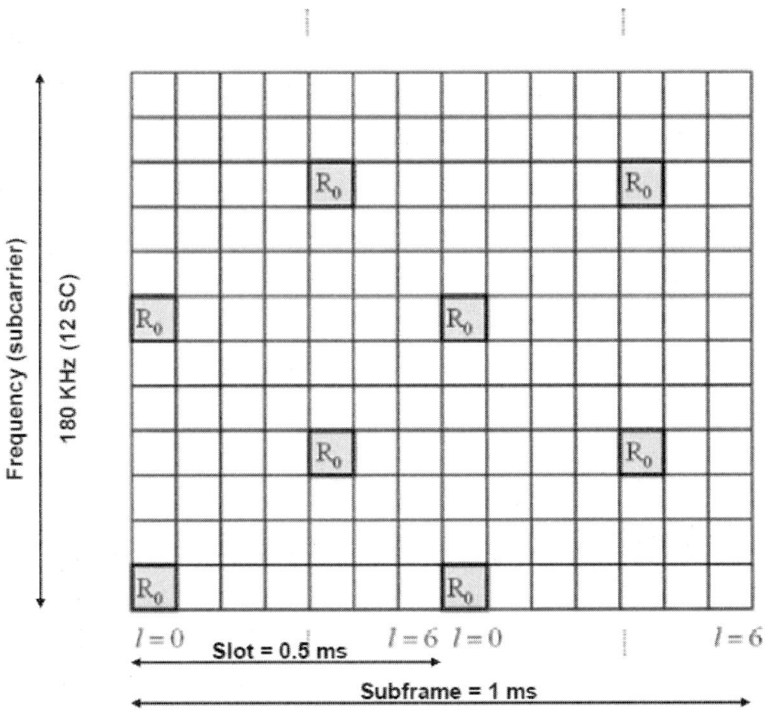

그림 6.14 단일 안테나 전송에서의 하향링크 기준신호 위치

수신기의 시간과 주파수에 대한 동기를 맞추기 위하여 기준 신호와 파일럿 신호는 OFDM grid에 삽입되게 된다. 이것은 신호 감쇄를 피하는 방법으로 매우 중요한 것이다.

시간 도메인에서 Unicast 전송을 위해 기준신호는 모든 하향 링크의 서브프레임(2개 슬롯)에 전송되게 된다. 그림 6.14에서 보듯이 기준신호는 각 OFDM 심볼에 전송되지 않지만 시간-주파수 도메인에서 resource element에 할당 되게 된다. 이것은 단일 안테나 전송에 필요한 것이지만 다중 안테나도 적용되는데 그 위치가 달라진다. 기준신호의 위치에 따라 안테나의 개수가 결정되게 된다.

결과적으로 단일 안테나에서 84개의 resource element로 이루어진 각각의 resource block안에 4개의 기준신호가 존재하게 된다. 그림에서 보듯이 일반적으로 7번째 OFDM 심볼과 6번째 서브캐리어에 기준신호가 위치하게 된다.

6.3.6 상향링크 자원할당예정(Scheduling) 및 기준신호(Reference signal)

LTE에서는 주파수 효율 및 셀 용량을 증대하기 위하여 상향링크에는 SC-FDMA 기술을 사용한다. 이 방식은 OFDMA와 많은 유사점을 가지고 있고 그에 대한 파라미터는 표6.14에 있다. 상향링크 역시 resource block에 자원할당을 하는 방식으로 되어 있지만 하향링크와는 많은 다른 점이 있다. 터미널의 인접하는 주파수지역에서만 할당이 되는 방식이다. 상향링크의 기준신호는 일반적인 DM-RS(Demodulation reference signal)와 상향링크 스케줄링을 위해서 상향링크 채널 품질을 측정하는데 사용되는 S-RS(Sounding reference signal)이 있다. 각각의 채널 추정에 따라서 기준신호의 슬롯위치가 달라지며, 그 림 6.15에서 보듯이 Sounding reference signaldms 각 서브프레임의 마지막 심볼에 위치하고 4개의 reference block 단위의 정수 배의 길이를 갖는다.

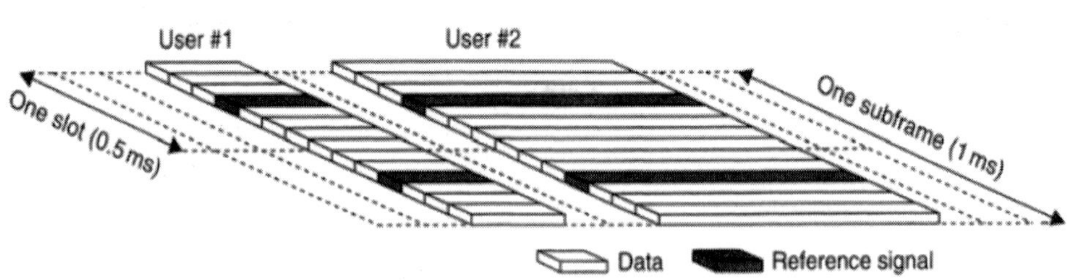

그림 6.15 상향링크의 기준신호위치

6.4 Mobile Wimax (WiBro)

6.4.1 표준화 동향

초기 무선 접속 기술은 MMDS나 LMDS로 대표되는 LOS(Line-Of-Sight) 환경에서의 고정 무선 접속 방식이 주류를 이루었다. 이후 Non-LOS에서도 많은 양의 데이터를 전송할 수 있는 광대역 무선 접속 방식에 대한 연구가 진행되어 왔다.

이 방식은 단순한 음성이나 데이터 서비스를 넘어 멀티미디어 서비스를 제공해줄 수 있어 사용자들의 다양한 욕구를 충족시킬 수 있을 것으로 기대된다. 또한, 광대역 무선 접속의 한계인 이동성 문제를 극복하기 위해 사용자의 이동성을 지원할 수 있는 휴대인터넷에 대한 연구도 활발히 진행 중이다. 표 6.15는 휴대인터넷과 관련하여 광대역 무선 접속 기술의 진화 단계를 나타낸 것이다.

| **표 6.15** | 광대역 무선 접속 기술

항목	IEEE 802.16e	WiBro
표준제정	2005년 상반기	Phase 1: 2004년 6월완료
다중화 방식	SC2, OFDM, OFDMA	OFDMA
주파수 대역	2~6GHz	2.3~2.4GHz
채널 대역폭	1.25/2/5/10/20kHz(가변)	10MHz(고정)
전송 속도	15Mbps@5MHz	34Mbps@10MHz
이동 속도	<60Km/h	<60Km/h
커버리지	2~5Km	Picocell : 100m Microcell : 400m Macrocell : 1km

국내의 경우 2003년 6월 20일 제33차 정보통신표준총회에서 TTA 휴대인터넷 그룹(PG05)이 신설되어 총 52개 기관, 약 235명이 참여하여 표준화 활동을 전개했으며, 2004년 3월 PG302로 명칭을 변경했다. PG302에는 무선 접속 실무반, 서비스 및 네트워크 실무반, IPR Ad Hoc 그룹, 국제협력 Ad-Hoc 그룹, IOT/CT Task Force가 활동하고 있으며, 조정위원회에서 이들 간의 업무 조정을 수행하고 있다.

이 프로젝트 그룹은 2004년 6월 25일에 1단계 30Mbps급 TTA 표준(Phase I)을 완성했다. 이 표준은 물리 계층(TTAS.KO-06.0064)과 매체접근 제어 계층(TTAS.KO-06.0065)으로 구성되어 있다. 2004년 7월부터 2단계 50Mbps급 TTA 표준(Phase II)에 대한 논의가 진행되고 있으며, 고속 데이터 전송률을 보장하는 기술에 중점을 두고 있다. 2004년부터는 '와이브로'라는 공식 명칭을 사용하고 있다.

한편, 2004년 7월 정보통신부는 국내 휴대인터넷 표준 선정 기준으로 IEEE 802.16e 표준과 호환되면서 여기에 5가지 조건을 만족시키는 것으로 결정했다고 발표했다. 다섯 가지 조건으로는 시속 60km로 이동시 최소 하향 512kbps, 128kbps의 전송 속도 구현, 9MHz 이상의 채널대역폭, 사업자 장비간 로밍, TDD 방식, 주파수 재사용 계수 1 등이 있다. 이에 TTA에서는 와이브로와 IEEE 802.16e와의 호환성 문제에 대한 검토를 진행하고 두 방식 사이의 차이점에 대한 해결책을 모색하고 있다. 정보통신부는 2005년 2월에 3개의 휴대인터넷 사업자를 선정하였으며 2006년에 중반에 상용 서비스를 목표로 하고 있다.

한편 국내의 휴대인터넷 표준과 유사한 형태의 국제 표준화 활동은 미국의 IEEE 802.16과 IEEE 802.20을 중심으로 휴대인터넷과 관련된 표준화를 진행하고 있다. IEEE 802.16은 최근 P802.16-REVd의 표준화 작업이 완료되어 IEEE 802.16-2004로 배포되었다. 한편 인텔이 중심이 된 와이맥스(WiMax) 포럼이 결성되어 IEEE 802.16a의 성공적인 표준화와 시장 진입을 위해 활동하고 있으며 이미 인텔에서는 와이맥스 칩을 개발하여 추후 상업화 성공 여부가 주목된다.

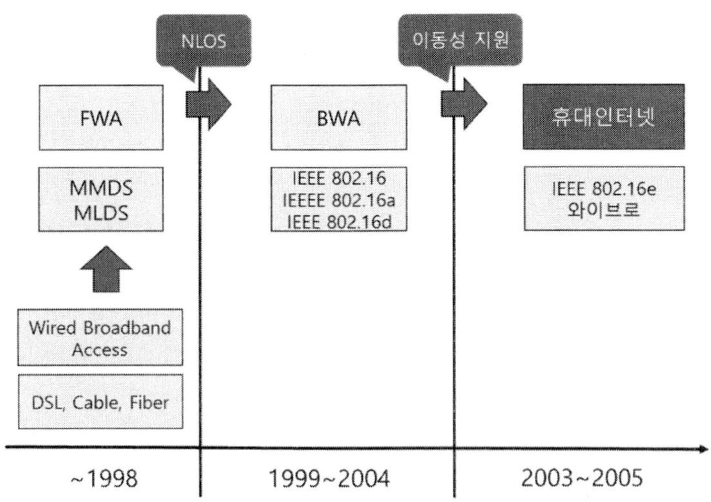

그림 6.16 IEEE 802.16e와 WiBro의 특성 비교

와이브로와 가장 유사한 규격은 앞서 언급한 IEEE 802.16e이며, 이 둘의 주요한 특성은 그림 6.16과 같다. IEEE 802.16e의 경우 2005년 상반기에 규격화가 완료될 것으로 보이며 다중화 방식으로 TDD, FDD 둘 모두를 지원하며 변조 방식으로 SC2, OFDM, OFDMA 등을 지원한다. 주파수 대역은 2~6GHz이고 채널 대역폭은 가변적으로 할당할 수 있다.

6.4.2 물리 계층 표준 내용

휴대인터넷 시스템은 하향 링크와 상향 링크를 시간으로 구분하는 TDD 방식이 사용되며, 다중접속 방식으로는 OFDMA가 사용된다. OFDMA 심볼은 총 1024개의 부반송파로 이루어져 있으며, 데이터가 전송되는 데이터 부반송파, 채널 및 동기 등을 추정시 사용되는 파일럿 부반송파, 그리고 보호 밴드와 DC 부반송파가 포함된 널 부반송파로 구성된다. 보호 밴드의 목적은 OFDMA 신호의 스펙트럼이 'brick wall' 형태를 갖도록 하는 것인데, 좌우 다수개의 부반송파에 '0'을 전송함으로써 인접 주파수 대역에 간섭으로 작용하는 신호 성분이 작아지도록 하는 것이다. 각 부반송파들은 부반송파 하위 집합으로 나뉘고 각 하위 집합은 부채널로 명명된다. 하향링크에서 부채널은 여러 다른 수신기를 위한 것이며 상향링크에서 송신기는 하나 이상의 부채널에 할당되고 동시에 여러 송신기가 신호를 전송할 수 있다. 그림 6.17에서 이에 대한 개념을 예를 들어 나타냈다.

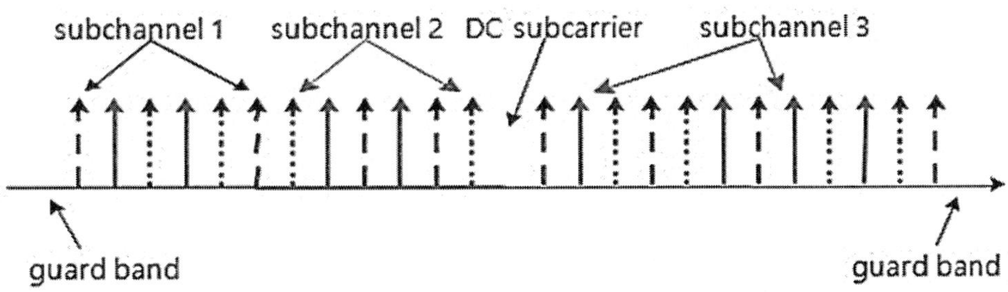

그림 6.17 OFDMA 부반송파의 부채널 할당 방법

기본 시스템 변수는 5msec의 고정 프레임 구조로 설계되어 있으며, 표 6.16에 기본 시스템 변수를 나타냈다. TDD 시스템의 상향 링크와 하향 링크는 전송시간으로 구분된다. 하향 링크 전송은 그림 6.18에서처럼 한 개의 프리앰블 심볼, FCH 및 DL-MAP, 데이터 심볼 순서로 시작된다. 상향 링크는 제어심볼 전송부터 시작되며, 상하향 전송 시간을 구분하기 위한 보호시간인 TTG(121.2μs) 및 RTG(40.4μs)는 프레임 중간과 마지막에서 하향 링크 및 상향 링크 사이에 삽입된다.

| 표 6.16 | OFDMA 부반송파의 부채널 할당 방법

Parameter	Value
System Bandwidth	8.75MHz
Sampling frequency(Fs)	10MHz
Sampling rate(1/Fs)	100nsec
Size of FFT(NFFT)	1024
Number of used sub-carrier	864
Number of data sub-carrier	768
Number of pilot sub-carrier	96
Sub-carrier spacing	9.765625kHz
Useful symbol time($T_b = 1/\Delta f$)	102.4μs
Cyclic prefix time($T_g = T_b/8$)	12.8μs
OFDMA symbol time($T_s = T_b + T_g$)	115.2μs
TDD frame length	5ms
Number of symbols in a frame	42
TTG_RTG	161.6μs

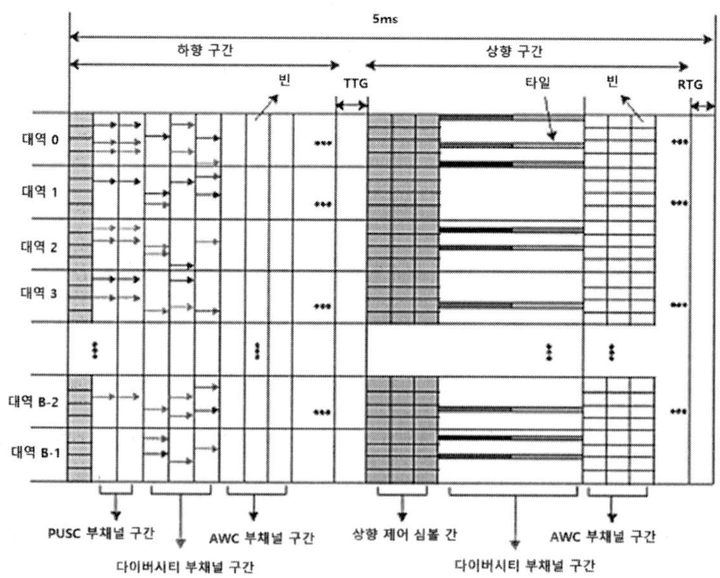

그림 6.18 프레임 구조

하향 링크 프리앰블은 초기 동기, 셀 탐색, 주파수 오프셋 및 채널 추정에 사용할 수 있다. 하향 링크의 데이터 전송 구간은 PUSC 부채널 구간과 다이버시티 부채널 구간 및 AMC 부채널 구간으로 나뉜다. PUSC 부채널은 두 개의 심볼에 걸쳐 분산된 부반송파로 구성되고, 다이버시티 부채널은 동일한 대역에 있는 여섯 개의 인접한 빈으로 구성된다. PUSC 심볼, 다이버시티 심볼 및 AMC 심볼의 구성은 단말들의 채널 분포에 따라 기지국이 결정한다. 하향 링크 후반부에 위치한 일부 심볼은 방송 서비스를 위해 사용할 수 있다.

상향 링크의 처음 세 심볼은 레인징 채널, ACK 채널 및 CQI 채널에 사용된다. 상향 링크에서 다이버시티 부채널을 구성하는 기본 단위는 타일이며 전체 주파수 대역에 분산된 세 개의 타일로 이루어진다. AMC 부채널을 구성하는 기본 단위는 빈이며, 하나의 AMC 부채널은 여섯 개의 빈으로 구성된다. 하향 링크에서처럼 AMC 및 다이버시티 부채널의 구성 비율은 프레임마다 변경 가능하다. 그림 6.19는 타일과 빈의 구조를 나타낸다.

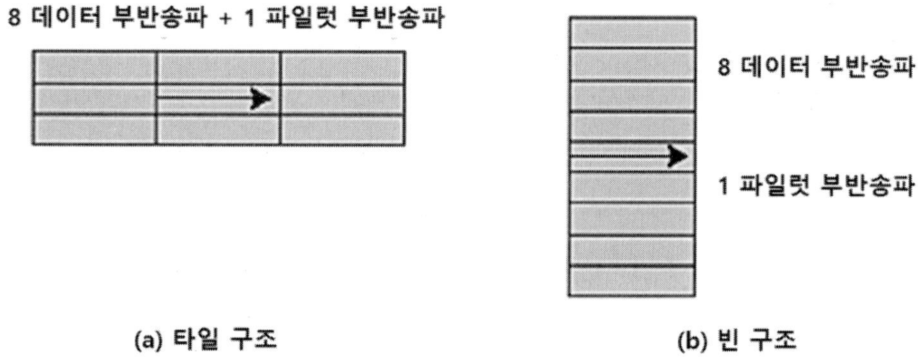

그림 6.19 타일 및 빈의 구조

하향 링크의 첫 번째 심볼은 프리앰블이며 특정 PN 코드가 BPSK 변조되어 전송된다. 프리앰블 부반송파 집합은 세 가지 타입으로 나뉜다. 매 4번째 하향 링크 프레임에서 마지막 OFDM 심볼은 공용 동기 심볼로 사용할 수 있다. 기지국에서는 안테나 0을 통해 공용 동기 심볼을 전송한다. 주파수 영역에서 정의되는 공용 동기 심볼의 구조를 그림 6.20에 나타냈고, 시간 영역에서 정의되는 공용 동기 심볼의 구조를 그림 6.21에 나타냈다.

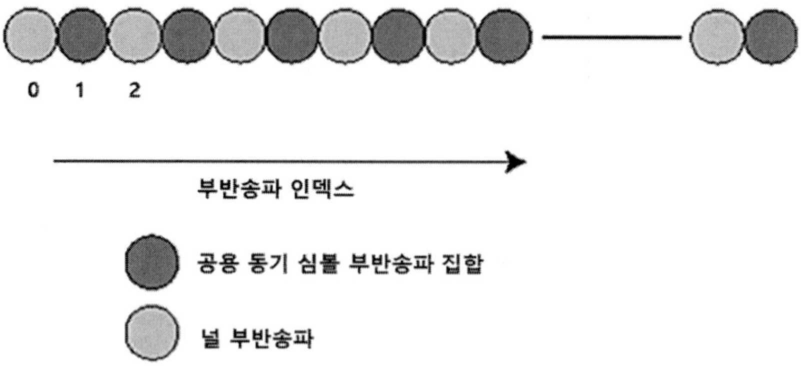

그림 6.20 공용동기 심볼 구조(주파수 영역)

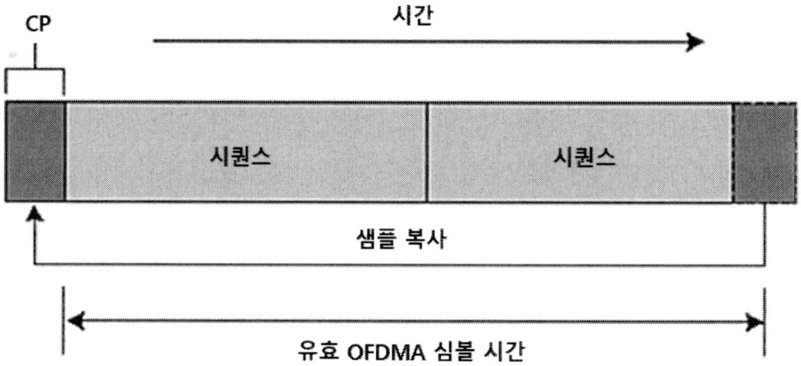

그림 6.21 공용동기 심볼 구조(시간 영역)

하향 링크 다이버시티 심볼과 상/하향 링크 AMC 심볼은 파일럿, 데이터 및 널 부반송파로 구성된다. 파일럿 부반송파의 할당은 연속되는 9개의 부반송파로 구성되는 빈 내에서 특정 부반송파 한 개를 할당함으로써 이루어진다. 빈 내에서 파일럿 부반송파의 위치는 심볼의 인덱스에 따라 달라진다. 빈 안의 9개의 부반송파의 인덱스를 0~8이라 하고 심볼의 인덱스를 m이라 할 때 파일럿 부반송파의 인덱스는 3l+1이 된다(l=m mod 3). 그림 6.22는 하향 링크 다이버시티 심볼 및 상/하향 링크 AMC 심볼에서의 파일럿 부반송파의 할당을 나타낸다.

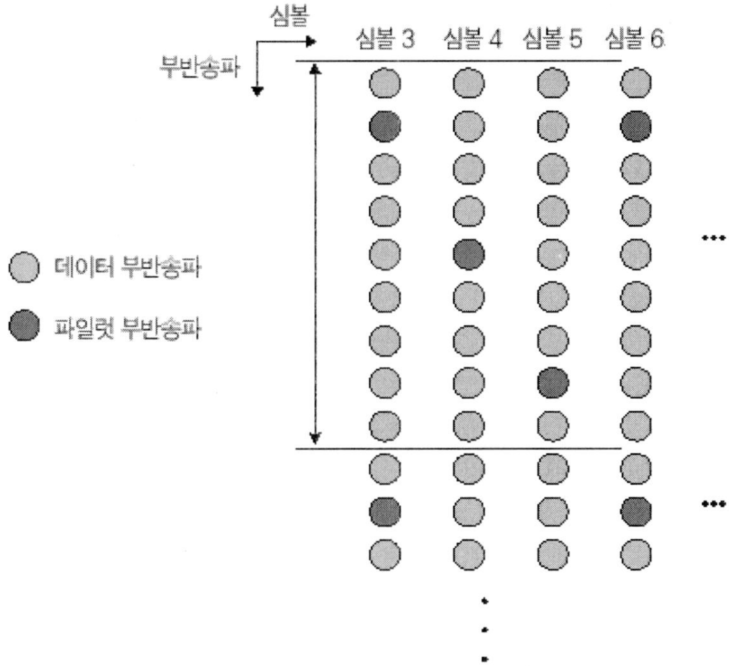

그림 6.22 하향링크 다이버시티 심볼 및 상/하향 링크 AMC 심볼에서의 파일럿 부반송파 할당

AMC 부채널을 구성하기 위해 각 심볼에서 널 부반송파를 제외한 전체 부반송파는 9개의 인접한 부반송파로 이루어진 빈이라는 단위로 나눠지고 이렇게 만들어진 인접한 빈 M개를 묶어서 밴드를 구성한다. AMC 부채널은 각 밴드 내에서 인접한 6개의 빈들로 구성된다. 인접한 빈 6개를 구성하는 방법은 주파수-시간축 상에서 1빈x6심볼 블록, 2빈x3 심볼 블록, 3빈x2 심볼 블록으로 구성할 수 있으며, 마지막으로 각 밴드 내에서 주파수 축 방향 그리고 시간축 방향으로 순서대로 인덱스를 지정한 후 앞에서부터 6개씩 나누어 부채널을 구성할 수 있다.

다이버시티 부채널을 할당하기 위해, 슬롯 안에 있는 전체 데이터 부반송파는 서로 인접해 있는 데이터 부반송파 군들로 분할된다. 각 부채널은 이 군들로부터 하나씩 선택된 부반송파의 개수와 같은 48이 된다. 하나의 군 안에 있는 부반송파의 개수는 부채널의 개수 16과 동일하며, 부채널을 구성하는 분할 방법은 하향 링크 순열 공식이라고 불리는 수식에 따른다.

상향 링크 부채널 할당은 기본적으로 하향 링크에서와 동일하다. 다이버시티 부채널 심볼 이후의 나머지 모든 데이터 심볼들은 AMC 부채널에 할당한다. 상향 링크 AMC 부채널에서 파일럿 부반송파의 위치는 하향 링크에서 파일럿 부반송파의 위치와 동일한 방법으로 세 심볼을 주기로 같은 위치를 점유하게 된다. 상향 링크 다이버시티 부채널을 할당하기 위해, 연속되는 3 심볼 안의 부반송파 9개의 톤이 들어 있는 3x3 주파수-타임 블럭인 타일들로 분할한다.

전체 주파수 대역은 인접해 있는 타일들로 이뤄진 군들로 분할된다. 각 부채널은 6개의 타일로 구성되는데, 각 타일은 서로 다른 군에서 선택된다. 각 부채널은 6개의 타일로 구성되므로 48개의 데이터 부반송파와 6개의 파일럿 부반송파로 이루어진다. 부채널을 구성하는 방법은 상향 링크 순열 공식이라고 불리는 수식에 따른다.

상향 링크에는 하향 링크와 다른 미니 부채널이 존재하는데, 기존의 다이버시티 부채널과 동일하게 6개의 3x3 타일로 구성된다. 미니 부채널은 다이버시티 부채널을 심볼 방향으로 M (M=2, 3, 6)개 연결한 후, 세 심볼 각 구간에서 6/M개의 타일을 할당함으로써 전체 6개의 타일로 구성된다.

OFDMA물리 계층에서는 4가지 레인징 모드를 정의한다. 상기 레인징 모드들은 초기 레인징, 주기적 레인징, 핸드오프 레인징 및 대역폭 요구 레인징으로 구성된다. 이 모드 중에서 대역폭 요구 레인징은 단말이 기지국에 대역폭을 요구하는 목적으로 사용되며, 이 외의 모든 모드는 단말과 기지국간의 상향 링크 동기 획득과 전력 제어 목적으로 사용된다.

레인징 신호는 동일한 시간에 다수의 단말로부터의 레인징 신호 송출이 허용되는데, 각 단말은 앞서 설명된 용도에 따라 레인징 모드를 구분 사용하게 된다. 레인징 신호 변조를 위하여 단말은 사용 가능한 레인징 부호 중에서 하나를 임의로 선정하고 BPSK 변조하여 송출한다. 이 때 단말은 임의로 선택한 레인징 부호로 레인징을 시도하기 때문에 레인징 채널 상에서 충돌될 수 있다. 레인징 채널에 할당된 부반송파의 수는 144이며, 3×3 타일 형태의 상향링크 다이버시티 부채널 8개를 할당해서 0~143번의 부반송파를 사용한다.

레인징 부호는 BPSK 변조되기 때문에 레인징 부호 길이 또한 144이다. 이 때 단말이 임의 선택하여 전송 가능한 해당 레인징 모드별 레인징 부호수는 시스템 배치 때 결정되는 시스템 운용 파라미터이다. 단말에게 허용된 레인징 전송 구간은 레인징 모드에 따라 다르다. 초기 레인징과 핸드오프 레인징 전송 슬롯은 상향 링크 프레임 구간에서 첫 번째와 두 번째 OFDMA 심볼로 구성되며, 주기적 레인징과 대역폭 요구 레인징 전송 슬롯은 상향 링크 프레임 구간에서 세 번째 OFDMA 심볼로 구성된다.

초기 레인징과 핸드오프 레인징의 경우, 상향 링크 동기가 전혀 확보되지 않은 상태에서 시도되므로 두 개의 연속된 OFDMA 심볼 구간으로 구성된다. 그림 6.23과 같이 첫 번째 심볼은 기존의 OFDMA 심볼과 같은 구조로 두 번째 심볼은 보호 구간을 신호 뒷부분에 추가하여 두 OFDMA 심볼 구간의 경계 지점에서 파형의 불연속이 발생하지 않도록 한다.

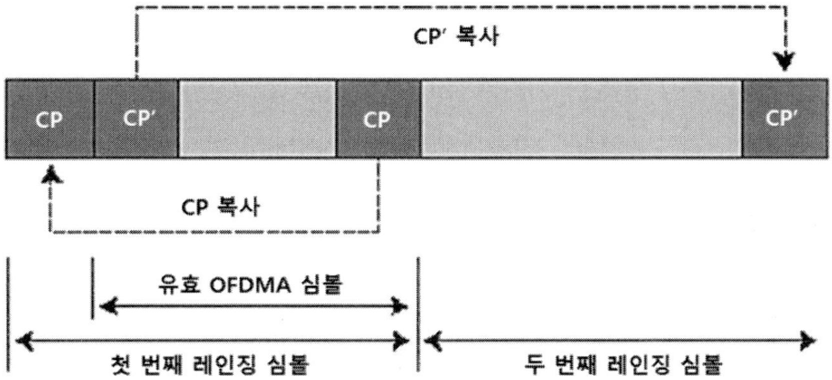

그림 6.23 OFDMA에 대한 초기 및 핸드오프 레인징 신호

레인징 부호는 그림 6.24의 PRBS에서 생성된 PN 부호가 레인징 부호로서 사용된다. PN 부호를 생성하기 위해 사용되는 생성 다항식은 '1+X1+X4+X7+X15'와 같고, 셀 구분을 위한 PN 부호 생성기의 초기화 부호가 셀마다 다르게 적용된다.

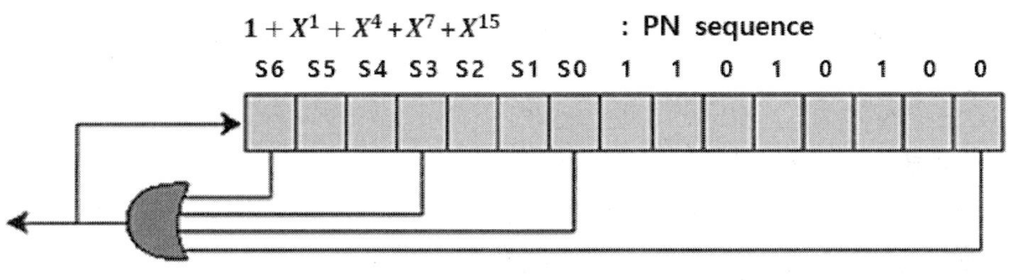

그림 6.24 레인징 부호 생성을 위한 PRBS

PN 생성기 레지스터는 '00101011'과 7비트의 셀 인식 번호에 의해 초기화된다. 단말은 개방루프 전력 제어를 통해 송출 전력을 조정한 다음 레인징 신호를 전송한다. 이에 따라 각 단말로부터 전송된 레인징 신호는 거의 동일한 신호 세기로 기지국에 수신되기 때문에 레인징 성공 확률이 높아진다.

휴대인터넷 기지국에서는 다중 안테나를 사용한 시공간 처리(STP: Space Time Processing) 기술을 사용할 수 있다. 시공간 처리 기술은 다수 개의 안테나를 가진 기지국에서의 하향링크에 적용되어 전송 다이버시티를 통해 신호의 신뢰도를 증진시키게 된다. 또한 송수신

양측에 다수 개의 안테나를 사용하는 공간 다중 기법을 통해 주파수 효율성도 증가시킨다. 휴대인터넷 규격에서는 2개의 혹은 4개의 송신 안테나 시스템이 고려된다.

물리 계층으로 입력되는 MAC PDU의 크기가 허용된 입력 비트의 수가 아닐 경우 '1'이 MAC PDU의 뒤에 패딩된다. 패딩된 패킷은 랜덤화 블럭으로 입력되며, 랜덤화 과정은 데이터 버스트 별로 수행된다. PRBS 생성 다항식은 1 + X14 + X15이다.

이때, PRBS를 생성하기 위하여 초기화 벡터가 사용되는데, 전송하려고 하는 버스트의 비트를 MSB부터 연속적으로 랜덤화기에 입력한다. 생성된 PRBS와 버스트 비트의 XOR 과정을 통해 랜덤화 과정이 수행된다. 랜덤화기는 각 버스트에 대하여 초기화 벡터에 의해 초기화된다. 초기화 벡터는 IDcell의 하위 5비트를 초기화 벡터의 하위 5비트로 사용하며, 나머지 부분은 '1'로 설정한다.

랜덤화기를 통해 생성된 버스트는 H-ARQ가 적용될 경우 CRC 부호화된다. CRC의 크기는 16이며 ITU-R 권고안 X.25에 정의된 CRC-16-CCITT가 사용되며, CRC 부호가 추가된 패킷은 그 크기가 n*4800일 경우, n개의 4800 비트 블럭으로 분할되어 처리되고, 변조기 입력단에서 이전에 분리된 순서로 재조립된다.

또한 H-ARQ가 적용되지 않은 버스트의 경우 부호화 과정의 기본 단위는 부채널이고 이를 연접하여 부호화한다. 즉, 일정 규칙에 따라 연접된 부채널에 맵핑될 수 있는 입력 단위에 대하여 독립적으로 부호화를 적용한다. 따라서 하나의 버스트에 할당된 전체 부채널은 일정 단위로 연접된 부채널로 분할되고, 랜덤화기의 출력은 연접된 부채널에 맵핑될 수 있는 단위로 분할되어 부호화된다. 부호화된 신호열은분할된순서로다시조립된다. 휴대인터넷에서 사용되는 채널 부호는 컨볼루션 터보 부호이다.

컨볼루션 터보 부호기는 이중 이진 CRSC 부호를 사용하며, 부호화될 데이터의 비트는 교대로 A와 B로 입력된다. 또한 A와 B로 입력된 데이터는 CTC 인터리버를 통과한 후 부호화되어 출력 비트는 ABY1Y2W1W2가 된다. CTC 부호화기를 통과한 패킷은 인터리빙(inter-leaving)되며, 인터리빙은 서브블럭 분할, 인터리빙, 그룹화로 구성된다.

인터리빙된 부호 패킷들은 서브 패킷의 형태로 전송된다. 서브패킷은 인터리빙된 CTC 부호기 출력 비트열의 일부를 선택하여 생성한다. 각 기지국은 파일럿 패턴 및 데이터의 구분을 위해 파일럿과 데이터 부반송파에 기지국마다 할당된 고유의 스크램블링 수열이 곱해진다.

스크램블링된 트래픽 버스트의 비트들은 MSB부터 변조기에 입력되어 QPSK, 16QAM, 또는 64QAM 심볼에 그레이 방식으로 맵핑되며, 각 변조 방식별로 동일한 평균 파워를 얻기 위해 맵핑된 심볼에 c를 곱하여 정규화한다. 프리앰블의 경우 부반송파들은 BPSK 변조되며, 하향 링크와 상향 링크 파일럿 부반송파는 OFDMA 심볼 내의 부반송파 위치에 따라 스크램블링 신호열이 BPSK 변조되어 전송된다. 하향 링크와 상향 링크 파일럿 부반송파는 모두 데이터 부반송파 대비 2.5dB 부스팅되어 전송된다. 또한 레인징 부반송파들 역시 BPSK 변조되며, 데이터 부반송파와 동일한 적력으로 변조된다.

단말은 측정된 채널 CINR(carrier to interference and noise ratio) 값을 주기적으로 기지국에 보고해야 하며, CINR에 따라 4~6비트 정보로 부호화하여 CQI(channel quality indicator) 채널을 통해 전송한다. CQI 채널에는 다이버시티 사용자용 완전 CQI 피드백 모드와 AMC 사용자용 차등 CQI 모드의 두 가지 모드가 있다.

다이버시티 사용자용 완전 CQI 피드백 모드에서는 하향링크 프리앰블의 5비트(또는 4비트) 평균 CINR이 전송된다. AMC 사용자용 차등 CQI 모드에서는 선택된 대역용 5비트(또는 4비트) 차등 CINR 피드백이 단말을 통해 전송된다. 여기서 전송 비트 수는 5비트나 4비트 중 하나를 임의로 선택할 수 있다. 하나의 CQI 채널은 3×3 타일 형태의 상향링크 다이버시티 부채널 하나, 즉 18톤×3 심볼 형태로 구성된다. CQI 채널을 통해 보내는 정보비트 수는 6비트, 5비트, 4비트의 세 가지가 있다.

상향 링크 ACK는 하향 링크 H-ARQ에 대한 빠른 피드백을 제공한다. 단말은 하향 링크 패킷 데이터에 대한 ACK 또는 NAK 피드백을 전송한다. 3×3 타일 형태의 상향 링크 다이버시티 부채널 하나, 즉 18톤×3 심볼 형태에 두 개의 ACK 채널이 지원된다. 첫 번째 ACK 채널은 짝수 번째 타일들로 구성되고, 다른 ACK 채널은 홀수 번째 타일들로 구성된다.

6.4.3 와이브로 다중접속요소 기술

다중접속은 시간, 주파수, 부호 등의 한정된 무선 자원을 여러 사용자나 시스템이 공유 및 분할하여 사용하는 것을 말한다. 다중접속을 위해 고려해야 할 사항으로 듀플렉스 방식과 MAC 및 PHY 계층이 있다. 듀플렉스 방식으로 크게 FDD 방식과 TDD 방식이 있다. MAC계층에서는 트래픽에 따라 효율적으로 자원을 할당하는 방식이 사용되며 IP 및 QoS를 지원해야 한다. 공정하고 효율적으로 스케쥴링을 수행할 수 있어야 하며 통신 환경을 모니터링하고 보고하는 기능을 수행해야 한다. PHY 계층은 주파수 재사용 효율을 증대시킬 수 있어야 하며 고속의 데이터를 전송할 수 있어야 한다. 채널 단위의 세분화 및 제어의 효율성이 뛰어나야 한다. 간섭에 강한 다중접속 기술을 제공해야 하며 이동성 및 핸드오프를 지원해야 한다. 와이브로는 듀플렉스 방식으로 TDD 방식을 채택하고 있으며 다중접속 기술로 OFDMA 방식을 사용하고 있다. TDD 방식은 비대칭적인 트래픽에 유연하게 적응할 수 있으며, 핫스팟 혹은 마이크로 셀에 사용하기에 적합하다. 상/하향 링크에서 발생하는 간섭을 제거하기 위해 보호 시간을 사용하며, 동일한 주파수 대역을 사용하므로 채널 추정과 링크 적응에 유리하다. 그러나 심볼 동기가 정확해야 하고 핸드오프 과정이 복잡하며 FDD에 비해 링크 버짓이 3dB 감소한다는 단점이 있다. OFDMA 방식은 시간과 부반송파를 적절히 분할하여 부채널을 형성하고 이를 사용자에게 할당해주는 방식으로 채널 제어의 유연성이 뛰어나 최대 동시 사용자 수를 증가시킬 수 있다. 또한, 시간과 부반송파의 채널 할당을 제어하거나 전송률을 조정하여 다양한 QoS를 지원할 수 있으며, 셀 내의 사용자들에 의해 발생하는 간섭이 거의 없다. 반면, 소프트 핸드오프가 복잡하고 고속 이동시 부반송파간 직교성이 파괴되어 간섭이 발생할 수 있으며 셀간 간섭의 영향을 받을 수 있다. 이 부분에서는 와이브로에서 다중접속을 위해 고려해야 할 주요 요소 기술에 대해 소개한다.

6.4.3.1 셀탐색과레인징

이동국은 하향 링크를 통해 여러 기지국에서 전송하는 프리앰블을 수신하고 이를 통해 초기 셀 탐색을 수행한다. 이 과정을 통해 이동국은 자신이 속한 기지국이나 섹터를 알 수 있으며 서비스를 위한 링크를 형성할 수 있다. 와이브로에서 각 기지국은 프리앰블을 생성할 때 고유의 IDCell 정보와 세그먼트 정보를 사용하며 이 두 가지 정보를 통해 이동국은 자신의 기지국을 구분할 수 있게 된다.

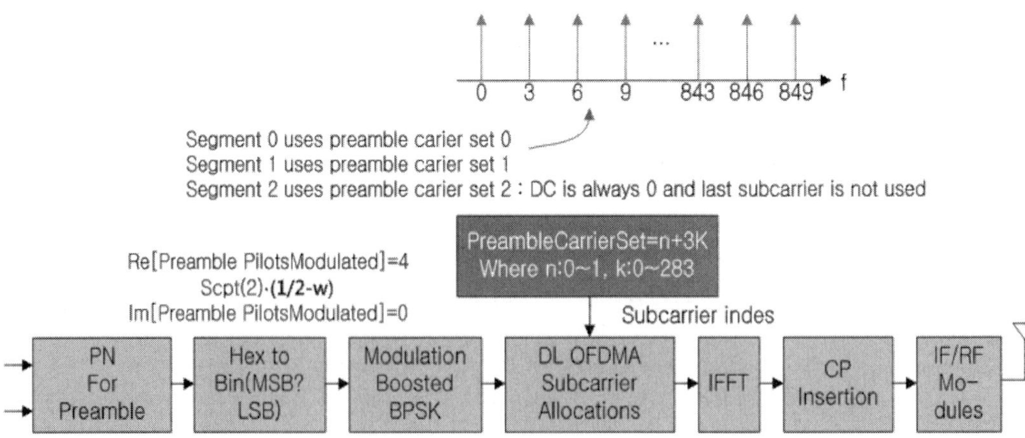

그림 6.25 프리앰블 생성 과정

그림 6.25는 하향 링크 프리앰블을 생성하는 과정을 보여준다. 이 프리앰블은 초기 동기와 셀 탐색뿐만 아니라 주파수 옵셋과 채널 추정에도 사용될 수 있다. 각 기지국은 IDCell 정보와 세그먼트(segment) 정보에 의해 표준에 주어진 PN 수열 중 하나를 선택할 수 있다. 이 PN 수열은 부스팅된 BPSK에 의해 변조된다. 변조된 PN 수열은 PreambleCarrierSetn 정보에 의해 적절한 위치의 부반송파에 할당된다. 셀 탐색을 위해 여러 가지 방법이 사용될 수 있으나 여기에서는 다음의 방법을 예시한다.

먼저, 초기 시간과 주파수 동기를 수행하고 CP를 제거한 후, FFT를 수행하여 시간 영역 신호를 주파수 영역으로 변환한다. 이렇게 수신된 주파수 영역 신호와 이미 알고 있는 각 세그먼트의 PN 수열 부호비트와의 합을 구한다. 이 합의 결과 중 제일 큰 값을 갖는 수열을 선택하면 그 수열에 해당하는 IDCell 정보와 세그먼트 정보를 얻을 수 있다.

레인징은 이동국과기지국간의상향링크동기획득과전력제어, 이동국의 대역폭요구 등을 위해 사용된다. 와이브로는 초기 레인징, 주기적 레인징, 핸드오프 레인징, 대역폭 요구 레인징의 4가지 모드를 정의하고 있다. 초기 레인징은 처음으로 시스템 채널과 상향링크 동기화를 하고자 하는 이동국에 의해 이뤄진다. 핸드오프 레인징은 핸드오프 처리가 되는 동안 다른 기지국과 동기화를 하고자 하는 이동국에 의해 이루어진다.

초기 레인징과 핸드오프 레인징은 상향 링크 동기가 전혀 확보되지 않은 상태에서 시도되므로 2개의 연속된 OFDMA 심볼 구간을 통해 동일한 레인징 부호가 전송된다. 주기적인 레인징은 동기 추적을 위해 주기적으로 전송되며, 대역폭 요구 레인징은 이동국이기지국에대역폭을요구할경우사용된다.

이 두 가지 레인징 신호들은 동기가 확보된 상태에서 사용되므로 하나의 OFDMA 심볼 구간에 전송된다. 레인징 신호는 동일한 시간에 다수의 이동국에 의해 전송되며, 각 이동국은 앞서 언급한 4가지 모드 중 용도에 따라 레이징 모드를 선택하고 사용 가능한 레인징 부호 중에서 하나를 임의로 선정하고 BPSK 변조하여 전송한다. 임의로 선택한 부호를 사용하여 레이징을 시도하기 때문에 레이징 채널 상에서 충돌이 발생할 수 있다.

레인징 채널에 할당된 부반송파의 수는 144개이며, 33 타일 형태의 상향 링크 다이버시티 부채널 8개를 할당하여 사용한다. 이동국은 개방 루프 전력 제어를 통해 송출전력을 조정한 다음 레인징 신호를 전송하기 때문에 각 이동국으로부터 전송된 레인징신호는 거의 동일한 신호세기로 기지국에 수신된다.

6.4.3.2 동기기술

동기 기술은 수신된 신호를 복조하는 과정에서 발생하는 주파수 옵셋, 심볼 동기 옵셋, 샘플 타이밍 옵셋 등을 추정하고 보상하는 작업을 말한다. 주파수 옵셋은 송/수신단 발진기의 영향이나 채널에 의한 Doppler 천이 등으로 발생한다. 주파수 옵셋으로 인해 부반송파의 심볼 위치가 순환 이동하거나 ICI(Inter-Carrier Interference)가 발생하여 시스템 성능이 심각하게 열화될 수 있다. 심볼 동기 옵셋은 다중경로 페이딩 채널을 통과한 신호를 복조할 때 발생한다.

동기가 CP 구간 내에서 이루어질 경우 위상 왜곡이 발생하고, CP 구간 밖에서 이루어질 경우 ISI와 이로 인한 ICI가 발생하여 성능이 열화된다. 샘플 타이밍 옵셋은 위상 왜곡을 유발시키며 타이밍 지터는 위상잡음으로 작용하여 시스템의 성능을 열화시킨다. OFDMA 시스템에서 동기기술은 복잡도, 비용, 성능 등에 따라 시간영역 혹은 주파수 영역에서 구현될 수 있다.

OFDMA시스템은 프레임(혹은 패킷) 단위로 정보가 전송되므로 수신 여부를 확인하기 위해 프레임 동기를 수행해야 한다. 프레임 동기는 프레임의 시작 위치를 정확하게 찾기보다는 대략적인 위치를 찾는 것을 목적으로 하며 이후의 다른 동기 알고리즘이 안정적으로 사용될 수 있도록 해준다. 대표적인 방식으로 더블 슬라이딩 윈도우 방식이 있다.

수신된 OFDMA 심볼을 FFT를 통해 복조하기 위해서는 심볼의 시작 위치를 정확히 알아야 한다. 심볼의 시작 위치를 찾는 과정을 심볼 동기라고 하며, 크게 프리앰블의 자기 상관 및 상호 상관을 사용하는 방식과 CP를 사용하는 방식으로 나뉜다. 대표적인 심볼 동기 방식으로 Schmidl & Cox 알고리즘이 사용된다. 이 방식은 반송파 주파수 옵셋 및 페이딩에 강건한 특성을 갖는다.

주파수 옵셋은 정수배와 소수배 옵셋으로 나뉘며 성능의 극대화를 위해 따로 추정한다. 정수배 주파수 옵셋은 일반적으로 송수신기가 이미 알고 있는 훈련 심볼을 사용하여 추정한다. 훈련 심볼의 배치 및 구성에 따라 추정방식이 달라질 수 있으나, 수신된 주파수 영역 심볼과 특정 위치에 할당된 훈련 심볼을 매 시점마다 순차적으로 회전 천이시키면서 상관을 구하는 방식이 흔히 사용된다.

소수배 주파수 옵셋을 추정하는 방식으로는 크게 자기상관을 사용하는 방식과 CP를 사용하는 방식이 있다. 대표적인 자기상관 방식으로 Moose 알고리즘 있다. 이 방식은 동일한 두 개의 OFDM 심볼을 보호구간 없이 전송하여 주파수 옵셋을 추정한다.

와이브로 하향 링크의 경우 각 이동국은 기지국이 전송한 프리앰블을 통해 주파수 및 시간 동기를 맞추게 되는데, 이 프리앰블을 어떻게 사용하는 가에 따라 여러 가지 동기방식이 사용될 수 있다. 상향 링크는 레인징 과정을 통해 동기가 이루어진다. 기지국은 다수의 이동국에의해전송된레인징신호를수신하게되는데, 이 신호들이 동일한 시간에 동일한 전력으로 수신된다면 FFT 처리와 레인징 부호의 상관 특성을 통해 쉽게 동기를 이룰 수 있다.

그러나, 이동국마다 채널환경이 다르기 때문에 신호의 수신시점이 달라질 수 있고 전력의 크기 또한 달라질 수 있다. 와이브로는 초기 및 핸드오프 레인징을 수행할 때 연속된 OFDMA 심볼 구간을 통해 동일한 레인징 부호를 전송하기 때문에 동기 범위가 넓고 성공 확률 또한 높다. 이와 더불어 주기적인 레인징을 수행하기 때문에 각 이동국의 동기를 추적하고 조정 할 수도 있다.

6.4.3.3 채널추정기술

다중경로 페이딩에 의해 발생하는 신호의 왜곡을 추정하고 보상하는 과정을 채널 추정이라고 한다. 채널을 추정하기 위해 사용하는 데이터의 형태에 따라 크게 훈련심볼을 사용하는 방식과 데이터를 사용하는 방식이 있다. 훈련심볼을 사용하는 방식은 다시 프리앰블과 같이 모든 부반송파를 파일럿으로 사용하는 방식와 데이터 부반송파 사이에 파일럿을 삽입하는 방식으로 나뉜다.

데이터를 사용하는 방식은 훈련심볼을 사용하지 않기 때문에 전송효율이 좋다는 장점이 있다. 이 방식은 수신된 데이터를 검파하고 재생성하여 채널을 추정하는 방식이다. 채널 추정을 위해 사용한 기준에 따라 채널 추정 방식을 분류하기도 한다. 대표적인 추정기로 LS(Least Square) 채널 추정기와 LMMSE(Linear Minimum Mean Square Error) 채널 추정기가 있다.

와이브로는 프리앰블과 파일럿을 사용하여 채널을 추정한다. 프리앰블을 사용할 경우 앞에서 언급한 방식 중 하나를 선택하여 사용할 수 있는데, 구현의 용이한 LS 방식이 적합할 것으로 보인다. 파일럿을 이용하여 채널을 추정할 경우 LS 방식과 보간 기술을 혼용하여 채널을 추정한다.

보간 기술로 선형 보간, 이차 보간, 큐빅 스플라인 보간, 저역통과 필터를 이용한 보간, DFT/IDFT를 이용한 보간 등이 있다. 일반적으로 채널 추정을 시간이나 주파수 영역 중 어느 한 곳에서만 수행하는 1차원 방식이 사용되지만, 성능을 높이기 위해 시간과 주파수 영역 모두에서 채널 추정을 수행하는 2차원 방식이 사용되기도 한다. 채널 추정 방식이나 형태는 시스템의 요구 조건과 파일럿의 배치 등에 따라 달라질 수 있다.

와이브로에서 하향 링크 다이버시티 심볼과 상/하향 링크 AMC 심볼은 파일럿, 데이터 및 널 부반송파로 구성된다. 파일럿과 널 부 반송파들을 배치한 후 데이터 부반송파를 배치하도록 할당 순서가 정해져 있다. 파일럿 부반송파의 할당은 연속되는 9개의 부반송파로 구성되는 빈 내에서 특정 부반송파 한 개를 할당함으로써 이뤄진다. 빈 내에서 파일럿 부반송파의 위치는 심볼의 인덱스에 따라 달라진다.

정확한 파일럿 부반송파의 위치는 9k+3m+1에 의해 결정된다. 여기서, k는 0~95의 값을 가지며 m=[symbol index] mod 3에 의해 정해진다. 이것과는 달리 상향 링크 다이버시티 심볼은 33 주파수-시간 블록인 타일 단위로 처리되며 이 타일의 중앙에 하나의 파일럿이 삽입된다. 하향 링크 다이버시티 심볼이나 AMC 심볼의 경우, 각 이동국은 OFDMA 심볼 내에 삽입된 모든 파일럿 심볼을 사용하여 채널을 추정할 수 있다. 상향 링크 다이버시티 심볼이나 AMC 심볼의 경우, 기지국은 서로 다른 채널 환경을 통과한 여러 이동국의 신호를 수신하므로 각 사용자마다 채널을 추정해줘야 한다

6.4.3.4 전력제어

전력 제어는 자기 기지국 용량의 최대화, 배터리 수명 연장, 인접 기지국 용량 최대화, 균일한 서비스 품질 유지 등을 위해 사용된다. 전력 제어로는 개방루프 전력 제어, 폐루프 전력 제어, 순방향 전력 제어, 외부루프 전력 제어, 순방향/역방향 과부하 제어 등이 있다. 와이브로는 하향 링크에서 순방향 전력 제어를, 상향 링크에서 개방루프 전력 제어를 수행한다.

순방향 전력 제어는 기지국으로부터 멀리 있거나 전파 상태가 좋지 않은 이동국에게는더 큰 출력으로 송신하고 반대의 경우에는 작은 출력으로 송신하는 방식이다. 개방루프 전력 제어는 기지국으로부터 가까이 있는 이동국은 출력을 작게, 멀리 있는 이동국은 출력을 크게 송신하는 방식으로써, 이동국은 단지 기지국으로부터의 신호세기에 따라 출력을 결정하게 된다. 즉, 기지국으로부터의 수신 전력이 크면 이동국 출력을 작게, 수신 전력이 작으면 이동국 출력을 크게 함으로써 근사적으로 기지국에 도달하는 이동국 출력을 최소화 할 수 있다.

정리하자면 다중접속 방식으로 OFDMA를 사용하는 와이브로는 하향 링크 전력 제어를 위해 부 채널별로 전력할당을 조정할 수 있고, 상향링크 전력 제어를 위해 하향 링크 수신 전력에 따라 상향 링크의 송신 전력을 조정할 수 있다.

6.4.3.5 핸드오프

서비스 중 기지국과 기지국 사이를 이동하는 이동국의 서비스가 원활히 유지되도록 하는 과정을 핸드오프라고 한다. 핸드오프는 소프터 핸드오프, 소프트 핸드오프, 하드 핸드오프로 구분된다. 소프트 핸드오프는 서비스 중 이동국이 기지국과 기지국 간을 이동 할 때 양쪽 기지국의 신호를 동시에 잡는 중간 과정을 거쳐 서비스를 연결해주는 방식으로 'make before break'라고 한다.

소프트 핸드오프는 기지국의 섹터간에 이루어지는 핸드오프를 말하며, 한 섹터를 버리고 새로운 섹터를 취하는 스왑 과정에 의해 이루어진다. 하드 핸드오프는 이동국이 인접 기지국 간을 이동할 때 순간적으로 서비스 절단을 발생시키지만 사용자가 서비스의 지장을 느끼지 못하는 순간에 다음 기지국으로 서비스를 재 연결 시켜준다. 하드 핸드오프를 make after break라고도 한다. 교환기간이나 주파수간에 주로 하드 핸드오프가 사용된다. 와이브로는 하드 핸드오프 방식을 사용할 것으로 보인다.

6.4.3.6 간섭제거기술

이동통신 시스템에서 주로 발생하는 간섭으로 셀간 간섭과 셀 내 간섭이 있다. 셀간 간섭은 동일한 중심 주파수를 사용하는 셀들간에 발생하는 간섭을 말하다. 셀 내 간섭은 셀 내에 존재하는 이동국간에 발생하는 간섭을 말한다. 와이브로는 주파수 재사용률이 1이므로 모든 기지국은 동일한 중심 주파수를 사용하며 이로 인해 셀간 간섭이 발생할 수 있다. 이 간섭을 줄이기 위해 각 기지국마다 부채널의 할당을 달리하는 방식과 일부의 부채널만을 사용하고 나머지 부채널은 비워두는 PUSC(Partial Usage of Subchannels) 채널 등이 사용된다. 그러나 인접한 기지국들이 모든 부채널을 사용한다면 셀간 간섭은 심각한 수준에 이르게 되므로 이를 해결할 방안에 대한 연구가 필요하다. 셀 내 사용자간 간섭은 OFDMA 방식이기 때문에 존재하지 않는다고 해석한다.

〈MATLAB 프로그램〉

6.5.1 DVB-T 시스템

```
%DVB-T 2K 전송

clear all
```

```
close all
%DVB-T 파라미터
Tu=224e-6; % OFDM symbol 주기
T=Tu/2048;
G=0;
delta=G*Tu; % 보호밴드 지속 기간
Ts=delta+Tu; % OFDM symbol 전체 주기
Kmax=1705; % 부반송파 수
Kmin=0;
FS=4096; % IFFT/FFT 길이
q=10;
fc=q*1/T; % carrier 주파수
Rs=4*fc; % simulation 주기
t=0:1/Rs:Tu;
%Data 생성
M=Kmax+1;
rand('state',0);
a=-1+2*round(rand(M,1)).'+i*(-1+2*round(rand(M,1))).';
A=length(a);
info=zeros(FS,1);
info(1:(A/2)) = [ a(1:(A/2)).']; % Zero padding
info((FS-((A/2)-1)):FS) = [ a(((A/2)+1):A).'];
% 부반송파 생성
carriers=FS.*ifft(info,FS);
tt=0:T/2:Tu;
figure(1);
subplot(211);
stem(tt(1:20),real(carriers(1:20)));
subplot(212);
stem(tt(1:20),imag(carriers(1:20)));
figure(2);
f=(2/T)*(1:(FS))/(FS);
subplot(211);
plot(f,abs(fft(carriers,FS))/FS);
subplot(212);
pwelch(carriers,[],[],[],2/T);
```

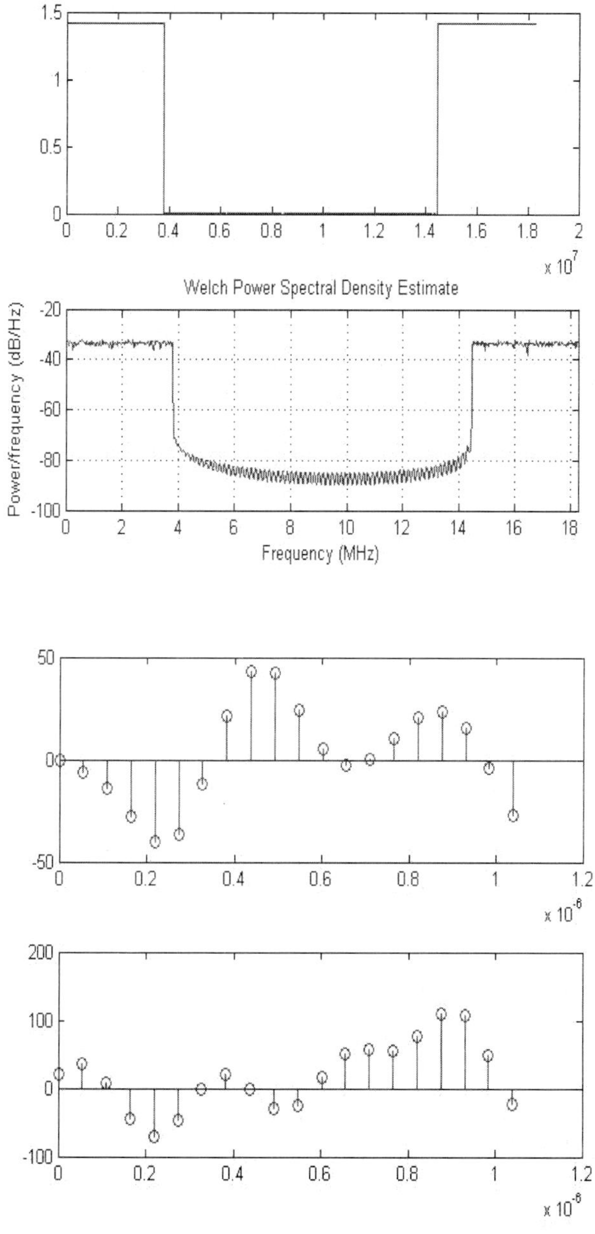

(a) 시간 축 응답 (b) 주파수 축 응답

그림 6.26 DVB-T 송신부에서 Signal carrier의 응답

6.5.2 PLC 시스템

```
clear all
close all
clc;

data=1;
o=0;
temp5=0;
cnt_error=zeros(26,1);
cnt_errorori=zeros(26,1);
ftsize=1024;
mod=16;
st=sqrt(mod/4)*2;
num=32;
p=0.01;

for l=1:1:data;
    % 심볼생성
    bits=randint(ftsize,1,mod);
    h = modem.qammod('M', mod, 'SymbolOrder', 'Gray', ...
              'InputType', 'Integer');
    txpsk_ori= modulate(h,bits);
    sum_origin=0;
    sum_origin=0;
    % SLM 된 심볼 생성
    u1=2*randint(ftsize,1)-1;
    for u=1:ftsize
        if (u1(u)==1)
            txpsk_ph(u,1)=txpsk_ori(u);
        end
        if (u1(u)==-1)
            temp2=real(txpsk_ori(u))+st*real(txpsk_ori(u))/abs(real(txpsk_ori(u)));
            temp3=imag(txpsk_ori(u))+st*imag(txpsk_ori(u))/abs(imag(txpsk_ori(u)));
            txpsk_ph(u,1)=-1*(temp2+i*temp3);
        end
    end
    s_ori=ifft(txpsk_ori);
    s_sig=ifft(txpsk_ph);
```

```
    kk=1;
    for snr_dB=5:1:30;
        %%%%%%%%%%%%%background noise generation%%%%%%%
        b_noise=awgn(s_ori,snr_dB,'measured')-s_ori;

%%%%%%%%%%%%%%%%%%%%%%%%%%%%%%%%%%%%%%%%%%%%%%%%
        %%%%%%%%%%%%%impulse noise generation%%%%%%%%%
        temp_im=zeros(ftsize,1);
        im=randint(10,1,[1,ftsize]);
        for ii=1:10
            temp_im(im)=1;
        end
        im_noise=5*temp_im.*b_noise;
        %%%%%%%%%%%%%%%%%%%%%%%%%%%%%%%%%%%%%%%%%%%%%
        %%%%%%%%%%%%received siganl%%%%%%%%%%%%%%%%%%
        rx_sigori=s_ori+b_noise+im_noise;
        rx_sig=s_sig+b_noise+im_noise;
        demod_sig=fft(rx_sig);
        demod_sigori=fft(rx_sigori);
        for u=1:1:ftsize
            if (abs(demod_sig(u))>sqrt(32))
                temp2=real(demod_sig(u))-st*real(demod_sig(u))/abs(real(demod_sig(u)));
                temp3=imag(demod_sig(u))-st*imag(demod_sig(u))/abs(imag(demod_sig(u)));
                deph(u)=-1*(temp2+i*temp3);
            else
                deph(u)=demod_sig(u);
            end
            distance=10;
            distanceori=10;
            for n=1:mod
                temp(n)=abs(deph(u)-modulate(h,n-1));
                if (temp(n)<distance)
                    distance=temp(n);
                    re_sig(u,1)=n-1;
                end
            end
            for n=1:mod
                tempori(n)=abs(demod_sigori(u)-modulate(h,n-1));
                if (tempori(n)<distanceori)
```

```
                    distanceori=tempori(n);
                    re_sigori(u,1)=n-1;
                end
            end
        end
        not_error=length(find(re_sig==bits));
        cnt_error(kk,1)=ftsize-not_error+cnt_error(kk,1);
        not_errorori=length(find(re_sigori==bits));
        cnt_errorori(kk,1)=ftsize-not_errorori+cnt_errorori(kk,1);
        kk=kk+1;
    end
end
```

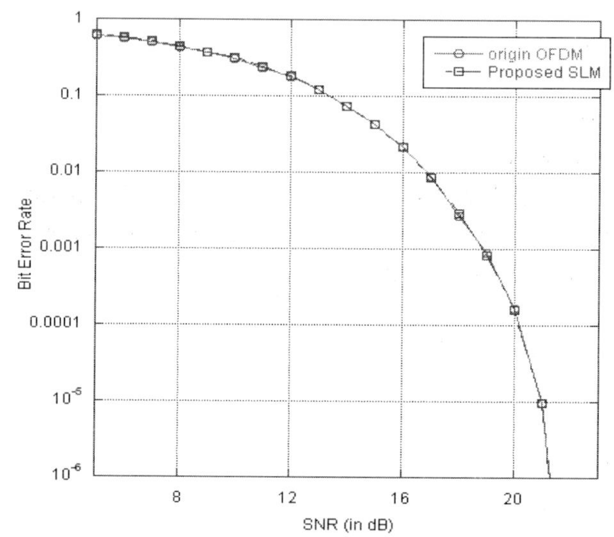

그림 6.27 SLM 기법을 사용한 PLC 시스템에서 BER 성능

OFDM변조 방식의 문제점 중의 하나인 높은 PAPR을 해결하기 위해서 확률적인 접근 방법인 SLM 기법에 대해 알아보고 부정보의 전송을 없기 위해서 스케일링 방법을 사용하고 그 PAPR 성능과 임펄스노이즈 환경에서의 BER성능을 확인하였다. BER 성능은 임펄스 노이즈 환경에서도 거의 큰 차이를 보이지 않았다.

CHAPTER 07

OFDM 핵심 기술

7.1 MIMO-OFDM 기법

다중 안테나를 사용하는 OFDM 시스템은 다이버시티 이득을 목적으로 하는 STC(Space-Time Coded)-OFDM과 같은 대역폭에서 전송률을 증가시키기 위한 BLAST-OFDM이나 SVD-OFDM과 두 방식의 결합 형태인 Multiplexed-STC-OFDM 등의 기법들이 있다. 이 중 STC-OFDM 기법에는 SFTC(Space-Rfequency Trellis Code)-OFDM, STBC(Space-Time Block Code)-OFDM, SFBC(Spac-OFDM) 등이 있다. 그림 7.3은 SFTC-OFDM의 블록도를 예로 보여준다. SFTC-OFDM 방식은 다중 안테나를 통해 부호화된 신호를 전송함으로써 공간 · 주파수 다이버시티 이득을 얻을 수 있으며, 기존의 방식에서 부가적인 대역폭의 증가 없이 부호화 이득을 얻을 수 있다. STBC-OFDM은 다중안테나 시스템에서 간단한 부호화와 단순한 선형 계산을 통한 복호를 통해 부가적인 대역폭의 증가없이 시 · 공간 다이버시티 이득을 얻을 수 있다. 시간적으로 연속된 두 OFDM 심볼간에 채널의 변화가 없을 경우 STBC-OFDM을 적용할 수 있으며 이 방식은 부반송파간 간격이 작고 유효 심볼의 길이가 짧은 무선 LAN과 같은 응용에서 유리하다. 반면, 채널의 시변 정도가 커서 연속된 OFDM 심볼 사이에 채널이 변화할 경우에는 STBC-OFDM은 적용이 어려워진다. 그러나 채널의 주파수 선택적 특성(frequency selectivity)이 크지 않고, FFT 크기가 매우 커서 인접 부채널간의 채널 주파수 응답이 거의 바뀌지 않을 경우에는 주파수영역에서 부호화를 적용하는 SFBC-OFDM을 적용할 수 있다. BLAST-OFDM 방식은 rich scattering 환경에서 송·수신단에 다중 안테나를 사용하여 각 송신 안테나마다에 신호를 전송함으로써 전송률을 향상시킬 수 있으며, 송신 신호가 채널의 동기 대역폭(coherence bandwidth)보다 작은 대역폭을 갖는 주파수 비선택적 페이딩을 가정하기 때문에 BLAST-OFDM 방식이 다중경로 환경에 쉽게 적용될 수 있다. 이러한 BLAST-OFDM 방식에서는 송신 다이버시티 기법과는 달리 수신 안테나의 수가 송신 안테나의 수보다 같거나 많아야 하고 독립적인 페이딩 채널이 형성되어야 하기 때문에 송·수신단의 거리가 비교적 작고 노트북과 같이 다중 수신안테나를 사용할 수 있는 무선 LAN(Local Area Network) 또는 무선 PAN(personal Area Network)과 같은 환경에 적합하다.

OFDM(Orthogonal Frequency Division Multiplexing)방식은 무선채널에서 속으로 데이터 전송을 하고자 할 경우 다중경로에 의해 발생하는 심각한 주파수 선택적 페이딩 채널에 쉽게 대처할 수 있는 장점이 있어 다양한 고속 무선 통신시스템의 전송방식으로 채택되었다. 이를 채택한 기술의 대표적인 경우가 이미 널리 사용되고 있는 802.11a 기술이다. 또한 고속 데이터 전송 시 요구되는 높은 링크 버짓(link budget)를 해결하기 위하여, 송·수신단에 다중 안테나를 사용함으로써 독립적인 페이딩 채널을 다수 개 형성하여 다이버시티 이득과 코딩 이득을 동시에 얻는 MIMO(Multiple-Input Multiple-Output) 방식에 대한 연구가 활발히 연구되고 있다. 특히, 다중경로 페이딩 채널에서 고속 데이터를 전송하고자 할 경우 단일반송파 방식에서는 수신단의 복잡도가 크게 증가하는 반면, 다중 안테나를 갖는 OFDM 방식인 MIMO-OFDM은 링크 버짓(link budget)을 크게 향상시키면서 수신단을 간단하게 구현할 수 있기 때문에 최근 초고속 전송 방식으로 활발히 연구되고 있다.

7.1.1 Clustered-OFDM

Clustered-OFDM은 MIMO 구조를 이용하여 PAR (Peak-to-Average power Ratio)를 감소시키기 위한 목적으로 제안되었다. 일반적으로 OFDM 방식에서는 N에 비례하여 PAR가 증가하며, 높은 PAR를 갖는 OFDM 신호를 전송하기 위해서는 송신단의 HPA(High Power Amplifier)가 동작점 주위에서 넓은 선형구간을 필요로 하기 때문에 비용 상승의 원인이 된다. Clustered-OFDM은 N개의 부반송파를 여러 개의 송신 안테나를 통해 분할하여 전송함으로써 PAR를 감소시키는 방식이다.

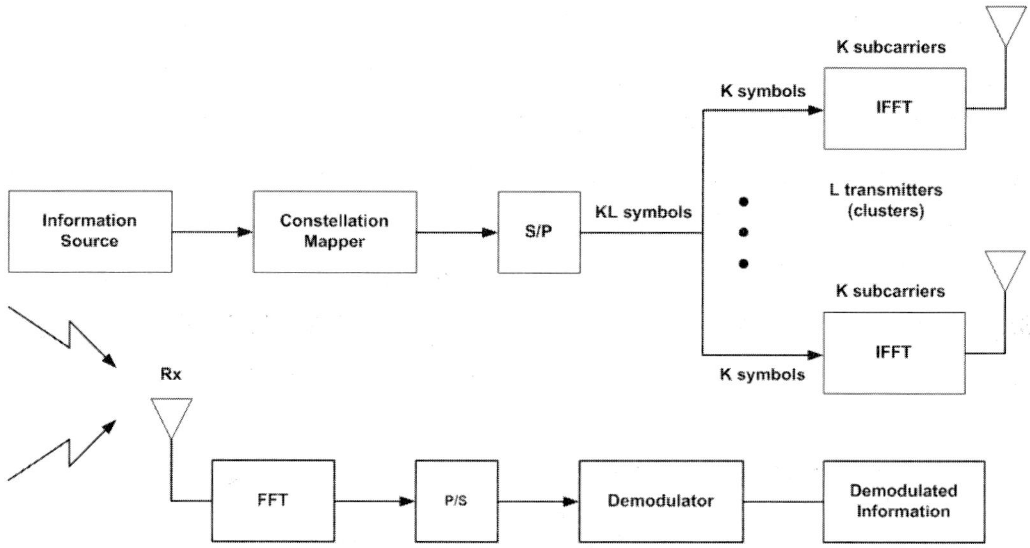

그림 7.1 Clustered-OFDM 방식의 블럭도

그림 7.1은 Clustered-OFDM방식의 블록도를 보여준다. Clustered-OFDM에서는 OFDM 부반송파들을 작은 블록으로 분할하여 L개의 클러스터(cluster)로 나누고, 각 클러스터를 서로 독립된 L개의 송신안테나를 통해 전송한다. 전체 부반송파에 실리는 KL개의 심볼은 각 K개씩의 소그룹으로 분리되어 L개의 안테나에 각각 할당되어 전송된다. Clustered-OFDM은 각 송신안테나로 전송되는 부반송파의 수가 1/L로 감소하므로 PAR의 크기가 송신 안테나의 수 L에 비례하여 감소하게 된다. 또한, Clustered-OFDM은 Reed-Solomon 부호나 길쌈 부호 등의 채널코딩이 연속된 부반송파에 걸쳐 사용되었을 경우 각각의 송신 안테나를 통해 전송된 각 클러스터가 독립적인 페이딩을 겪게 되어 주파수 다이버시티 효과를 얻고, 부호화 이득의 폭을 증가 시킬 수 있다.

7.1.2 SFTC-OFDM

STTC(Space-Time Trellis Code)는 98년 Tarokh, Seshadri, Calderbank에 의해 제안된 페이딩 채널하의 다중안테나 시스템을 위한 다이버시티 및 부호화 방식이다. STTC는 다중 안테나를 통해 부호화된 신호를 전송함으로써 시·공간 다이버시티 이득을 얻을 수 있으며, 기존의 방식에서 부가적인 대역폭의 증가 없이 부호화 이득을 얻을 수 있다.

그림 7.2는 4state/QPSK의 STTC의 한 예를 보여준다. 송신단의 STTC 부호화 과정은 다음과 같이 이루어진다. 정보비트가 입력되면 주어진 트렐리스도에 따라 다이버시티 이득과 부

호화 이득이 최대가 되도록 성상도에 따라 각각의 다중안테나에 심볼이 할당되며, 할당된 심볼은 각각의 안테나를 통해 동시에 전송된다. 그림 7.2에서 두 자리 숫자는 2개의 송신안테나를 위한 각각의 QPSK 심볼의 값들을 의미한다. 각 송신안테나를 통해 전송된 심볼들은 각각 독립적인 페이딩을 겪게 되며 이를 통해 다이버시티 이득을 얻을 수 있다. 즉, 각 L · M개의 송 · 수신안테나를 가진 시스템의 경우 LM의 다이버시티 이득을 얻을 수 있다. 수신단에서의 복호화 과정은 비터비 복호기를 통해 이루어지며 MLSE(Maximum Likelihood Sequence Estimation)을 수행하여 본래의 정보 비트를 추정해낸다. STTC를 OFDM 방식에 적용할 경우에 주파수 영역에서 부호화 과정을 수행하게 되므로 SFTC-OFDM이 된다.

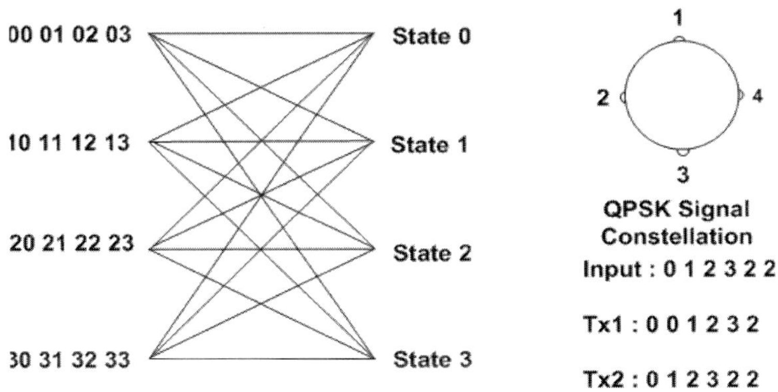

그림 7.2 4state/QPSK의 STTC

그림 7.3은 SFTC-OFDM 방식의 블럭도를 보여준다. 심볼 단위로 부호화되는 SFTC-OFDM 시스템의 부호기는 0 상태(state)로 초기화된 후 부호화가 시작되며, 마지막 정보비트가 부호화된 후 부호기는 다시 0 상태가 된다. 이를 위해서 총 s 상태를 가지는 부호기에 입력되는 심볼 당 정보비트는 마지막에 S/2개의 0 비트가 추가로 필요하므로 심볼 당 전송되는 비트는 S/2개의 잉여비트를 가지게 된다. 부호화된 일련의 심볼들은 OFDM 부반송파에 차례로 실리고 각 송신기의 IFFT단을 거쳐 OFDM 변조된 후 최종적으로 RF단으로 출력된다. SFTC-OFDM 시스템의 복호화 역시 비터비 복호기를 사용하여 이루어진다. 비터비 복호기는 주파수 영역에서 0 상태로 초기화된 후 트렐리스상에서 분리되었다가 다시 합쳐질 때까지의 최소 거리를 갖는 경로를 찾아낸다. 수신단에서 채널정보를 알고 있다고 가정했을 경우 비터비 복호를 위한 Branch Metric 값은 수신된 심볼과 임의의 전송신호 사이의 거리를 이용하여 구한다. SFTC OFDM방식에서 부호화 과정은 일반적인 컨볼루션 부호와 같은 정도의 복잡도로 이루어지며, 수신단에서는 비터비 복호기의 사용으로 큰 복잡도를 갖는 반면

부가적인 대역폭의 사용 없이 다이버시티 이득과 부호화이득을 함께 얻을 수 있다. 이 방식은 STTC와 마찬가지로 설계기준에 따라서 성상도의 크기와 다이버시티 이득, 트렐리스의 복잡도 및 전송률 사이의 trade-off를 가진다.

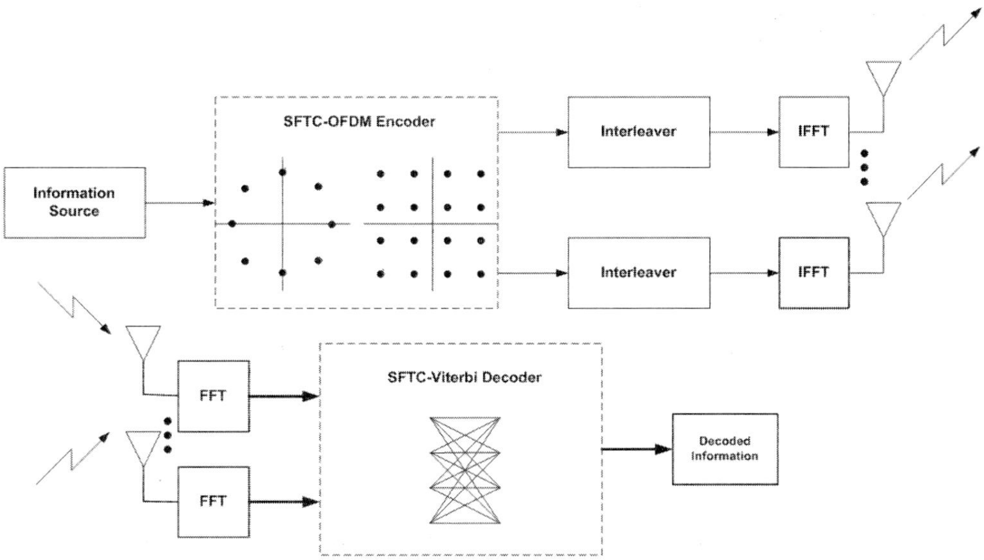

그림 7.3 SFTC-OFDM 방식의 블럭도

7.1.3 STBC-OFDM

STBC는 최초에 Alamouti에 의해 제안되었다. 2개의 송신 안테나를 사용한 Alamouti의 처음 제안은 이후 Taroakh의 직교 설계조건에 따라 임의의 송신 안테나 개수로 확장 가능한 여러가지 부호화율의 STBC로 발전되었다. STBC는 다중안테나 시스템에서 간단한 부호화를 통해 부가적인 대역폭의 증가없이 시·공간 다이버시티 이득을 얻을 수 있다. TTC가 송신단에서는 쉬프트 레지스터를 통한 트렐리스 부호화를 수행하고 수신단에서 비터비 복호기를 사용한 MLSE 복호로 높은 복잡도를 가지는 반면, STBC의 부호화와 복호과정은 단순한 선형계산으로 간단하게 이루어진다. 시간적으로 연속된 두 OFDM 심볼 간에 채널의 변화가 없다고 가정하면 STBC을 OFDM 방식에 적용할 수 있다.

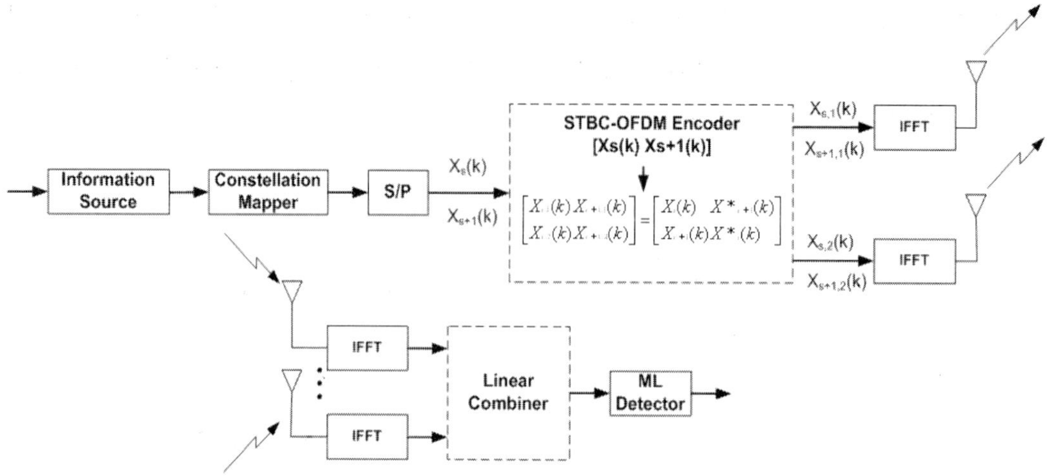

그림 7.4 2개의 송신안테나를 사용한 경우의 STBC-OFDM 방식의 블럭도

7.1.4 SFBC-OFDM

채널의 시변 정도가 커서 연속된 OFDM 심볼 사이에 채널이 변화할 경우에는 STBC-OFDM은 적용이 어려워진다. 그러나 채널의 주파수 선택적 특성(frequency selectivity)이 크지 않고, FFT 크기가 매우 커서 인접 부채널간의 채널 주파수 응답이 거의 바뀌지 않을 경우에는 인접 부채널의 심볼 사이에 부호화를 적용할 수 있다. 이러한 경우에는 부호화가 주파수영역에서 이루어지므로 SFBC-OFDM이 된다.

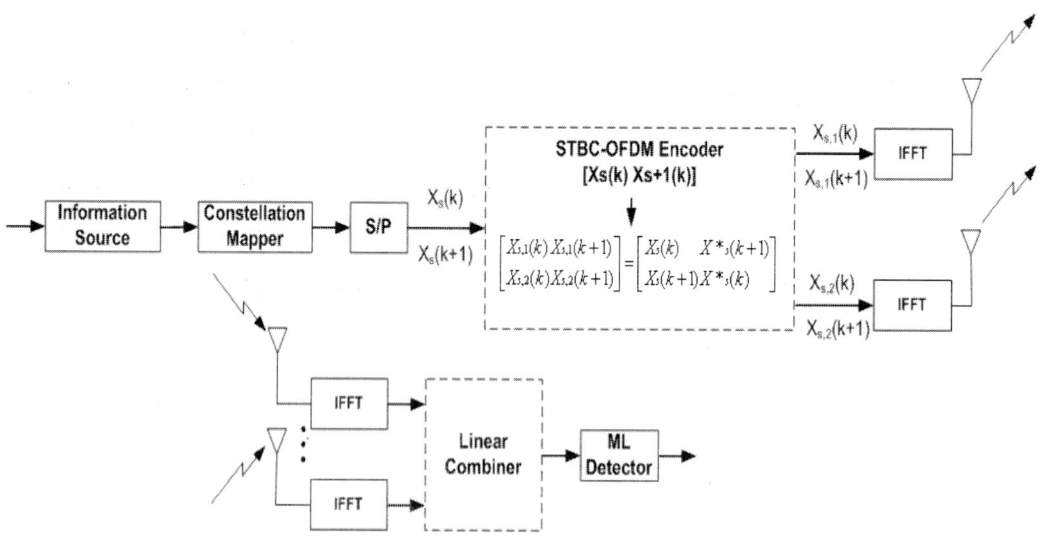

그림 7.5 2개의 송신안테나를 사용한 경우의 SFBC-OFDM 방식의 블럭도

7.2 Smart Antenna-OFDM

셀룰라 환경에서는 일반적으로 기지국 안테나간의 상관특성이 크기 때문에 이를 이용하여 스마트 안테나 기술을 적용할 수 있다. Adaptive array antennas는 사용자의 환경 변화에 따라 원하는 신호를 최대화하고 간섭신호를 최소화하도록 원하는 신호의 방향으로 빔을 형성하고, 간섭신호의 방향으로 null 빔을 형성할 수 있다. 이에 따라 적용범위, SNR, 셀 허용용량 등이 증가하며, 이로 인하여 전력 소비 감소, 셀간 간섭의 회피, 다중신호 제거로 인한 OFDM에서 signal overhead 감소 등의 효과를 얻을 수 있다. OFDM 시스템에서의 적응 안테나는 단일반송파 시스템과 비교하여 공간, 시간, 주파수 영역에서의 동작이 가능한 장점을 가지고 있다. 공간상에서는 DoA(Direction of an Arrival) 기반 beamformer, 시간영역에서는 TDL(Tapped-Delay-Line) 상의 필터링, 주파수영역에서는 각 반송파에서의 빔 형성을 할 수 있다. SA-OFDM 시스템에서는 적응 필터링을 수행하는 Pre-DFT 전단인 시간영역에서 적을 필터링을 수행하는 Pre-DFT DBF(Digital Beamforming)와 DFT 후 주파수 영역에서 각 부반송파별로 적응 필터링을 수행하는 Post-DFT DBF 형태의 OFDM 기법을 고려할 수 있다. 이러한 방식으로 구해진 빔 형성 계수값은 TDD 시스템에서는 프레임내의 채널 변화가 없다면 상향링크와 하향링크에서 최적이라고 볼 수 있으나 사용자가 고속으로 움직이는 경우를 포함한 일반적인 상황에서는 채널 변화에 대한 고려가 필요하다. 또한 FDD 시스템에서는 사용대역에 따라 다른 채널 응답을 가지기 때문에 링크별로 최적의 계수값을 구해야 하며, 하향링크에서 계수값을 추정하기 위해서는 안테나별 signaling과 feedback 채널이 필요하게 되는 오버헤드를 가진다.

7.3 하향/상향링크 동기화 기법

기본적으로 OFDM 시스템은 동기에 상당히 민감하기 때문에 OFDM 기반의 셀룰라 시스템도 높은 정확도의 동기 성능이 요구된다. 그림 4는 셀룰라 시스템에서의 기지국과 이동국간의 동기화 구조를 보여준다. 셀룰러 시스템의 상향링크에서는 초기 동기를 위해 단말기가 기지국의 신호를 수신하여 시간 동기와 주파수 동기화 및 셀 탐색을 수행해야 한다. 또한, 초기 동기 획득 이후에는 시간과 주파수 옵셋을 추적(tracking)해야 하며, 핸드오버를 위해 인접 셀의 시간, 주파수 동기와 셀 탐색을 수행해야 한다. OFDMA 시스템의 상향링크 동기화 기법은 다수의 이동국과 하나의 기지국 사이에 정확한 동기가 이루어져야 하기 때문에 하향링크와 달리 동기화 과정이 복잡하다. 기본적으로 상향링크 동기화 절차는 기지국이 동기 정보를 추정하여 이동국에 전송하는 폐 루프(closed-loop) 방식으로 수행된다. 최초로 셀에 진입한 이동국은 하향링크 동기화 과정을 수행한 수 자신이 속한 셀의 기지국에 관한 전반적인 정보를 획득하고 이 정보를 토대로 기지국과 연결을 시도한다. 이러한 초기 연결 과정은 RA(Random Access) 과정에서 수행되며, 이외에 기지국과의 초기 연결, 재연결이 필요할 경우 그리고 핸드오버가 필요한 경우에도 RA 과정이 수행된다. RA 과정은 RA를 시도하는 이동국이 RA용 심볼을 전송함으로써 시작된다. RA 과정에서 초기 동기를 획득하여 기지국과 연결을 성공한 이후에도 채널 및 주파수 등이 시간에 따라 변할 수 있기 때문에 이를 추정할 수 있는 신호가 주기적으로 전송되어야 한다. 이러한 과정을 통하여 획득된 동기 정보 및 전력제어 정보는 하향링크 채널을 통하여 각 이동국에 전송되며, 각 이동국은 보상정보에 따라 시간 및 주파수를 보상한다.

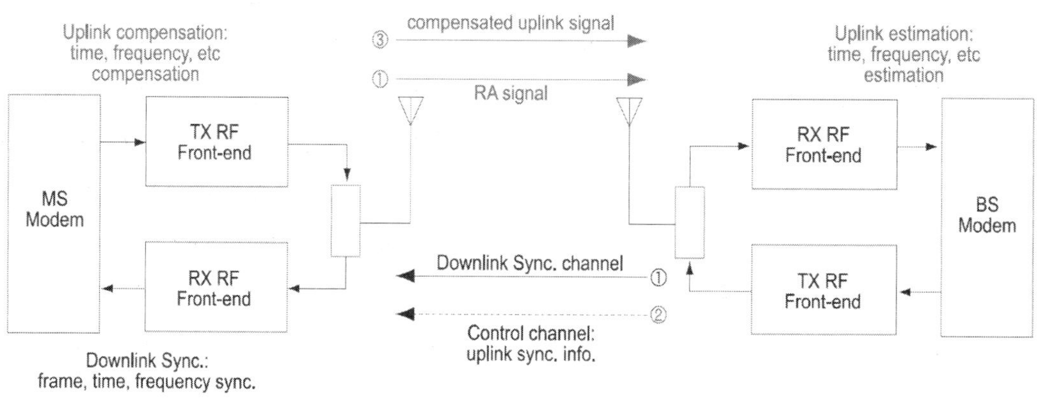

그림 7.6 OFDM 셀룰라 시스템의 동기화 구조

7.4 링크 적응(Link Adaptation)

시간에 따라 변하는 채널과 전송환경에 적응적으로 변조방식과 코딩율을 변화하여 전송률과 주파수 효율을 증가시킬 수 있는 기술이 최근 활발히 연구되고 있다. 현재까지의 셀룰러 통신시스템에서 적용되는 LA기법은 주로 시변하는 무선 채널의 시간적 변화를 추적하여 적응적으로 변조와 코딩율을 적용하는 시간적인 측면에서 이루어졌다. 이러한 LA은 공간으로 확장 할 경우 MIMO 시스템에, 주파수로 확장할 경우 OFDM 시스템에 적용할 수 있다. 차세대 통신시스템에서는 고속의 데이터 전송을 위하여 일반적으로 광대역을 사용하기 때문에 채널의 주파수 선택성이 더욱 커지게 되며 이 경우 현재와 같이 모든 부반송파에 동일한 변조방식을 적용할 경우 매우 비효율적이 된다. 이에 OFDM 방식에서는 채널상황을 알 수 있다면 주어진 채널에 최적화된 적응 변조기법을 적용하여 고속의 전송률을 얻을 수 있다. 또한 다수 사용자를 위한 OFDMA 방식에서 기지국이 모든 사용자에 대한 채널 이득을 알 수 있을 경우, 각 사용자의 주파수 선택적 채널 상황에 따라 적응 부반송파 할당과 적응 변조방식을 적용하여 채널의 용량을 최적화할 수 있다. 그림 7.7은 OFDMA 하향링크에서 다수 사용자를 위한 적응 OFDM 시스템의 블록도를 나타낸다. 그러나 이와 같이 각 사용자별로 좋은 부반송파를 할당하고 각 부반송파마다 최적의 변조방식을 결정하기 위해서는 송신단에서 하향링크에 대한 채널 상황을 정확히 알고 있어야 하므로 많은 signaling 오버헤드와 계산량이 요구된다. 또한 실제적인 궤환 경로에 의한 지연이 발생하고 궤환 채널 역시 신뢰 할 수 없기 때문에 현재는 이동성이 없는 응용분야에 주로 고려되고 있다.

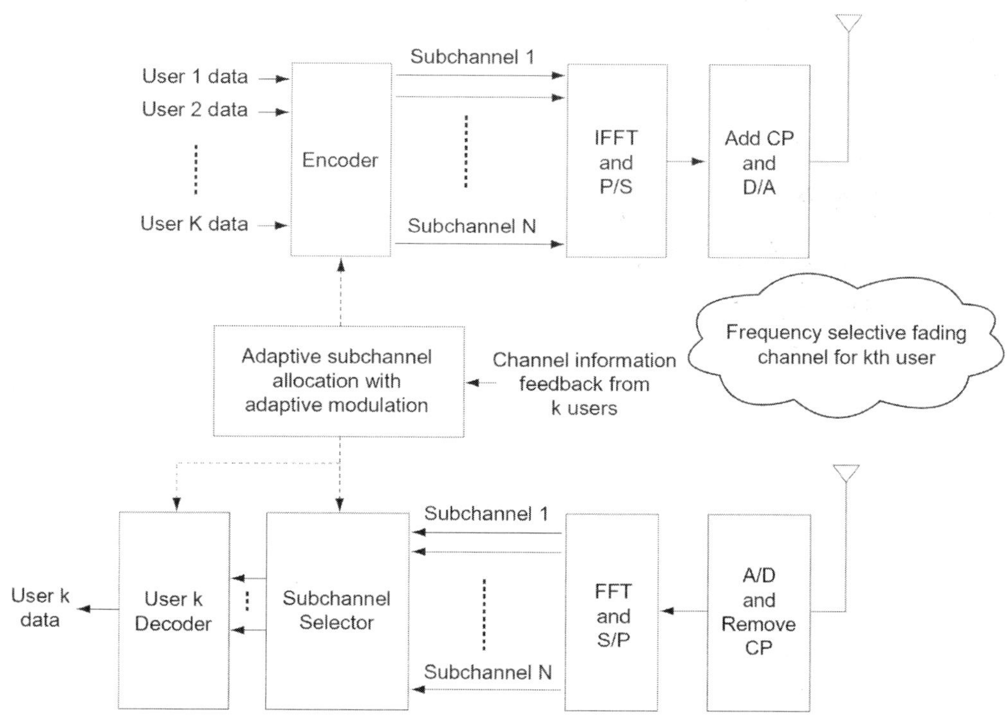

그림 7.7 다수 사용자를 위한 적응 OFDM 시스템의 블록도

7.5 고속 시변 채널의 추정 및 등화 기법

4G 셀룰러 시스템은 최대 250km/h의 속도에서 약 2Mbps의 전송속도를 요구하고 있다. 이와 같은 고속의 이동환경에서 OFDMA 시스템의 성능열화를 방지하기 위해서는 강건한 채널 추정이 요구된다. 특히, 고속의 이동환경에서는 한 OFDM 심볼 내에서도 채널이 변화하게 되어 부채널간 간섭을 발생시키기 때문에 기존의 등화 방식으론 성능이 열화되어 이에 대한 연구가 진행 중이다.

〈MATLAB 프로그램〉

7.6.1 STBC-OFDM

```
clear
N = 10^6; % 비트 또느 심볼 수
Eb_N0_dB = [0:25];

for ii = 1:length(Eb_N0_dB)

% 송신부
ip = rand(1,N)>0.5; % 랜덤 비트 생성
s = 2*ip-1; % BPSK 변조 0 -> -1; 1 -> 0

% Alamouti STBC
sCode = zeros(2,N);
sCode(:,1:2:end) = (1/sqrt(2))*reshape(s,2,N/2);
sCode(:,2:2:end) = (1/sqrt(2))*(kron(ones(1,N/2),[-1;1]).*flipud(reshape(conj(s),2,N/2))); %

h = 1/sqrt(2)*[randn(1,N) + j*randn(1,N)]; % Rayleigh channel
hMod = kron(reshape(h,2,N/2),ones(1,2));

n = 1/sqrt(2)*[randn(1,N) + j*randn(1,N)]; % white gaussian noise, 0dB variance

% 채널과 노이즈 추가
y = sum(hMod.*sCode,1) + 10^(-Eb_N0_dB(ii)/20)*n;
```

```
% 수신부
yMod = kron(reshape(y,2,N/2),ones(1,2));
yMod(2,:) = conj(yMod(2,:));

hEq = zeros(2,N);
hEq(:,[1:2:end]) = reshape(h,2,N/2);
hEq(:,[2:2:end]) = kron(ones(1,N/2),[1;-1]).*flipud(reshape(h,2,N/2));
hEq(1,:) = conj(hEq(1,:));
hEqPower = sum(hEq.*conj(hEq),1);

yHat = sum(hEq.*yMod,1)./hEqPower;
yHat(2:2:end) = conj(yHat(2:2:end));

ipHat = real(yHat)>0;

nErr(ii) = size(find([ip- ipHat]),2);

end

simBer = nErr/N;
EbN0Lin = 10.^(Eb_N0_dB/10);
theoryBer_nRx1 = 0.5.*(1-1*(1+1./EbN0Lin).^(-0.5));

p = 1/2 - 1/2*(1+1./EbN0Lin).^(-1/2);
theoryBerMRC_nRx2 = p.^2.*(1+2*(1-p));

pAlamouti = 1/2 - 1/2*(1+2./EbN0Lin).^(-1/2);
theoryBerAlamouti_nTx2_nRx1 = pAlamouti.^2.*(1+2*(1-pAlamouti));

close all
figure
semilogy(Eb_N0_dB,theoryBer_nRx1,'bp-','LineWidth',2);
hold on
semilogy(Eb_N0_dB,theoryBerMRC_nRx2,'kd-','LineWidth',2);
semilogy(Eb_N0_dB,theoryBerAlamouti_nTx2_nRx1,'c+-','LineWidth',2);
semilogy(Eb_N0_dB,simBer,'mo-','LineWidth',2);
axis([0 25 10^-5 0.5])
grid on
```

```
legend('theory (nTx=1,nRx=1)', 'theory (nTx=1,nRx=2, MRC)', 'theory (nTx=2, nRx=1, Alamouti)',
'sim (nTx=2, nRx=1, Alamouti)');
xlabel('Eb/No, dB');
ylabel('Bit Error Rate');
title('BER for BPSK modulation with Alamouti STBC (Rayleigh channel)');
```

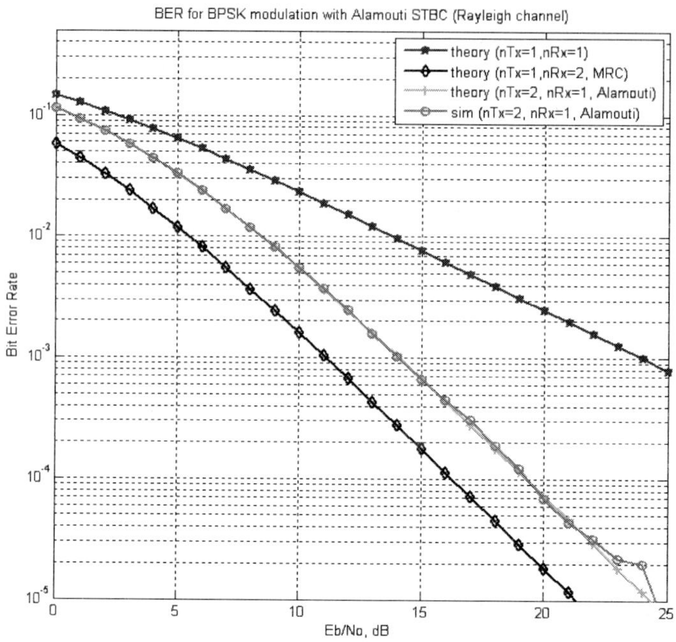

그림 7.8 Rayleigh 채널에서 STBC 시스템의 BER 성능

CHAPTER 08

OFDM의 발전 방향

4세대 무선 통신 시스템에서 여러 서비스를 제공하기 위해서 가장 기본적으로 연구되어야 할 것을 대용량 전송 방법에 대한 연구이다. 현재 3세대 무선 통신 시스템에서 사용하고 있는 CDMA 전송방식으로는 대용량의 무선 데이터를 처리하기가 힘들기 때문에, 4세대 무선 통신에서의 전송 방식으로는 OFDM 전송 방식이 많은 각광을 받고 있다.

OFDM 전송방식의 기본 개념은 직렬로 입력되는 데이터열을 N개의 병렬 데이터열로 변환하여 각각 분리된 부반송파에 실어 전송함으로써 데이터율을 높이는 것이다. 이때 부반송파는 직교성을 유지할 수 있도록 적절히 선택되어야 한다. 이러한 직교성으로 인하여 각 부반송파는 스펙트럼상에서 중첩이 허용된다. 또한 수신기에서는 간단한 신호처리 기법으로 부반송파를 분리해 낼 수 있다. 이로 인하여 하나의 반송파를 사용하여 데이터를 순차적으로 전송하는 경우보다 전송되는 심볼의 간격이 길어져 채널의 지연시간 영향과 임펄스 잡음의 영향을 덜 받게 된다. 또한 연속된 심볼간의 간섭을 줄일 수 있어 다중 경로 채널에 대해 강하며 채널 등화의 복잡도를 줄일 수 있고 일반적인 주파수 분할방식에 비하여 스펙트럼의 효율을 높일 수 있다.

이런 이유로 OFDM 방식은 다른 전송 방식에 비해 광대역 전송에서 유리한 면을 가지며,

방송분야에서는 유럽의 디지털 오디오 방송(DAB) 및 텔레비젼 방송(DVB)의 변조방식으로 이미 채택되었으며, 5GHz 대역 무선랜 분야에서도 규격안(IEEE 802.11a, Hiper-LAN II)으로 채택되었다. 또한 광대역 무선 접속 시스템(IEEE 802.16 BWA)에서도 OFDM 방식이 채택되어 사용된다.

위에서 살펴본 바와 같이 OFDM 전송 방식은 광대역 전송에 유리하기 때문에, 차세대 광대역 시스템에 많이 사용되고 있다. 하지만, 4세대 무선 통신에서 제공하는 모든 서비스들을 OFDM 전송 방식을 이용하여 제공하기에는 아직 무리가 있다.

이런 이유로 OFDM 전송 방식의 장점은 그래도 살리면서 4세대 무선 통신에서 요구하는 시스템 성능을 얻기 위한 여러 연구가 이루어지고 있다.

8.1 High-speed Transmission

현재 CDMA를 기반으로 한 3G 시스템은 실내 채널 환경에서 최대 2Mbps, 이동 환경에서 최대 144kbps의 전송 속도를 지원한다. 그리고, 일본(MMAC), 유럽(Hiperlan2), 그리고 미국(IEEE 802.11a)에서 개발되고 있는 5GHz 밴드의 무선 LAN과 무선 광대역 접속 시스템은 대략 50Mbps의 전송 속도를 갖는다. 그러나 이런 전송 속도는 고품질의 멀티미디어의 전송에는 부족함이 있을 수 있다. 따라서, 4세대 시스템에서 목표로 하는 전송 속도는 준정적인 채널 환경에서 최대 1Gbps 이며, 이동 환경에서는 적어도 평균 20Mbps를 만족시켜야 할 것이다.

이런 전송 속도를 얻기 위해서는 우선 전송 대역폭을 증가시켜야 한다. 이런 이유로 4세대 무선 통신 시스템은 광대역 전송 시스템이 될 것이다. 광대역전송이 이루어질 경우, 전송 신호는 주파수 선택적 페이딩을 겪게 되며, 이는 고속 전송을 방해하는 요인 중 하나이다. 이런 주파수 선택적 페이딩을 극복하기 위해 여러 가지 기법이 제안되고 있는 데, 그 중에서 가장 대표적인 방법은 등화기를 사용하는 것이다. 하지만 광대역 전송의 경우 등화기가 너무 복잡하여 사용하기 어려운 단점이 있다. 그러나 OFDM 전송의 경우는 각 부반송파가 주파수 비선택적 페이딩을 겪게 되어, 간단한 등화기로 채널의 효과를 없앨 수 있다. 이런 이유로 4세대 무선 통신 시스템에서는 OFDM 전송 방식이 다른 전송 방법에 비해 더 유리하다.

4세대 무선 시스템에서 목표로 하는 전송 속도를 만족시키는 것은 단순히 전송 대역폭을 증가시키는 것만으로는 부족하다. 주어진 대역폭에서 전송 속도를 증가시키기 위한 방법으로는 여러 가지 방법이 있겠지만, 현재까지는 다중 안테나를 사용하는 기법이 가장 효과적인 것으로 알려져 있다. 그런데 다중 안테나를 사용하여 전송률을 증가시키는 MIMO Multiplexing 기법은 광대역 전송에는 적용하기 어려운 점을 가지고 있다. 그러나 OFDM의 특징을 이용하면 MIMO Multiplexing 기법을 광대역 전송에도 적용 시킬 수가 있다. 이런 이유로 MIMO Multiplexing과 OFDM을 결합시키는 방법에 대한 연구가 현재 활발하게 이루어지고 있으며, 새로운 방법이 제안되고 있다. 이와 함께, OFDM을 MIMO Multiplexing 기법에 적용시키기 위해 반드시 선행되어야 하는, OFDM 동기 방법과 채널 추정에 대한 연구도 함께 이루어지고 있다.

무선 통신 시스템에서는 순간적인 전송률도 중요하지만, 전체 시스템의 throughput을 증가시키는 것도 중요한 사항 중의 하나이다. 전체 시스템의 throughput을 증가시키는 가장 적합한 방법으로 제시되고 있는 것이 AMC(Adaptive Modulation and Coding)이며, 이는 전송 환경에 맞추어 변조 기법과 코딩 기법을 바꾸어주는 것이다. 4세대 무선 통신 시스템에서 전체 시스템의 throughput을 증가시키기 위해 AMC를 사용하는 것은 당연한 일이며, OFDM은 AMC를 적용하기에 적합한 시스템이다. OFDM의 경우는 각 부 반송파별로 다른 신호를 전송함으로, 각 부반송파의 채널 상태에 맞추어 변조 및 코딩 기법을 변화시켜주면 최적의 전송이 가능하게 된다. 실제로 유선에서 OFDM기법을 사용하는 xDSL 시스템의 경우, 전송 채널 환경에 맞추어서 AMC를 수행하고 있다. 그러나, 무선 통신의 경우 채널이 변화하고 채널의 정보를 전송단으로 전송하는 것에 문제가 있음으로, 이에 대한 연구가 이루어지고 있다.

8.2 High capacity and QoS resource control

3G 시스템에서 사용하고 있는 CDMA 방식은 음성을 처리하기 위한 다중 사용자 접속 방식으로는 최적의 방식이라고 할 수 있다. 하지만 IP를 이용한 데이터를 처리하기에는 약간 부족한 방식이라고 할 수 있다. 무선 시스템에서는 한정된 전파 자원(주파수 대역, 전송 신호 세기)을 사용하기 때문에, 데이터의 congestion에 민감하다. 따라서, 서비스 품질을 유지하며 다양한 서비스 종류와 application을 지원하기 위해서 무선 QoS(Quality of Service) 자원 조절이 필요하다. 하지만 기존의 CDMA 방식의 다중 사용자 접속 방식으로는 이런 다양한 QoS를 만족하기가 어렵다.

다양한 QoS를 만족시키기 위한 다중 사용자 접속 방식 중의 하나로 요즘 많은 각광을 받고 있는 것이 OFDM을 기반으로 한 OFDMA이다. OFDMA는 사용자에게 주파수 및 시간을 분할하여 할당하는 다중 사용자 접속 방식이다. OFDMA의 장점은 주파수 및 시간을 사용자의 요구에 맞추어 다양하게 제공할 수 있다는 것이다. 이런 이유로 OFDMA 방식은 다양한 QoS를 제공할 수 있다.

8.3 Mobility

4세대 무선 통신 시스템에서 제공하는 중요한 서비스 중 하나는 3G, 4세대, 무선 LAN 등의 네트워크 사이의 끊김 없는 연결을 가능하게 해 주는 것이다.

결과적으로 사용자들은 현재 상황(장소, 시간, 요금 등)에 가장 적합한 네트워크를 선택하여 사용할 수 있게 제공하여 주는 것이다. 이런 서비스가 가능하기 위해서는 단말기의 이동성을 제공할 수 있도록 하여 주어야 할 것이다. 이런 이동성을 제공하기 위해서는 우선 네트워크와 네트워크 사이의 상호 핸드오프가 가능해야 할 것이다. 이와 함께 이동함에 따라서 더 빠르게 변화하는 채널 환경의 변화를 극복할 수 있는 방법이 필요하게 된다. 특히 이동성을 추구하는 부분은 현재 상용화되어 있는 OFDM 시스템에서는 아직 실현되지 못한 부분으로써, 많은 연구가 필요할 것으로 예상된다.

8.4 기타연구분야

4세대 무선 통신 시스템에서 OFDM을 사용하기 위한 다른 연구분야로는 스마트 안테나 시스템이 있다. 스마트 안테나는 수신기에서 간섭 신호를 제거하고 송신기에서 특정 사용자에게 전력을 집중 시켜 간섭을 제거하는 시스템으로 3세대 이후의 시스템에서 그 활용 용도가 넓어지고 있다. 특히, ISM 대역에서 사용할 경우 제한된 전력으로 원하는 성능을 얻기 위해 그 중요성이 커지고 있다. 이 외에도 다양한 시스템에서의 표준 채널 모델링 및 효율적인 구현 방식을 위한 여러 가지 연구가 추가적으로 요구된다.

최근 국내외적으로 4세대 이동 통신에 대한 관심이 높아지면서, 4세대 시스템의 요구사항을 만족시키는 시스템에 대한 연구가 세계 유수의 기관에서 진행되고 있다. 특히, OFDM 방식이 높은 전송 효율과 간단한 채널 등화 방식을 지원하는 등의 4세대 이동 통신 시스템에 적용하기에 적합한 방식으로 알려지면서 관심이 높아지고 있다. 본 글에서는 OFDM 방식의 기본 원리를 살펴보고 4세대 이동 통신 시스템에 OFDM 방식을 적용하기 위한 필요한 여러 기술들을 살펴보았다.

이상과 같이 살펴 본 OFDM 방식은 높은 전송 효율, 유연한 자원 할당 능력 및 간단한 채널 등화 구조 등 다양한 장점으로 인해 4세대 통신 시스템에 적용하는데 매우 유리한 시스템으로 보인다. 앞서 살펴 본 OFDM 방식의 장점을 살리면서 효율적으로 4세대 이동 통신 시스템에 적용하기 위해서는 현재 그 연구가 취약한 OFDMA 방식과 이동성 추구에 대한 활발한 연구가 필요할 것으로 보인다. 결론적으로 차세대 시스템에서의 국가 경쟁력 강화를 위해 기존의 CDMA 시스템과 함께 OFDM 시스템에 대한 정부 주도하에 산학연이 협동하는 국가 차원의 연구가 진행되어야 할 것으로 보인다.

8.4.1 4세대 통신 시스템에서의 OFDM 방식의 응용

앞에서 살펴본 다양한 장점들로 인해 OFDM 방식은 BWA 및 무선 사설망과 같은 고정 통신 시스템은 물론이고 이동 통신 시스템에 응용되어 4세대 시스템의 중요한 변조 방식으로 자리 잡을 것으로 기대된다. 본 절에서는 시스템들의 현황을 살펴보고 전망을 진단해 본다.

8.4.1.1 OFDM 이동 통신 시스템

이동 OFDM 시스템 설계의 가장 중요한 요소는 셀 설계 기술과 다중 접속 기술이며, ODFM 방식의 경우 다중 사용자를 단일 주파수 네트워크로 이요하기 위해서는 시간과 주파수 영역에서 사용자를 분리하는 OFDMA 다중 접속 방식을 사용하는 것이 효율적이다. 일반적으로 OFDMA 방식은 상향링크에 적용이 힘들어 이동 통신 시스템에 적용하지 힘들었으나, 최근 OFDMA 방식의 하향 링크에서 높은 전송률을 지원하는 시스템에 관심이 집중되면서 상향 링크에 다른 방식을 사용하는 구조들이 제안되고 있다.

최근 IMT-2000의 확장 개념으로 볼 수 있는 이동 통신 기술에 관한 표준화 작업이 활발히 진행되고 있으며, 이 표준안에는 추가 대역에 손방향 고속패킷 전송을 위한 시스템을 고려하고 있어, 기존의 시스템과 다른 시스템을 사용하는 것이 가능할 것으로 보인다. 특히, 3GPP에서는 HSDPA(High Speed Downlink Packet Access)의 stand alone DSCH(Downlink Shared Channel)에 QPSK 변조를 사용한 OFDM 방식을 사용하여 5MHz 대역에서 최대 7.2Mbps의 전송률을 지원하는 방식이 제안되었다. 기존의 WCDMA 방식을 사용하는 경우 5MHz 대역에서 최대 2Mbps의 전송률을 지원하는 것에 비해 제안된 OFDM 시스템은 전송 용량 측면에서 매우 큰 이득을 얻을 수 있어 관심이 모아지고 있다. 특히 이 시스템에 QPSK 외에 8PSK나 16QAM을 적용할 경우 최대 10.8~14.4Mbps까지 전송용량을 증가시킬 수 있다.

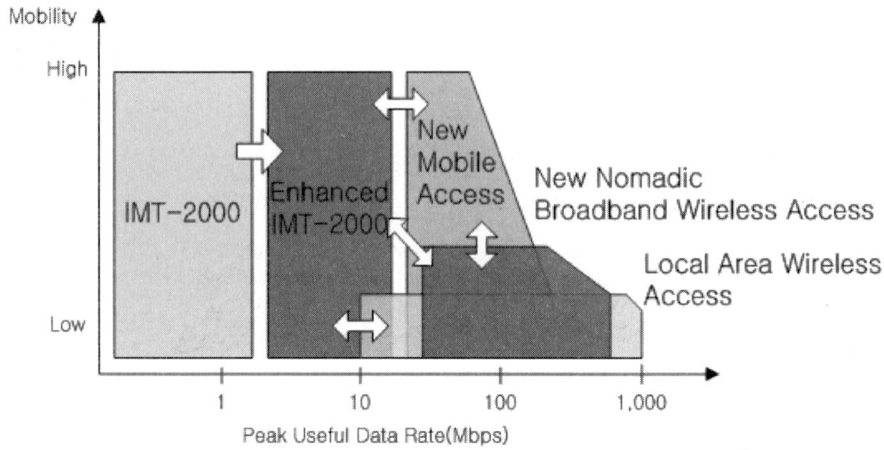

그림 8.1 4세대 이동통신 무선 전송 개념

또 다른 응용 분야로 최근 DVB 연구 그룹에서 제시하고 있는 시나리오를 들 수 있는데 DVB-T 방식은 7.61MHz의 대역폭을 통해 최대 31Mbps까지의 전송률을 지원하고 있으며, Interactive mode의 경우 초고속 인터넷 서비스를 지원할 수 있다. 특히, DVB와 같은 방송 시스템은 일반적인 셀룰러 시스템에 비해 매우 넓은 지역을 서비스 할 수 있으므로 고속 이동체에서도 고속의 데이터 서비스를 받을 수 잇는 장점이 잇따. 이러한 연구 흐름 중 특히 GSM 시스템과의 연동을 통해 DVB-T 단말기에 GSM 수신 기능을 첨가한 단말기를 이용하여 순방향에서 고속 데이터 서비스를 지원하는 시스템에 대한 연구가 진행되고 있으며, 이러한 연동은 WLAN(특히 802.11b) 등과 연동하여 더욱 더 유연한 서비스의 지원을 가능하게 할 것으로 보인다

미국에서는 AT&T을 중심으로 OFDM 방식의 4세대 통신 방식에 대한 연구가 활발히 진행되고 있다. AT&T에서는 상향 링크 EDGE(Enhanced Data Rate for GSM Evolution)기술과 하향 링크 OFDM을 접목한 방식을 제안하여 4G Access 라고 명명하고 연구를 진행중이다. 일반적으로 4G에서는 순방향의 전송률이 강조되는 시스템으로 정의하고, 800kHz의 대역을 통해 고속 이동 중 최대 384kbps, 고정 접속 시 최대 10Mbps의 전송속도를 지원하는 것을

목적으로 하고 있다. 이러한 기술은 DSP 기술의 발전을 기반으로 한 SDR(Software Defined Radio) 기술의 발전과 함께 더욱더 발전할 것으로 보인다.

8.4.1.2. OFDM 광대역 고정 통신 시스템

OFDM 방식을 사용하는 광대역 고정 통신망은 WLAN등과 같은 시스템에서 이미 표준으로 채택된 상태이며, 최근 표준화가 진행중인 IEEE 802.16a 및 ETSI BRAN HIPERMAN 시스템에서도 채택될 가능성이 높아지고 있다. 특히 이러한 시스템에서는 고속 이동성의 지원을 고려하지 않기 때문에 10~155Mbps까지의 고속 전송을 지원할 수 있다.

앞서 언급한 것과 같이 최초의 WLAN 시스템은 2.4GHz 대역에서 DS/FH-CDMA 방식을 적용하여 10Mbps 전도의 전송률을 지원하였으나, 최근 IEEE 802.11a나 OFDM 방식을 적용하여 24~54Mbps까지의 전송률을 지원하는 WLAN 시스템의 표준이 완성되었다. 이 시스템의 사용으로 인해 OFDM 방식이 다른 변조 방식에 비해 고정 대역에서 더 높은 전송 효율을 보이는 시스템이라는 것이 검증되었다. 또한, 근래에 진행된 MEDIAN, MMAC, BAHAMA 등과 같은 여러 프로젝트에서는 OFDM 방식을 사용하여 ATM 수준의 높은 전송률을 실현하였고, 이러한 결과들을 통해 이 분야에서 OFDM 방식의 사용이 점차 늘어날 것임을 시사하였다. WLAN 시스템과 달리 소규모 지역에서 비교적 낮은 전송률로 가정이나 개인 영역의 정보 기기들을 연결하는 Bluetooth, HomeRF 등과 같은 WPAN 시스템에서도 최근 OFDM 방식을 적용하고자 하는 연구들이 활발히 이루어지고 있다.WPAN 시스템은 현재 FH-SS 방식 등을 적용하고 있으나 여러 기관들을 통해 OFDM 방식을 사용하여 전송률을 높이고자 하는 연구가 진행중이다. 또한, 최근 여러 최의들을 통해 WLAN과 WPAN이 ANSIBLE 이라는 통합시스템으로 발전하는 시나리오가 고려되고 있음을 감안할 때 통합 시스템의 변조 방식으로 OFDM 방식이 매우 유력할 것으로 보인다. 무선 광대역 고정 통신 시스템의 큰 흐름 중의 하나인 광대역 무선 접속의 표준화 과정에서도 OFDM 방식을 사용하고자 하는 연구가 활발히 진행중이다. 특히 곧 표준이 결정될 것으로 보이는 IEEE 802.16a 시스템에서는 OFDM 방식의 표준안이 채택된 가능성이 점차 높아지면서 OFDM 방식이 광대역 고정 접속망에 전반적으로 사용될 것으로 보여 지고 있다. 특히, 다양한 시스템들의 통합 측면에서 4세대 통신 단말기의 효율성을 고려한다면 각 시스템에서 동일한 방식의 물리 계층 구조를 갖는 것은 여러 가지 면에서 유리하게 작용하며, 이 경우 OFDM이 가장 가능성 있는 구조가 될 것으로 보인다.

8.4.2 4세대 이동 통신 시스템에서의 적응을 위한 OFDM 연구 분야

앞서 살펴 본 OFDM 방식의 장점을 극대화 하기 위해 다양한 연구 주제들이 등장하고 있다. OFDM 방식을 4세대 통신 시스템에 적용하기 위한 연구 분야는 크게 변복조 방식 및 기저대역 신호 처리 기법과 단일 주파수 셀룰라 네트워크를 이용한 다중 접속 방식 및 기타 분야의 3가지로 나눌 수 있다. OFDM 방식의 경우 변복조 방식의 경우 이미 만하은 부분 연구가 진행되었으나, 현재 셀룰라 환경에서 사용되는 시스템이 없으므로 셀룰라 환경에서 발생되는 여러 가지 문제에 대한 연구가 미비한 실정이다. 본 절에서는 이 3가지 분야를 중심으로 4세대 통신 시스템에 적용하기 위한 OFDM 방식의 연구 분야에 대해 알아본다.

8.4.2.1 변복조/기저 대역 신호 처리 분야

현재 기저대역 신호처리 분야에서 가장 중요한 연구 주제로는 주파수 및 시간 동기 오차 추정 알고리즘 재발과 PAPR 감소 방안데 대한 연구를 들 수 있다. 앞서 살펴 본 바와 같이 OFDM 시스템은 IFFT를 사용하기 때문에주파수 및 시간 동기 오차에 매우 민감한 특성을 보인다. 현재 이 부분에 대해서는 많은 연구가 진행되어 다양한 방식의 동기 알고리즘이 제안되어 사용되고 있는 실정이다. 앞서 언급한 바와 같이 OFDM은 PAPR이 커서 선형 증폭기 사용에 문제가 발생하므로 이를 감소시키기 위해 많은 연구가 필요하다. 또한 PAPR 문제는 이동 시스템의 상향 링크 전송 시에 단말기에 과다한 전력을 요구하므로 OFDM 방식의 상향링크 구성의 어려움의 원인이 되고 있어 4세대 통신 시스템에서의 응용을 위해 PAPR을 줄이는 연구는 매우 중요하다. 이와 함께, 최근 적응형 변조 방식의 필요성이 대두되면서 OFDM 방식에 적응형 벼노 방식을 적용하는 연구가 활발히 진행 중이다. 특히, 앞서 언급한 바와 같이 OFDM의 병렬 전송의 특성에 따라 부반송파별로 다른 변조 방식을 적용할 수 잇는 적응 변조 방식에 대한 관심이 높아지고 있는 추세이다 .이 방식은 OFDM 방식의 일종은 DMT에서 비트로딩(Bit-loading)이라는 방식을 사용해 이미 구현되고 있으며, 빠르게 변화하는 무선 채널 환경에 적응하기 위해 보다 효율적인 방식에 대한 연구가 요구된다.

8.4.2.2 셀룰라 시스템에서의 다중 접속 방식

OFDM을 다중 사용자 환경에서 이용할 경우 OFDMA(Orthogonal Frequency Division Multiple Access) 방식의 다중 접속을 사용하는 것이 전송 효율 측면에서 매우 유리하다. OFDMA 방식에는 몇 가지 방식들이 제안되고 있으나, 소니(SONY)에서 제안된 BDMA(Band Division Multiple Access) 방식이 구현의 편이성으로 인해 활발히 연구되고 있다. 아래 그림은 BDMA 방식을 시간과 주파수 측면에서 개념적으로 보여주고 있다. 그림에서 보는 것과 같이 BDMA 방식에서는 주파수 축에서 부반송파를 몇 개의 블록으로 나누고 시간 축에서 심볼 단위로 나누어 만들어지는 MCB(Multi-Carrier Block)를 다양한 방식으로 사용자에게 할당하는 방식이다. MCB의 조합은 사용자가 요구하는 QoS에 따 다양하게 이루어질 수 있다. 순간적으로 많은 양의 데이터를 요구하는 사용자(사용자1)에게는 주파수 축에서 많은 MCB를 할당한다. 음성이나 동영상과 가이 시간 지연에 민감한 데이터를 요구하는 사용자(사용자2)에게는 동일 주파수 대역에서 오랜 시간 동안 MCB를 할당한다. 또한 주식 정보와 같은 단순한 정보를 요구하는 사용자(사용자3)에게는 몇 개의 MCB를 지원을 배분할 수 있다. 이러한 방식을 사용하는 경우 부반송파의 개수가 많을수록 효율이 높다. 이와 같은 방식을 적용하여 OFDMA 시스템은 일반적으로 ATM에서 사용되던 확률적 다중화(Statistical Multiplexing) 기법을 지원하여, 여러 사용자에게 효율적인 자원 분배를 가능하게 하는 장점이 있다. 또한, 각 부반송파 블록별로 다른 변조 방식을 사용할 수 있어 주파수 선택적 페이딩 환경에서 채널 상태에 맞추어 전송이 가능해 최대의 전송 용량을 지원 할 수 있다는 장점이 있다. 반변, OFDMA 방식은 도플러 주파수와 전송 지연이 다른 사용자들의 신호를 동시에 처리해야 하는 문제 때문에 상향 링크에 적용하기 힘든 문제를 안고 있으며, 셀룰러 환경에서 주파수 재사용 효율이 CDMA 방식에 비해 떨어지는 문제가 있다. 이러한 문제는 4세대 시스템의 경우 상/하향 링크간 비대칭 특성을 이용해 해결할 수 있는데, 고속 전송을 요구하는 하향 링크에는 OFDMA 방식을 사용하고 상대적으로 전송률이 낮은 상향 링크에는 CDMA 또는 TDMA 방식을 사용하는 방식이 그것이다. 상향 링크에 사용할 수 있는 방식으로는 여러 가지 방식이 고려될 수 있으며, 802.16a의 OFDM 방식의 제안서에는 OFDM-TDMA 방식의 사용이 제안되었다. 반면, OFDM-TDMA 방식을 사용할 경우 시간 슬롯을 상대적으로 긴 OFDM 심볼 단위로 할당해야 하므로 사용자에 효율적인 자원 할당이 어렵다. 또한, 각 사용자마다 추가적인 프리앰블을 사용하는 문제가 있어 전송 효율이 감소하는 문제가 있다. 고정 통신 시스템의 경우에는 채널 환경의 변화가 심하지 않으므로 이러한 문제가 심각하지 않으나, 셀룰라 시스템과 같이 이동 환경을 지원하려고 하는 시스템에서는 적용하기 힘들다. 이러한 경우 상향 링크에 OFDM 방식을 사용하기 보다는 기존의 CDMA 또는 TDMA 방식을 사용하는 것이 효율적일 것으로 보인다. 이와 함께 앞서 언급한 것과 같이 다중 사용자들의 신호가 서로 다른 경로와 페이딩을 겪는 통신 환경에서 전송 효율의 극대화를 위해 적응형 변복조 방식과 결합한 자원 할당 기법에 대해 많은 연구가 필요하며, 계층형 셀 구조를 적용하여 고속 이동 접속 사용자와 고정 접속 사용자간에 간섭 없이 효율적으로 통신을 가능하게 하는 기술에 대한 연구도 필요할 것으로 보인다.

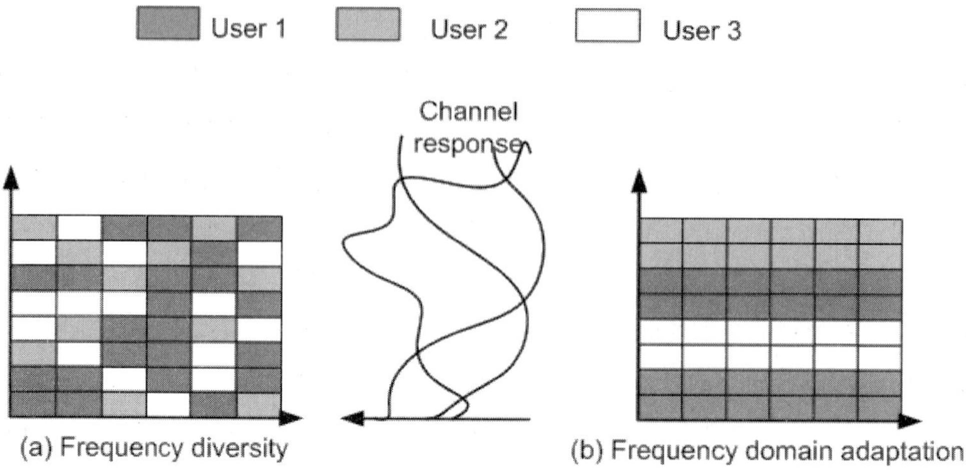

그림 8.2 OFDMA 방식의 자원 할당 방식

8.4.2.3 기타 연구 분야

앞서 언급한 두 분야 되에 4세대 통신 시스템에서 공통적으로 연구가 진행되고 있는 연구 주제로는 크게 MIMO(Multiple-Input Multiple-Output)-OFDM과 스마트 안테나 시스템이 있다. MIMO-OFDM은 다수의 송수신 안테나를 사용해서 통신하는 구조로 Vector-OFDM이라고도 한다.

OFDM 방식은 여러개의 단일 반송파 전송 방식을 선형적으로 결합한 방식으로 볼 수 있기 때문에 기존에 나와 있는 시공간 코드 기법을 그대로 적용할 수 있다. 반면 BLAST(Bell-lab Layered Space Time)과 같은 시스템 적용 시 동시에 디코딩 해야 하는 데이터의수가 부반송파 개수만큼 증가하는 문제가 있어 이에 대한 연구가 필요하다. 또한, 다중 안테나에 의해서 발행하는 전송 경로간 간섭을 줄이기 위한 연구가 필요하다. 스마트 안테나는 수신기에서 간섭 신호를 제거하고 송신기에서 특정 사용자에게 전력을 집중 시켜 간섭을 제거하는 시스템으로 3세대 이후의 시스템에서 그 활용 용도가 넓어지고 있다. 특히, ISM 대역에서 사용할 경우 제한된 전력으로 원하는 성능을 얻기 위해 그 중요성이 커지고 있다. 이 외에도 다양한 시스템에서의 표준 채널 모델링 및 효율적인 구현 방식을 위한 여러 가지 연구가 추가적으로 요구된다.

참고문헌

[1] W. C. Jakes, *Microwave Mobile Communications*, IEEE Press, 1993.

[2] M. H. Hayes, *Statistical Digital Signal Processing and Modeling*, John Wiley & Sons, Inc., 1996.

[3] D. E. Goldberg, *Genetic Algorithm in Search, Optimization and Machine Learning*, Addison Wesley Publishers, 1989.

[4] J. Y. Kim, *MIMO-OFDM Wireless Communication Systems*, Intervision, 2008.

[5] J. H. Holland, *Adaptation in Natural and Artificial Systems*, University of Michigan Press, Ann Arbor, 1975.

[6] H. Harada and R. Prasad, *Simulation and Software Radio for Mobile Communications*, Artech House, 2002.

[7] R.Van Nee and R. Prasad, *OFDM for Wireless Multimedia Communications*, Artech House, 2000.

[8] M. H. Hayes, *Statistical Digital Signal Processing and Modeling*, John Wiley & Sons, 1996.

[9] S. Haykin, *Adaptive Filter Theory*, Englewood Cliffs (NJ): Prentice-Hall, 1991.

[10] L. Hanzo, M. Munster, B. J. Choi, and T. Keller, *OFDM and MC-CDMA*, Wiley, March. 2004.

[11] J. G. Proakis, *Digital Communications*, McGraw-Hill Inc., 2000.

[12] H. Holma, *W-CDMA for UMTS: Radio Access for Third Generation Mobile Communications*, John Wiley & Sons, Inc., 2002.

[13] G. L. Stuber, *Principles of Mobile Communications*, Reading, MA: Kluwer Academic, 1996.

[14] J. Heiskala and J. Terry, *OFDM Wireless LANs: A Theoretical and Practical Guide*, pp. 48-83, SAMS, 2000.

[15] L. Hanzo, C. L. Wong and M. S. Yee, *Adaptive Wireless Transceivers*, WILEY, pp. 535-578, 2002.

[16] L. Scharf, *Statistical Signal Processing: Detection, Estimation, and Time Series Analysis*. Addison-Wesley, 1991.

[17] L. Hanzo, M. Munster, B. J. Choi, and T. Keller, *OFDM and MC-CDMA for Broadband Multi-user*

Communications, WLANs and Broadcasting, John Wiley & Sons, 2003.

[18] E. S. Lim, S. W. Kim and J. Y. Kim, "Frame synchronization for OFDM-based high-speed wireless communication systems in an impulsive channel," *in Proc. of IEEE ICACT '07*, pp. 1318-1322, Phoenix Park, Korea, Feb. 2007.

[19] Y. S. Lim, H. G. Kim and J. Y. Kim, "Frame synchronization and frequency offset estimation for OFDM-based wireless multimedia systems," *in Proc. of the 2007 International Ubiquitous Conference for Wireless and Ubiquitous Systems (IUC '07)*, pp. 75-78, Sokcho city, Korea, July 2007.

[20] S. S. Kwoun, T. S. Yoon, J. Y. Kim and J. C. Lee, "Reduction of PAPR using the root raised cosine filter structure for OFDM systems," *in Proc. of the 2007 Korea-China Joint Conference on Wireless Communications*, pp. 12-15, Yanji, China, Aug. 2007.

[21] M. Yang, J. Kim, J. Y. Kim, J. Lee and Y. Shin, "PAPR reduction of OFDM signals based on dirty paper coding," *in Proc. of IEEE ICEIC '08*, pp. 106-109, Tashkent, Uzbekistan, June 2008.

[22] K. Y. Kim, Y. H. Kim and J. Y. Kim, "Performance of multiuser MIMO OFDM system with adaptive modulation and coding for wireless communications," *in Proc. of IEEE ICACT '09*, pp. 391-394, Phoenix Park, Korea, Feb. 2009.

[23] J. Y. Kim and Y. H. Kim, "OFDM system with adaptive CP length for high speed data transmission of 4G wireless communication systems," *Korean Patent Pending*, Application. No. 10-2009-0042103, May. 2009.

[24] E. C. Kim, J. S. Yang, and J. Y. Kim, "Novel OFDM frame synchronization and frequency offset compensation scheme for wireless multimedia communication systems," *IEEE Trans. Consumer Electronics*, vol. 55, no. 3, Aug. 2009.

[25] P. H. Moose, "A technique for orthogonal frequency division multiplexing frequency offset correction," *IEEE Trans. Commun.*, vol.42, no.10 pp.2908-2914, Oct. 1984.

[26] J. J van de Beek, M. Sandell, and P. O. Borjesson, "ML estimation of time and frequency offset in OFDM systems," *IEEE Trans. Signal Proc.*, vol. 45, no.7, pp. 1800-1805, July 1997.

[27] T. M. Schimidl and D. C. Cox, "Robust frequency and timing synchronization for OFDM," IEEE Trans. Commun., vol. 45, no. 12, pp. 1613-1621, Dec. 1997.

[28] G. Santella, "A frequency and symbol synchronization system for OFDM signals : architecture and simulation results," *IEEE Trans. Veh. Technol.*, vol.49, no.1, pp.254-275 Jan 2000.

[29] Nathan Yee, Jean P. Linnartz, and Gerhard Fettweis, "Multi-carrier CDMA in indoor wireless networks," *IEICE Trans. Commun., vol. E77-B*, no.7, pp.900-904, July 1994.

[30] Jean Armstrong, "Analysis of new and existing methods of reducing intercarrier interference due to carrier frequency offset in OFDM," *IEEE Trans. Commun.*, vol.47. no. 3, pp. 365-369, Mar. 1999.

[31] T. Pollet, M. van Baladel, and M. Moeneclaey, "BER sensitivity of OFDM systems to carrier frequency offset and Wiener phase noise," *IEEE Trans. Commun.*, vol. 43, no. 2/3/4, pp. 191-193, Feb./Mar./Apr. 1995

[32] T. M. Schmidl and D. C. Cox, "Robust frequency and timing synchronization for OFDM," *IEEE Trans. Commun.*, vol. 45, no. 12, pp. 1613-1621, Dec. 1997

[33] B. G. Evans and K. Baughan, "Vision of 4G," *Electronics & Communication Engineering Journal*, 12(6), pp. 293-303, Dec. 2000

[34] P, H. Moose, "A technique for orthogonal frequency division multiplexing frequency offset correction," *IEEE Trans. On Commun.*, 42(10), pp. 2908-2914, Oct. 1994

[35] J. Shentu, K. Panta, and J. Armstron, "Effects of phase noise on performance of OFDM systems using and ICI cancellation scheme," *IEEE Trans. Broadcasting*, vol. 49, no. 2, June 2003.

[36] J. Armstrong, "Analysis of new and exisiting methods of reducing intercarrier interference due to carrier frequency offset in OFDM," *IEEE Trans. Commun.*, vol. 47, no. 3, pp. 365-369, Mar. 1999

[37] N. Al-Dhahir and J. M. Cioffi, "Optimum finite-length equalization for multicarrier transceivers," *IEEE Trans. Commun.*, vol. 44, no. 1, pp. 56-64, Jan. 1996

[38] W. G. Jeon, et al, "An equalization technique for orthogonal frequency division multiplexing systems in time-variant multipath channels," *IEEE Trans. Commun.*, vol. 49, no. 1, pp. 27-32, July 2001

[39] C. Muschallik, "Improving an OFDM reception using an adaptive Nyquist windowing," *IEEE Trans. Consumer Electronics*, 42(3), pp.259-269, Aug. 1996

[40] Y. Zhao and S. Haggman, "Intercarrier interference self-cancellation scheme for OFDM mobile communiction systems," *IEEE Trans. Commun.*, vol. 49, no. 7, pp. 1185-1191, Jul. 2001

[41] W. T. Webb and R. Steele, "Variable rate QAM for mobile radio," *IEEE Trans. Commun.*, vol. 43, pp. 2223-2230, Jul.1995.

[42] T. Eyceoz, A. Duel-Hallen, H. Hallen, "Deterministic Channel Modeling and Long Range Prediction of Fast Fading Mobile Radio Channels, " *IEEE Commun.* Lett., vol. 2, pp. 254-256, Sep, 1998.

[43] A. J. Goldsmith et al., "Variable-rate variable-power MQAM for fading channels," *IEEE Trans. Commun.*, vol 45, no. 10, pp. 1218-1230, May 2004.

[44] P. Xia et al., "Adaptive MIMO-OFDM based on partial channel state information," *IEEE Trans. Signal Processing*, vol. 52, no. 1, pp. 202-213, Jan. 2004.

[45] S. Nanda et al., "A high performance MIMO OFDM wireless LAN," *IEEE Commun. Mag.*, pp. 101-109, Feb. 2005.

[46] M. Munster et al., "MMSE channel prediction assisted symbol-by-symbol adaptive OFDM," *in Proc. IEEE ICC'02*, pp. 416-420, 2002.

[47] J. Zander, "Performance of optimal transmitter power control in cellular radio systems," *IEEE Trans. Veh. Technol.*, vol. 41, pp. 57-62, 1992.

[48] J. H. Wen, L. C. Yeh, and J. R. Chiou, "Performance of short-term fading prediction-based power control method for DS-CDMA cellular mobile radio networks," *IEICE Trans. Commun.*, vol. E81-B, pp. 1231-1238, June 1998.

[49] J. Makhoul, "Linear prediction: a tutorial review," *Proc. of the IEEE*, vol. 63, pp. 561-580, Apr. 1975.

[50] J.A.C. Bingham, "Multicarrier modulation for data transmission: an idea whose time has come," *IEEE Comm. Mag.*, vol.28, pp17-25. Mar. 1990.

[51] Y. Li, L. J. Cimini, and N. R. Sollenberger, "Robust channel estimation for OFDM systems with transmitter diversity in mobile wireless channels," *IEEE Trans. Commun.*, vol.46, pp.902-915, Jul. 1998.

[52] S. Hara and R. Prasad, "Overview of multicarrier CDMA," *IEEE Comm. Mag.*, vol 35, pp. 126-133 , Dec. 1997.

[53] X. Li and L. J. Cimini, "Effects of clipping and filtering on the performance of OFDM," *Proc. VTC '97*, pp. 1634-1638, Phoenix, USA, May 1997.

[54] T. A. Wilkinson and A. E. Jones, "Minimisation of the peak-to-mean envelope power ratio of multicarrier transmission schemes by block coding," *Proc. IEEE VTC '95*, pp. 825-829, Chicago, USA, Jul. 1995.

[55] R. W. Bauml, R. F. H. Fischer, and J. B. Huber, "Reducing the peak-to-average power ratio of multicarrier modulation by selective mapping," *IET Electron. Lett.*, vol. 32, pp. 2056-2057, Oct. 1996.

[56] L. Cimini, Jr. and N. Sollenberger, "Peak-to-average power ratio reduction of OFDM signal using partial transmit sequences," *IEEE Commun. Lett.*, vol. 4, pp. 86-88, Mar. 2000.

[57] A. D. S. Jayalath and C. Tellambura, "Reducing the peak-to-average power ratio of orthogonal frequency division multiplexing signal through bit or symbol interleaving," *IET Electron. Lett.*, vol. 36, pp. 1161-1163, Jun. 2000.

[58] B. S. Krongold and D. L. Jones, "A new tone reservation method for complex-baseband PAR reduction in OFDM systems," *Proc. IEEE ICASSP'02,* pp. 2321-2324, Orlando, USA, May 2002.

[59] C. Tellambura, "Computation of the continuous-time PAR of an OFDM signal with BPSK subcarriers," *IEEE Commun. Lett.*, vol. 5, pp. 185-187, May 2001.

[60] G. Ren, H. Zhang, and Y. Chang, "A complementary clipping transform technique for the reduction of peak-to-average power ratio of OFDM system," *IEEE Trans. Consumer Electronics*, vol. 49, no. 4, pp. 922-926, Nov. 2003.

[61] N. Carson and T. A. Gulliver, "PAPR reduction of OFDM using selected mapping, modified RA codes and clipping," *Proc. of IEEE VTC'02*, pp. 1070 - 1073, 2002.

[62] Ana Garcia Armada, "Understanding the effects of phase noise in OFDM", *IEEE Trans. Broadcast.*, vol. 47, no. 2, pp. 153-159, Jun. 2001.

[63] Armstrong, "Analysis of new and existing methods of reducing intercarrier interference due to carrier frequency offset in OFDM", *IEEE Trans. Commun.*, vol. 47, no. 3, pp. 365-369, Mar.1999.

[64] Yuping Zhao, S. G. Haggman, "Intercarrier interference self-cancellation scheme for OFDM mobile communication systems", *IEEE Trans. Commun.*, vol. 49, no. 7, pp. 1185-1191, July 2001.

[65] J. Panta, K. J. Armstrong, "Effects of phase noise on performance of OFDM systems using an ICI cancellation scheme", *IEEE Trans. Broadcast.*, vol. 49, no. 2, pp. 221-224, June 2003.

[66] Hsiao-Chun Wu, Xiaozhou Huang, "Joint phase/amplitude estimation and symbol detection for wireless ICI self-cancellation coded OFDM systems", *IEEE Trans. Broadcast.*, vol. 50, pp. 49-55, 2004.

[67] S. H. Han and J. H. Lee, "An overview of peak-to-average power ratio reduction techniques for multicarrier transmission," *IEEE Wireless Commun.*, pp. 56 - 65, Dec. 2005.

[68] X. Li and L. J. Cimini, Jr., "Effects of clipping and filtering on the performance of OFDM," *IEEE Commun. Lett.*, vol. 2, no. 5, pp. 131-133, May 1998.

[69] R. W. Bauml, R. F. H. Fischer, and J. B. Huber, "Reducing the peak-to-average power ratio of multicarrier modulation by selected mapping," *IET Electron. Lett.*, Vol.32, No.22, pp.2056-2057, Oct. 1996.

[70] L. Ciminim Jr. and N. Sollenberger, "Peak-to－average power ratio reduction of OFDM signal using partial transmit sequences," *IEEE Commun. Lett.*, Vol.4, No.3, pp.86-88, Mar. 2000.

[71] K. S. Tang, K. F. Man, S. Kwong, and Q. He, "Genetic algorithms and their applications," *IEEE Signal Processing Mag.*, pp.22-37, Nov. 1996.

[72] H. Ishibuchi, T. Murata "A multi-objective genetic local search algorithm and its application to flowshop scheduling," *IEEE Trans. Systems*, Man, and Cybernetics, vol.28, no.3, pp. 392－403, Aug. 1998.

[73] X. Li and L. J. Cimini, Jr., "Effects of clipping and filtering on the performance of OFDM," *IEEE Commun. Lett.*, vol. 2, no. 5, pp. 131-133, May 1998.

[74] R. W. Bauml, R. F. H. Fischer, and J. B. Huber, "Reducing the peak-to-average power ratio of multicarrier modulation by selective mapping," *IET Electron. Lett.*, vol. 32, no. 22, pp. 2056-2057, Oct. 1996.

[75] L. Cimini, Jr. and N. Sollenberger, "Peak-toaverage power ratio reduction of OFDM signal using partial transmit sequences," *IEEE Commun. Lett.*, vol. 4, no. 3, pp. 86-88, Mar. 2000.

[76] A. D. S. Jayalath and C. Tellambura, "Reducing the peak-to-average power ratio of orthogonal frequency division multiplexing signal through bit or symbol interleaving," *IET Electron. Lett.*, vol. 36, no. 13, pp. 1161-1163, June 2000.

[77] E. Lawley and C. J. Kikkert, "Peak-to-average power ratio reduction of OFDM signals using peak reduction carriers," *Proc. of IEEE ISSSTA'99*, pp. 737-740, Brisbane, Australia, Aug. 1999.

[78] C. Tellambura, "Computation of the continuoustime PAR of an OFDM signal with BPSK subcarriers," *IEEE Commun. Lett.*, Vol.5, No.5, pp.185-187, May 2001.

[79] D. Lim, J. No, C. Lim, and H. Chung, "A new SLM OFDM scheme with low complexity for PAPR reduction," *IEEE Signal Proc. Lett.*, Vol.12, No.2, pp.93-96, Feb. 2005.

[80] S. Hara and R. Prasad, "Overview of multicarrier CDMA", *IEEE Commun.* Mag., Dec. 1997

[81] Y. H. Chung and K. H. Song, "Adaptive QAM modulations with complex spreading for high-speed mobile multimedia communications", *Proc. of IEEE VTC'00*, Boston, U.S.A.

[82] Czylwik, A., "Adaptive OFDM for wideband radio channels," *Proc. of IEEE GLOBECOM'96*, London, U.K. Nov. 1996

[83] Wong, C.Y., et. al., "Multiuser OFDM with adaptive subcarrier, bit and power allocation", *IEEE J. Select. Areas Commun.*, vol. 17, Oct. 1999

[84] Bingham, J.A.C., "Multicarrier modulation for data transmission : an idea whose time has come", *IEEE Comm. Mag.*, May 1990.

[85] Souryal, M.R. and Pickholtz, R.L., "Adaptive modulation with imperfect channel information in OFDM", *Proc. of IEEE ICC'01*, pp. 1861 -1865, 2001

[86] Lai, S.K. et. al, "Adaptive trellis coded MQAM and power optimization for OFDM transmission," *Proc. of IEEE VTC'99*, pp. 290-294, 1999.

[87] Webb, W.T. and Steele, R., "Variable rate QAM for mobile radio" *IEEE Trans. Comm.* vol. 43, pp. 2223-2230, July 1995.

[88] J.A.C. Bingham, "Multicarrier modulation for data transmission: an idea whose time has come," *IEEE Comm. Mag.*, vol. 28, pp. 17-25. Mar. 1990.

[89] J.-J. van de Beek, O.Edfors, M.Sandell, S. k. Wilson, and P. O. Borkesson, "On channel estimation in OFDM systems," *Proc. of IEEE VTC'95*, pp. 25-28, July 1995.

[90] Y. Li, L. J. Cimini, and N. R. Sollenberger, "Robust channel estimation for OFDM systems with transmitter diversity in mobile wireless channels," *IEEE Trans. Commun.*, vol. 46, pp. 902-915, July 1998.

[91] R. Morrison, L. J. Cimini and S. K. Wilson, "On the use of a cyclic extension in OFDM," *Proc. of IEEE VTC'01*, vol. 2, pp. 664-668, Oct. 2001.

[92] S. Hara and R. Prasad, "Overview of multicarrier CDMA," *IEEE Commun.* Mag., vol. 35, pp. 126-133 , Dec. 1997.

[93] S. Hara and R. Prasad, "DS-CDMA, MC-CDMA and MT-CDMA for Mobile Multi-Meada Communications," *Proc. of IEEE VTC'96*, pp. 1106-1110, May 1996.

[94] X. Gui and T.S Ng, "Performance of asynchronous orthogonal multicarrier CDMA system in frequency selective fading channel," *IEEE Trans. Commun.*, vol. 47, pp. 1084-1091, July 1999.

[95] S. Kaiser, "On the performance of different detection techniques for OFDM-CDMA in fading channels," *Proc. of IEEE GLOBECOM'95,* pp. 2059-2063, Nov.1995

[96] M. Morelli and U Mengali, "A comparison of pilot-aided channel estimation methods for OFDM systems," *IEEE Trans. Signal Processing*, vol. 49, pp. 3065-3073, Dec. 2001.

[97] S. Coleri, M. Ergen, A. Pnui, and A. Bahai "Channel estimation techniques based on pilot arrangement in OFDM systems," *IEEE Trans. Broadcast.*, vol. 48, pp.223-229, Sep. 2002.

[98] P. H. Moose, "A technique for orthogonal frequency division multiplexing frequency offset correction," *IEEE Trans. Commun.*, vol. 42, no. 10, pp. 2908-2914, Oct. 1994.

[99] J. J. van de Beek, M. Sandell, and P. O. Börjesson, "ML estimation of time and frequency offset in OFDM systems," *IEEE Trans. Signal Processing*, vol. 45, pp. 1800-1805, July 1997.

[100] M. Speth, F. Classen, and H. Meyr, "Frame synchronization of OFDM systems in frequency selective fading channels," *Proc. IEEE VTC'97,* pp. 1807-1811, May 1997.

[101] Y. J. Ryu, and D. S. Han, "Timing phase estimator overcoming Rayleigh fading channel for OFDM systems," *IEEE Trans. Consumer Electronics,* vol.47, no. 3, pp. 370-377, Aug. 2001.

[102] B. Yang, K. B. Letaief, S. Cheng, and Z. Cao, "Timing recovery for OFDM Transmission," *IEEE J. Select. Areas Commun.*, vol. 18, no. 11, pp. 2278-2291, Nov. 2000.

[103] ISO 8802-11, Wireless LAN Medium Access Control(MAC) and Physical Layer(PHY) Specifications, Jan. 1999.

[104] IEEE 802.11a, High Speed Physical Layer in the 5GHz Band, 1999.

[105] ETSI BRAN, Broadband Radio Access Networks(BRAN) HIPERLAN Type 2; Physical(PHY) Layer, TS 101 475 v1.1.1 Apr. 2000.

[106] IEEE 802.16ab-01/01r1, An Air Interface for Fixed Broadband Wireless Access Systems Part A: Systems between 2 and 11GHz, July 2001.

[107] ETSI EN 300 401, Radio Broadcasting Systems: Digital Audio Broadcasting(DAB) to Mobile, Portable and Fixed Receivers, Sep. 2000.

[108] ETSI EN 300 799, Digital Video Broadcasting(DVB); Framing, Structure, Channel Coding, and Modulation for Digital Terrestrial Television, June 1999.

[109] ANSI T1E1.4/2000-013R4, Very-high bit-rate Digital Subscriber Lines(VDSL) Metallic Interface, Part 3: Technical Specification of a Multi-Carrier Modulation Transceiver, Nov. 2000.

[110] L. J. Cimini, J. Chuang, and N.R. Sollenberger, "Advanced cellular internet service (ACIS)," *IEEE Commun. Mag.*, Oct. 1998, pp. 150 - 159.

[111] J. Chuang and N.R. Sollenberger, "Beyond 3G: wideband wireless data access based on OFDM and dynamic packet assignment," *IEEE Commun. Mag.*, July 2000, pp. 78 - 87.

[112] Y. Li, N. Seshadri, and S. Ariyavisitakul, "Channel estimation for OFDM systems with transmitter diversity in mobile wireless channels," *IEEE J. Select. Areas Commun.*, vol. 17, No. 3, pp. 461-471, Mar. 1999.

[113] V. Tarokh, N. Seshadri, and A.R. Calderbank, "Space-time codes for high data rate wireless communication: performance criterion and code construction," *IEEE Trans. Inform. Theory*, vol. 44, no. 2, pp. 744-765, Mar. 1998.

[114] A.F. Naguib, N. Seshadri, and A.R. Calderbank, "Space-time coding and signal processing for high data rate wireless communications," *IEEE Signal Processing Mag.*, vol. 17, no. 3, pp. 76-92, May 2000.

[115] W. T. Webb and R. Steele, "Variable rate QAM for mobile radio," *IEEE Trans. Commun.*, vol. 43, pp. 2223-2230, July 1995.

[116] M. R. Souryal, R. L. Pickholtz, "Adaptive Modulation with Imperfect Channel Information in OFDM," *Proc. of IEEE ICC'01,* vol. 6, pp. 1861-1865, June, 2001.

[117] A. Duel-Hallen, S. Hu and H. Hallen, "Long range prediction of fading signals," *IEEE Signal Processing Mag.*, vol. 17, pp. 62-75, May 2000.

[118] T. Hwang, H. Hwang, H. Baik, "Adaptive OFDM with channel predictor over frequency-selective and rapid fading channel," *Proc. of IEEE PIMRC'03*, pp. 859-863, Sept. 2003.

[119] T. Eyceoz, A. Duel-Hallen, H. Hallen, "Deterministic channel modeling and long range prediction of fast fading mobile radio channels," *IEEE Commun.* Lett., vol. 2, pp. 254-256, Sep, 1998.

[120] S. Choe, "Multi-step predictive power control in CDMA systems," *IEEE ICACT'05*, vol. 1, pp. 482-484, Feb, 2005.

[121] A. J. Goldsmith et al., "Variable-rate variable-power MQAM for fading channels," *IEEE Trans. Commun.*, vol 45, no. 10, pp1218-1230, May 2004.

[122] P. Xia et al., "Adaptive MIMO-OFDM based on partial channel state information," *IEEE Trans. on Signal Processing*, vol. 52, no. 1, pp. 202-213, Jan. 2004.

[123] S. Nanda et al., “A high performance MIMO OFDM wireless LAN," *IEEE Commun.* Mag., pp. 101-109, Feb. 2005.

[124] M. Munster et al., “MMSE channel prediction assisted symbol-by-symbol adaptive OFDM," *in Proc. IEEE ICC'02*, pp. 416-420, 2002.

[125] J. Zander, "Performance of optimal transmitter power control in cellular radio systems," *IEEE Trans. Veh. Technol.*, vol. 41, pp. 57-62, 1992.

[126] L. Song, N. B. Mandayan, and Z. Gajic, "Analysis of an up/down power control algorithm for the CDMA reverse link under fading," *IEEE J. Select. Areas Commun.*, vol. 19, pp. 277-286, Feb. 2001.

[127] S. D. Fina and P. Lombardo, "Error probability analysis for CDMA systems with closed-loop power control," *IEEE Trans. Commun.*, vol 49, pp. 1801-1811, Oct. 2001.

[128] S. Ariyavisitakul and L. F. Chang, "Signal and interference statistics of a CDMA system with feedback power control," *IEEE Trans. Commun.*, vol. 41, pp. 1626-1634, Nov. 1993.

[129] C. W. Sung and W. S. Wong, "Power control and rate management for wireless multimedia CDMA systems," *IEEE Trans. Commun.*, vol. 49, pp. 1215-1226, July 2001.

[130] D. M. Ionescu and A. Boariu, "Predictive closed-loop power control for frequency-division duplex wireless systems," *IEEE Commun. Lett.*, vol. 5, pp. 248-250, June 2001.

[131] J. M. A. Tanskanen, J. Mattila, M. Hall, T. Korhonen, and S. J. Ovaska, "Predictive closed loop power control for mobile CDMA systems," *Proc. of IEEE VTC'97*, vol. 2, Phoenix, AZ, pp. 934-938, May 1997.

[132] J. H. Wen, L. C. Yeh, and J. R. Chiou, "Performance of short-term fading prediction-based power control method for DS-CDMA cellular mobile radio networks," *IEICE Trans. Commun.*, vol. E81-B, pp. 1231-1238, June 1998.

[133] C. C. Lee and R. Steele, "Closed-loop power control in CDMA systems," *IEE Proc. Commun.*, vol. 143, pp. 231-239, Aug. 1996.

[134] A. Chockalingam, P. Dietrich, L. B. Milstein, and R. R. Rao, "Performance of closed-loop power control in DS-CDMA cellular systems," *IEEE Trans. Veh. Technol.*, vol 47, pp. 774-789, Aug. 1998.

[135] J. Makhoul, "Linear prediction: a tutorial review," *Proc. of the IEEE,* vol. 63, pp. 561-580, Apr. 1975.

[136] T. M. Schmidl and D. C. Cox, "Robust frequency and timing synchronization for OFDM", *IEEE Trans. Commun.*, vol. 45, no. 12, pp. 1613-1621, 1997.

[137] L. J. Cimini Jr., "Analysis and simulation of a digital mobile channel using orthog onal frequency division multiplexing," *IEEE Trans. Commun.*, vol. 33, no, 7, pp.665-67 5, July 1985.

[138] P. Robertson and S. Kaiser, "The effects of Doppler spreads on OFDM(A) mobile radio systems," *Proc. of IEEE VTC'99,* pp. 329-333, Sept. 1999.

[139] Y. Li and L. J. Cimini Jr, "Bounds on the interchannel interference of OFDM in ti me-varying impairments," *IEEE Trans. Commun.*, vol. 49, pp.401-404, Mar. 2001.

[140] Junsong Li and Mohsen Kavehrad, "Effects of time selective multipath fading on OFDM systems for broadband mobile applications," *IEEE Commun. Lett.*, vol. 3, no.1 2, pp.332-334, Dec. 1999.

[141] S, Hara, A. Nishikawa, Y. Hara, "A novel OFDM adaptive antenna array for delayed signal and Doppler-shifted signal suppression," *Proc. of IEEE lCC'01*, vol. 7, pp. 2302-23 06, June 2001.

[142] K. S. Gilhousen, l. M. Jacobs, R. Padovani, A. F. Viterbi, A. Weaver, Jr., and C. E. Wheatley III, "On the capacity of a cellular CDMA system," *IEEE Trans. Veh. Technol.*, vol. 40, no. 2, pp. 303-312, May 1991.

[143] C. K. Kim and Y. S. Cho, "Performance of a wireless MC-CDMA system with an antenna array in a fading channel: reverse link," *IEEE Trans. Commun*, vol. 48, no. 8, pp. 1257-1261, Aug. 2000.

[144] S. Choi and D. Yun, "Design of an adaptive Antenna Array for tracking the source of maximum power and its application to CDMA mobile communications," *IEEE Tra ns. Antennas and Propagation.*, vol. 45, no.9, pp.1393-1404, Sep. 1997.

[145] H. Rohling, K. Bruninghaus, and R. Grunheid, "Comparison of multiple access schemes for an OFDM downlink system," *in Multi-Carrier Spread Spectrum*, Kluwer, 1997, pp.23-30.

[146] M. Wahlqvist et al., "Capacity comparison of an OFDM based multiple access system using different dynamic resource allocation," *in Proc. of IEEE VTC'97*, pp. 1664-1668, 1997.

[147] C. Y. Wong, R. S. Cheng, K. B. Letaief and R. D. Murch, "Multiuser OFDM with adaptive subcarrier, bit and power allocation," *IEEE J. Select. Areas Commun.*, vol. 17, pp. 1747-1757, Oct. 1999.

[148] D. Kivanc, G. Li, and H. Liu, "Computationally efficient bandwidth allocation and power control for OFDMA," *IEEE Trans. Wireless Commun.*, vol 2, no. 6, pp. 1150-1158, Nov. 2003.

[149] Y. J. Zhang, K. Ben Letaief, "Multiuser Adaptive Subcarrier-and Bit Allocation With Adaptive Cell Selection for OFDM Systems," *IEEE Trans. Wireless Commun.* vol. 3, No. 5, Sept. 2004.

[150] G. J. Foscini, "Layered space-time architecture for wireless communication in a fading envirionments when using multiple antennas," *Bell Labs Tech. J.*, vol.1, no.2, pp.41-59,Feb. 1996.

[151] G. J. Foschini, G. D. Golden, R. A. Valenzuela, and P. W. Wolniansky, "Simplified proecssing for high spectral efficiency wireless communication employing multiple antennas," *IEEE J. Select. Areas Commun.*, vol. 17, no. 11, pp. 1841-1852, Nov. 1996.

[152] V. Tarokh,, H. Jafarkhani, and A. R. Calderbank, "Space-time block codes for high data rate wireless communication : Performance criterion and code construction," *IEEE Trans. Inform. Theory*, vol. 44, no. 2, pp. 744-765. July 1998.

[153] S. M. Alamouti, "A simple transmit diversity technique for wireless communication," *IEEE J. Select. Areas Commun.* vol. 16, no. 8, p. 1456-1467. July 1999.

[154] V. Tarokh,, H. Jafarkhani, and A. R. Calderbank, "Space-time block codes from orthogonal desings," *IEEE Trans. Inform. Theory*, vol. 45, no. 5, pp. 1456-1467. July 1999.

[155] H. Jafarkhani, "A quasi-orthogonal space-time block code," *IEEE Trans. Commun.*, vol. 49, pp.1-4. Jan. 2001.

[156] V. Tarokh,, H. Jafarkhani, and A. R. Calderbank, "Space-time block coding for wireless communication: Performance results," *IEEE J. Select. Areas Commun.*, vol. 17, no. 3, pp. 451-460. Mar. 1999.

[157] J. J. van de Beck, O. Edfors, M. Sandell, S. K. Wilson, and P. O. Borjesson, "On channel estimation in OFDM systems," *Proc. of IEEE VTC'95*, pp. 815-819, 1995.

[158] W. Webb and R . Steele, "Variable rate QAM for mobile radio," *IEEE Trans. Commun.*, vol. 43, pp. 2223-2230, July 1995.

[159] H. Matsuoka, S. Sampei, N. Morinaga, and Y. Kamio, "Adaptive modulation systems with variable coding rate concatenated code for high quality multi-media communications systems," *Proc. of IEEE VTC'96*, pp. 487-491, 1996.

[160] V. Lau and M. Macleod, "Variable rate adaptive trellis coded QAM for high bandwidth efficiency applications in Rayleigh fading channels," *Proc. of IEEE VTC'98*, pp. 348-352, 1998.

[161] S. He and M. Torkelson, "Effective SNR estimation in OFDM system simulation", *Proc. of IEEE Globecom'98*, pp. 945-950, Nov. 1998.

[162] B. Sklar, "How I learned to love the Trellis," *IEEE Mag.*, pp. 87-102, May 2003.

[163] A. Czylwik, "Adaptive OFDM for wideband ratio channels," Proc. of *IEEE Globecom'96*, pp. 713-718, 1996.

[164] Tang, C., Stolpman, V., "An adaptive learning approach to adaptive OFDM," *IEEE WCNC*. 2004, pp. 1406-1410, March 2004.

[165] R. O'Neill and L. B. Lopes, "Envelope variations and spectral splatter in clipped multicarrier signals," *in Proc. IEEE PIMRC'95, Toronto, Canada*, Sept. 1995, Vol. 1, pp.71-75.

[166] T. May, and H. Rohling, "Reducing the peak-to-average power ratio in OFDM radio transmission systems," *in Proc. IEEE VTC'98*, pp. 2474-2478, *Ottawa, Canada*, May 1998.

[167] X. Li and J.A. Ritcey, "M-sequences for OFDM PAPR reduction and error correction," *IET Electron. Lett.*, vol.33, no.7, pp. 545-546, Mar, 1997.

[168] P. H. Moose, "A technique for orthogonal frequency division multiplexing frequency offset correction," *IEEE Trans. Commun.*, vol. 42, no. 10, pp. 2908-2914, Oct. 1994.

[169] M. Speth, F. Classen, and H. Meyr, "Minimum overhead bust synchronization for OFDM based broadband transmission," *Proc. IEEE GLOBECOM'98*, Nov. 1998, pp. 3227-3232.

[170] J. J. van de Beek, M. Sandell, and P. O. Börjesson, "ML estimation of time and frequency offset in OFDM systems," *IEEE Trans. Signal Processing*, vol. 45, pp. 1800-1805, July 1997.

[171] M. Speth, F. Classen, and H. Meyr, "Frame synchronization of OFDM systems in frequency selective fading channels," *Proc. VTC'97*, May 1997, pp. 1807-1811

[172] B. Yang, K. B. Letaief, S. Cheng, and Z. Cao, "Timing recovery for OFDM Transmission," *IEEE J. Select. Areas Commun.*, vol. 18, no. 11, pp. 2278-2291, Nov. 2000.

[173] K. J. Lee, D. J. Lee, K. S. Lee, and J. Y. Kim, "Research on PAPR reduction method using selection of extracode set in PB/MC-CDMA system," *J. Intelligent Transportation System*, vol. 8, no. 1, pp. 110-118, Feb. 2009.

[174] K. J. Lee, K. S. Lee and J. Y. Kim, "A study on the relation between frequency diversity and intercode interference in the multi-rate MC-CDMA system," *J. Intelligent Transportation System*, vol. 7, no. 5, pp. 131-138, Oct. 2008.

[175] H. G. Ryu, T. P. Hoa, N. T. Hieu, and J. Jianxue, "BER analysis of clipping process in the forward link of the OFDM-FDMA communication system", *IEEE Trans. Consumer Electronics*,

vol. 50, pp. 1058-1064, Nov. 2004.

[176] R. Sivaswamy, "Multiphase complementary codes", *IEEE Trans. Inform. Theory*, vol. IT-24, no. 5, Sep. 1978.

[177] James A. Davis and Jon. Jebwab, "Peak-to-mean power control in OFDM, Golay complementary sequences, and reed-muller codes", *IEEE Trans. Inform. Theory,* vol. 45, pp. 2397-2417, Nov. 1999.

[178] Chan Vee Chong, R. Venkataramani, "A new construction of 16-QAM Golay complementary sequences", *IEEE Trans. Inform. Theory*, vol. 49, pp. 2953-2959, Nov. 2003.

[179] R. W. Bäuml, R. F. H. Fischer, and J. B. Huber, "Reducing the peak-to-average power ratio of multicarrier modulation by selected mapping," *IET Electron. Letters*, vol. 32, no. 22, pp. 2056-2057, Oct. 1996.

[180] S. H. Mu¨ller, J. B. Huber, "OFDM with reduced peak-to-average power ratio by optimum combination of partial transmit sequences", *IET Electron. Lett.*, vol. 33, no. 5, pp. 368-369, Feb. 1997.

[181] L. J. Cimini, Jr., and N. R. Sollenberger, "Peak-toaverage power ratio reduction of an OFDM signal using partial transmit sequences", *IEEE Commun.* Letters, vol. 4, no. 3, pp. 86-88, Mar. 2000.

[182] Anuj Batra et al., *Multi-band OFDM Physical Layer Proposal for IEEE 802.15 Task Group 3a*, IEEE P802.15-03/268r3, Mar. 2004.

[183] P. Moose, “A technique for orthogonal frequency division multiplexing frequency offset correction,” *IEEE Trans. Commun.*, vol. 42, pp. 2908-2914, Oct. 1994.

[184] G. J. Foschini, “Layered space-time architecture for wireless communication in a fadingenvironment when using multi-element antennas,” *Bell Labs Tech.* J., vol. 1, no. 2, pp. 41-59, Aug. 1996.

[185] J. B. Lim, C. J. Park, and G. H. Im, “Turbo layered space frequency coded OFDM for high speed wireless communications,” *IEICE Trans. Commun.*, vol. 88, no. 2, pp. 463-470, Feb. 2005.

[186] K. W. Cheong and J. M. Cioffi, “Precoder for DMT with insufficient cyclic prefix,” *Proc. of IEEE ICC'98*, Atlanta, GA, June 1998.

[187] G. Leus and M. Moonen, “Per-tone equalization for MIMO OFDM systems,” *IEEE Trans. Signal Processing*, vol. 51, no. 11, pp. 2965-2975, Nov. 2003.

[188] D. Kim and G. L. Stüber, “Residual ISI cancellation for OFDM with application to HDTV broadcasting,” *IEEE J. Select. Areas Commun.*, vol. 16, no. 8, pp. 1590-1599, Oct. 1998.

[189] J. Y. Kim *et al,* "Perspective framework on the fourth generation mobile communication systems," *Journal of Commun. and Networks*, vol. 4, no. 4, pp. 321-335, Dec. 2002.

[190] J. Y. Kim, *Trends and Future of Mobile Communication Systems,* Intervision, 2008.

[191] J. Y. Kim and B. Y. Cho, 3G Evolution: HSDPA and LTE for Mobile Broadband, Hongreung Science Publishers, 2009.

찾아보기

〈MATLAB을 이용한 OFDM 통신방식〉은 유클라우드 오피스에서 더 많은 자료를 확인할 수 있습니다.

① http://office.ucloud.com 접속
② ID: sympathy@ucloud.com / PW: 9683 입력
③ [My ucloud]-[게스트 폴더]-[MATLAB을 이용한 OFDM 통신방식] 찾아가기
④ 폴더 패스워드: 도서 ISBN 13자리 입력
⇨ 도서 ISBN 979-11-86898-20-8 이므로 패스워드는 9791186898208입니다.

저자약력

김진영

서울대학교에서 전자공학 분야 공학사/공학석사/공학박사를 취득한 후 미국 Princeton University에서 무선 통신 분야의 연구를 수행하였다. SK 텔레콤 중앙연구원의 책임연구원, 미국 MIT 공대 Visiting Scientist의 경력을 쌓았으며 현재 광운대학교 전자융합공학과 정교수로 재직 중이다. 주 관심분야는 차세대 이동통신, 무선 측위, 가시광통신, 국방통신 및 각종 IT융합시스템 등이다.

서철헌

서울대학교에서 전자공학 분야 공학사/공학석사/공학박사를 취득한 후 미국 MIT 공대에서 POST DOC.을 마쳤다. 1993년 9월부터 숭실대 정보통신 전자공학부에서 조교수, 부교수를 거쳐 2003년부터 정교수로 재직 중이며 미국 MIT에서 연구원, 교환교수, 연구교수를 지내면서 활발히 연구생활을 하였다. 연구 관심분야는 무선 에너지 전송, 무선 측위, 무선통신 전파시스템, 레이더 시스템, 스마트폰 RF 모듈, 국방 RF 시스템 등이다.

MATLAB을 이용한 OFDM 통신방식

2017년 1월 16일 1판1쇄 인쇄
2017년 1월 25일 1판1쇄 발행

지은이 • 김진영, 서철헌
발행자 • 이영애
발행처 • 공감북스
주　소 • 02011 서울시 중랑구 중랑천로 256
전　화 • 02-971-9683
팩　스 • 02-972-9683
등　록 • 제 25100-2015-18호
등록일 • 2015년 7월 15일
e-mail • sympathybook@naver.com

ISBN 979-11-86898-20-8 (93560)
정　가 23,000원